2020

全国监理工程师（水利工程）培训教材

建设工程质量控制（水利工程）

中国水利工程协会　组织编写

中国水利水电出版社
www.waterpub.com.cn
·北京·

内 容 提 要

　　根据全国监理工程师职业资格考试水利工程专业科目考试大纲，中国水利工程协会在《水利工程建设质量控制》（第二版）的基础上组织修订了本教材。本书共九章，主要包括建设工程质量控制概述，招标阶段和勘察设计阶段的质量控制，工程施工阶段的质量控制，验收和缺陷责任期的质量控制，工程质量检验，工程质量事故的分析处理，工程质量控制的统计分析方法，工程施工安全监理，施工危险源、事故隐患与安全事故等有关内容。

　　本书具有较强的实用性，可作为全国监理工程师（水利工程）职业资格考试辅导用书，也可以作为其他水利工程技术管理人员的培训教材和大专院校相关专业师生的参考用书。

图书在版编目（CIP）数据

建设工程质量控制：水利工程 / 中国水利工程协会
组织编写. -- 北京：中国水利水电出版社，2020.6
　　全国监理工程师（水利工程）培训教材
　　ISBN 978-7-5170-8644-4

　　Ⅰ．①建… Ⅱ．①中… Ⅲ．①水利工程－工程质量－
质量控制－资格考试－自学参考资料 Ⅳ．①TV52

中国版本图书馆CIP数据核字(2020)第104763号

书　　名	全国监理工程师（水利工程）培训教材 **建设工程质量控制（水利工程）** JIANSHE GONGCHENG ZHILIANG KONGZHI (SHUILI GONGCHENG)
作　　者	中国水利工程协会　组织编写
出版发行	中国水利水电出版社 （北京市海淀区玉渊潭南路1号D座　100038） 网址：www.waterpub.com.cn E-mail：sales@waterpub.com.cn 电话：(010) 68367658（营销中心）
经　　售	北京科水图书销售中心（零售） 电话：(010) 88383994、63202643、68545874 全国各地新华书店和相关出版物销售网点
排　　版	中国水利水电出版社微机排版中心
印　　刷	天津嘉恒印务有限公司
规　　格	184mm×260mm　16开本　14.5印张　344千字
版　　次	2020年6月第1版　2020年6月第1次印刷
定　　价	**76.00元**

序

（第三版）

近年来，随着水利建设投入大幅增长，水利工程建设对监理的需求进一步加大，水利建设监理市场进一步开放，监理行业竞争更加激烈。同时，在"水利工程补短板、水利行业强监管"的水利改革发展总基调下，如何打造经济技术力量雄厚且富有竞争力的现代监理企业，对监理从业人员总体素质和能力提出了新要求。

2005年，为配合水利部转变行政职能，中国水利工程协会按照水利部要求，开始对水利工程建设监理人员实施行业自律管理。2007年，根据水利工程建设监理行业的实际需要，中国水利工程协会组织编写了"水利工程建设监理培训教材"。2010年，为进一步提高建设监理人员专业技术水平、规范建设监理行为，中国水利工程协会组织相关作者对"水利工程建设监理培训教材"进行了第一次修订。

随着国家、行业有关法律法规、规章及技术标准的更新以及水利工程建设监理工作的要求不断提高，原有教材有些内容已不再适应新形势的需要。因此，中国水利工程协会于2018年起组织行业有关单位和专家对原有的5册教材进行第二次修订。在修订过程中，尽量保持原教材的结构形式及章节原貌，主要结合现行的法律、法规、规章、技术标准及相关规范性文件等，并根据原有教材在使用中发现的问题作了有针对性的修改。同时，根据最新的监理工程师职业资格制度，将"水利工程建设监理培训教材"更名为"全国监理工程师（水利工程）培训教材"，并补充编写了《建设工程监理案例分析（水利工程）》和《建设工程监理法规汇编》。

相信新版的"全国监理工程师（水利工程）培训教材"可更好地应用于全国监理工程师（水利工程）职业资格考试以及水利行业工程建设监理的专业培训，也更适于作为从事水利工程建设管理人员的业务参考用书。

中国水利工程协会

2020年6月10日

序

　　建设监理制度推行 20 多年来，在水利工程建设中发挥了重要作用，取得了显著成绩。工程建设监理事业已引起全社会的广泛关注和重视，赢得了各级政府领导的普遍认可和支持。目前，我国已形成了水利工程建设监理的行业规模，建立了比较完善的水利工程建设监理制度和法规体系，培养了一批水平较高的监理人才，积累了丰富的水利工程建设监理经验。实践证明，水利工程实行建设监理制度完全符合我国市场经济发展的要求。

　　为了规范水利工程建设监理活动，加强水利工程建设监理单位的资质管理和水利工程建设监理工程师管理，水利部于 2006 年 11 月颁发了《水利工程建设监理规定》《水利工程建设监理单位资质管理办法》《水利工程建设监理工程师注册管理办法》。随着我国市场经济的发展和完善，对水利工程建设监理行业提出了更高的要求，监理行业必须适应这种新形势的要求，大力增强自身实力，提高自身素质，在水利工程建设中发挥重要作用。

　　随着我国政府职能的转变，中国水利工程协会按水利部要求对水利工程建设监理人员实施行业自律管理。因此，为了提高水利工程建设监理人员整体素质和建设监理水平，中国水利工程协会组织有关专家编写了一套水利工程建设监理培训教材，作为举办水利工程建设监理培训班的指定教材，也可以作为从事水利工程建设管理有关人员、项目法人（建设单位）、施工单位及各级水行政主管部门有关人员的业务参考书。本套教材也是全国水利工程建设监理工程师执业资格考试的主要参考书。

　　本套教材包括《水利工程建设监理概论》、《水利工程建设合同管理》、《水利工程建设质量控制》、《水利工程建设进度控制》和《水利工程建设投资控制》，共 5 册。

　　本套教材依据我国现行的法律法规、部门规章和中国水利工程协会行规，结合水利工程建设监理的业务特点，系统地阐述了水利工程建设监理的理论、内容和方法，以及从事水利工程建设监理业务所必需的基础知识。

　　编写本套教材时，虽经反复斟酌，仍难免有一些不妥之处，恳请广大读者批评指正。

中国水利工程协会

2007 年 5 月 28 日

序

（第二版）

　　为配合水利部转变行政职能，自 2005 年以来，中国水利工程协会开始对水利工程建设监理人员资格施行行业自律管理。五年多来，水利工程建设监理行业人员在新的管理模式下得到了长足的发展。目前，在我国加快经济发展方式转变、水利建设进入新一轮高峰期的背景下，水利工程建设项目点多、面广、量大，建设任务艰巨，水利工程建设监理队伍又面临着新的挑战。随着水利工程建设监理队伍和规模不断壮大，如何提高工程建设监理人员专业技术水平、规范建设监理行为，是深化落实科学发展观、严格执行水利工程建设"三项制度"、保障工程建设质量和安全的一项重要而紧迫的任务。

　　根据水利工程建设监理行业的实际需要，中国水利工程协会于 2007 年 5 月组织行业内有关专家编写了水利工程建设监理培训教材，在监理业务培训中得到了广泛的应用，并取得了良好的效果。随着我国水利工程建设法律、法规和行业规章的不断完善，该教材有些内容已不再适应新形势的需要，据此，中国水利工程协会于 2010 年 6 月组织相关作者对本套教材进行了修订。在修订过程中，尽量保持原教材的结构形式以及章节原貌，主要结合现行的法律、法规、规章、技术标准和水利水电工程标准施工招标方面的文件等，并根据本套教材在使用中发现的问题作了有针对性的修改。

　　相信修订后的水利工程建设监理培训教材更适用于水利行业工程建设监理的专业培训，也可作为从事水利工程建设管理有关人员、水利工程建设参建单位技术人员的业务参考书。

中国水利工程协会

2010 年 10 月 28 日

前　言

（第三版）

　　为统一、规范监理工程师职业资格设置和管理，2020 年 2 月 28 日，《住房和城乡建设部 交通运输部 水利部 人力资源和社会保障部关于印发〈监理工程师职业资格制度规定〉〈监理工程师职业资格考试实施办法〉的通知》（建人规〔2020〕3 号）明确国家设置监理工程师准入类职业资格，水利工程建设监理工程师被纳入其中实施全国统一管理。

　　为配合全国监理工程师（水利工程）职业资格考试，进一步提高监理工程师职业素养和业务水平，中国水利工程协会组织行业有关单位和专家在原有"水利工程建设监理培训教材"的基础上，修编了全新的"全国监理工程师（水利工程）培训教材"。本套教材包括《建设工程监理法规汇编》、《建设工程质量控制（水利工程）》（第三版）、《建设工程进度控制（水利工程）》（第三版）、《建设工程投资控制（水利工程）》（第三版）、《建设工程监理案例分析（水利工程）》、《建设工程监理概论（水利工程）》（第三版）、《建设工程合同管理（水利工程）》（第三版），共 7 册。

　　本书根据全国监理工程师职业资格考试水利工程专业科目考试大纲，在《水利工程建设质量控制》（第二版）的基础上进行了修订。本书共九章，结合国家、行业现行法律、法规、规章、规程规范、技术标准以及水利工程监理行业近 40 年发展积累的经验，对原书部分内容进行更新和完善；在建设工程质量控制方面，本书主要新增了水利工程建设标准强制性条文介绍、材料设备招标的质量控制及施工过程中工艺试验等内容，调整了施工准备阶段、施工阶段影响因素的质量控制等内容；在施工安全监理方面，主要新增了安全生产目标管理、安全生产管理机构和职责、安全生产管理制度、施工危险源辨识与风险评价、重大危险源控制、生产安全事故隐患排查治理以及生产安全事故调查与处理等内容。删除了原书中的附录。

　　本书由中水淮河安徽恒信工程咨询有限公司汪亚超统稿，伍宛生、汪亚超、孙锋、秦小桥、刘大军、吴文东、雷朝生、储龙胜、屈学平、汪贺参与修订；由华北水利水电大学刘喜峰、刘英杰主审。

本书编写中参考和引用了参考文献中的部分内容，谨向这些文献的作者致以衷心的感谢！

　　限于作者水平，书中难免有不妥之处，恳请读者批评指正。

编 者

2020 年 5 月 20 日

前　言

（第一版）

　　工程质量是决定项目建设的根本，不仅关系到工程的适用性和建设项目的投资效果，而且关系到人民群众生命财产安全。实行建设监理制，监理工程师的主要任务之一就是对工程建设质量进行有效管理和控制。

　　本书作为水利工程建设监理培训的主要教材，在编写中充分考虑全国监理工程师培训和执业资格考试的特点，力求从实用性和可操作性的角度，以法律、政策法规、质量管理相关理论为基础，着重阐述质量控制的内容、程序、方法和手段。本书除作为全国水利工程监理员培训教材和水利监理工程师执业资格考试主要参考书之外，还可作为建设监理单位、建设单位、勘察设计单位、施工单位和政府各级建设管理部门有关人员工作及大专院校水利工程类专业学生学习的参考用书。

　　本书共分九章，由汪伦焰、刘英杰主编。刘英杰编写了第一章、第二章、第五章、第六章和第七章，刘喜峰编写了第八章和第九章，汪伦焰编写了第三章和第四章。全书由张严明主审。

　　在此，谨向书后所列参考文献的专家表示衷心的感谢。

　　限于编者的水平和经验有限，书中难免有缺点和不妥之处，敬请读者批评指正。

编　者

2007 年 5 月 28 日

前　言

（第二版）

　　建设监理制是水利工程建设管理体制改革的一项重大举措。水利工程建设监理经过近 30 年的实践，正在向规范化、制度化、科学化方向深入发展。面对水利工程建设项目的特殊性、复杂性以及对社会、经济影响的重要性，对从事工程建设监理人员的素质提出了更高的要求。因此，对所有从事水利工程建设监理工作的技术、经济、管理等人员进行系统的法律法规、监理理论和实践能力的培训，是一项重要的工作。

　　2007 年 5 月，中国水利工程协会组织编写了本套教材的第一版。本套教材共 5 个分册，出版后被广泛用于全国水利工程建设监理人员的岗位培训中，培训效果较好。同时，许多专业院校也很重视水利工程建设监理方面的教育，选用本套教材作为相关的专业教材，以提高学生的实际工作能力。经过这几年的教学实践，很有成效。随着水利工程监理工作的深入和完善，随着相关的国家法律、法规和政策的修订和健全，为了进一步提高水利工程监理方面的教学质量，及时完善充实相关的教学内容，中国水利工程协会于 2010 年初开始，再次组织相关作者和专家对本套教材进行修订。

　　本书是全国水利工程建设监理培训教材之一。本次修订时本书共九章。在编写上，主要依据国家有关工程建设质量、安全的法律法规，以及水利工程质量管理、竣工验收、安全管理、质量评定等有关规定和规程，并充分考虑水利工程建设监理的特点，力求从实用性和可操作性的角度，以国家现行的法律、法规和行业规章、质量管理相关理论为基础，并结合水利部颁发的《水利水电工程标准施工招标文件》（2009 年版），着重阐述工程质量控制的内容、程序、方法及手段，施工安全生产控制与水利工程质量事故处理，水利工程质量评定和验收等。

　　本书由刘英杰、汪伦焰主编。刘英杰编写了第一章、第二章、第五章～第七章，汪伦焰编写了第三章、第四章，刘喜峰编写了第八章、第九章。全书由张严明主审。

　　本书编写中引用了参考文献的某些内容，在此谨向所列参考文献的专家和作者表示衷心的感谢。

　　限于编者的水平和经验有限，书中难免有缺点和不妥之处，敬请读者批评指正。

编 者

2010 年 9 月 30 日

目　录

第一章　建设工程质量控制概述

"百年大计，质量第一"是人们对建设项目质量重要性的高度概括。特别是国务院于1996年12月颁布实施《质量振兴纲要（1996—2010年)》以来，全民质量意识不断提高，质量发展的社会环境逐步改善，我国主要产业整体素质和企业质量管理水平有了较大的提高。

质量发展是兴国之道、强国之策。质量反映一个国家的综合实力，是企业和产业核心竞争力的体现，也是国家文明程度的体现；既是科技创新、资源配置、劳动者素质等因素的集成，又是法治环境、文化教育、诚信建设等方面的综合反映。质量问题是经济社会发展的战略问题，关系可持续发展，关系人民群众切身利益，关系国家形象。为深入贯彻落实科学发展观，促进经济发展方式转变，提高我国质量总体水平，实现经济社会又好又快发展，2012年2月国家制定并颁布了《质量发展纲要（2011—2020年)》。

建设项目质量是决定建设项目成败的关键，也是建设监理三大控制目标（投资、质量、进度）重点之一。建设项目的投资控制和进度控制必须以一定的质量水平为前提，确保建设项目能全面满足各项要求。为此，国务院2000年颁布了《建设工程质量管理条例》(2000年中华人民共和国国务院令第279号，2017年为了依法推进简政放权、放管结合、优化服务改革，国务院对《建设工程质量管理条例》的部分条款进行了优化和修改)。

水利工程的质量对国民经济起着重要的作用。如水电站、大坝、堤防、水库等发生质量问题，对国家和人民将造成不可估量的损失。1997年水利部为了加强对水利工程的质量管理，保证工程质量，颁布了《水利工程质量管理规定》(水利部令第7号，2017年修订)。

第一节　基　本　概　念

一、质量和建设工程质量

（一）质量

根据《质量管理体系　基础和术语》(GB/T 19000—2016)，质量的定义是：客体的一组固有特性满足要求的程度。

(1) 上述"质量"不仅指产品质量，也可以是某项活动或过程的质量，还可以是质量管理体系的质量。

(2) "客体"是指可感知或可想象的任何事物。客体可能是物质的、非物质的或想象的，如某一产品、某项服务、某一过程、某个人员、某一组织或体系、资源。

（3）"特性"是指可区分的特征。特性可以是固有的或赋予的，也可以是定量的或定性的。"固有的"就是指本身就存在的，尤其是那种永久的特性。这里的质量特性就是指固有的特性，而不是赋予客体的特性（如：客体的价格）。

（4）"要求"是指明示的、通常隐含的或必须履行的需求或期望。

1）"明示的"是指规定的要求，如在记录、规范、报告、标准等文件中阐明的或用户明确提出的要求。

2）"通常隐含的"是指组织和相关方的惯例或一般做法，所考虑的需求或期望是不言而喻的。

3）"必须履行的"是指法律、法规要求的或有强制性标准要求的。组织在产品实现过程中必须执行这类标准。

要求是随环境变化的，在合同环境和法规环境下，要求是规定的；而在其他环境（非合同环境）下，要求则应加以识别和确定，也就是要通过调查了解和分析判断来确定。要求可由不同的相关方提出，不同的相关方对同一产品的要求可能是不同的。也就是说对质量的要求除考虑要满足用户的需要外，还要考虑其他相关方即组织自身利益、提供原材料和零部件的供方的利益和社会的利益等。

质量的差、好或者是优秀是由产品固有特性满足要求的程度来反映的。

（5）质量具有时效性和相对性。

1）质量的时效性。由于组织的顾客和其他相关方对组织的产品、过程和体系的需求和期望是不断变化的，因此组织应定期评定质量要求、修订规范标准，不断开发新产品、改进老产品，以满足已变化的质量需求。

2）质量的相对性。组织的顾客和其他相关方可能对同一产品的功能提出不同要求，需求不同，质量要求也不同。在不同时期和不同地区，要求也是不一样的。只有满足要求的产品，才会被认为是好的产品。

（二）建设工程质量

建设工程质量通常有狭义和广义之分。从狭义上讲，建设工程质量通常指工程产品质量；而从广义上讲，则应包括工程产品质量和工作质量两个方面。

1. 工程产品质量

建设工程的质量特性主要表现在以下几个方面：

（1）性能。即功能，是指工程满足使用目的的各种性能。包括：机械性能（如强度、弹性、硬度等），理化性能（尺寸、规格、耐酸碱、耐腐蚀），结构性能（大坝强度、稳定性），使用性能（大坝要能防洪、发电等）。

（2）时间性。工程产品的时间性是指工程产品在规定的使用条件下，能正常发挥规定功能的工作总时间，即服役年限。如水库大坝能正常发挥挡水、防洪等功能的工作年限。一般来说，水库大坝由于筑坝材料（如混凝土）的老化，水库的淤积和其他自然力的作用，它能正常发挥规定功能的工作时间是有一定限制的。机械设备（如水轮机等），也可能由于达到疲劳状态或机械磨损、腐蚀等原因而限制其寿命。

（3）可靠性。可靠性是指工程在规定的时间内和规定的条件下，完成规定功能的能力大小和程度。符合设计质量要求的工程，不仅要求在竣工验收时要达到规定的标准，而且在一定的时间内要保持应有的正常功能。

（4）经济性。工程产品的经济性表现为工程产品的造价或投资、生产能力或效益及其生产使用过程中的能耗、材料消耗和维修费用的高低等。对水利工程而言，应首先从精心的规划工作开始，在详细研究各种资料的基础上，编制出合理的、切合实际的可行性研究报告，据此提出初步设计，然后采用新技术、新材料、新工艺，做到优化设计，精心组织施工，节省投资，以创造优质工程。在工程投入运行后，应加强工程管理，提高生产能力，降低运行、维修费用，提高经济效益。工程产品的经济性，应体现在工程建设的全过程。

（5）安全性。工程产品的安全性是指工程产品在使用和维修过程中的安全程度。如水库大坝在规范规定的荷载条件下应能满足强度和稳定的要求，并有足够的安全系数。在工程施工和运行过程中，应能保证人身和财产免遭危害，大坝应有足够的抗地震能力、防火等级，以及机电设备安装运转后的操作安全保障能力等。

（6）适应性与环境的协调性。工程的适应性表现为工程产品适应外界环境变化的能力。如在我国南方建造大坝时应考虑到水头变化较大，而在北方则要考虑温差较大。除此之外，工程还要与其周围生态环境协调，以适应可持续发展的要求。

2．工作质量

工作质量是指参与工程项目建设的各方，为了保证建设工程质量所做的组织管理工作和生产全过程各项工作的水平和完善程度。工作质量包括：社会工作质量，如社会调查、市场预测、质量回访和保修服务等；生产过程工作质量，如政治工作质量、管理工作质量、技术工作质量、后勤工作质量等。建设工程质量是多单位、多环节工作质量的综合反映，而工程产品质量又取决于施工操作和管理活动各方面的工作质量。因此，保证工作质量是确保建设工程质量的基础。

二、质量控制和建设工程质量控制

（一）质量控制

根据 GB/T 19000—2016，质量控制的定义是：质量管理的一部分，致力于满足质量要求。也可解释为：使产品或服务达到质量要求而采取的技术措施和管理措施方面的活动。

质量控制的目标就是确保产品的质量能满足用户、法律法规等方面所明确的质量要求。质量控制的范围涉及产品质量形成全过程的各个环节。任何一个环节的工作没做好，都会使产品质量受到损害，从而不能满足质量的要求。因此，质量控制是通过采取一系列的作业技术和活动对各个过程实施控制的。

1．质量控制的理解

（1）质量控制的对象是过程，结果是能使被控制对象达到规定的质量要求。

（2）作业技术是指专业技术和管理技术结合在一起，作为控制手段和方法的总称。

（3）质量控制应贯穿于质量形成的全过程（即质量环的所有环节）。

（4）质量控制的目的在于以预防为主，通过采取预防措施来排除质量环各个阶段产生问题的原因，以获得期望的经济效益。

（5）质量控制的具体实施主要是针对影响产品质量的各环节、各因素制定相应的计划和程序，对发现的问题和不合格情况进行及时处理，并采取有效的纠正措施。

2．质量控制的内容

（1）确定控制对象，例如一道工序、设计过程、制造过程等。

（2）规定控制标准，即详细说明控制对象应达到的质量要求。

（3）制定具体的控制方法，例如工艺规程。

（4）明确所采用的检验方法，包括检验手段。

（5）实际进行检验。

（6）说明实际与标准之间有差异的原因。

（7）为解决差异而采取的行动。

质量控制具有动态性，因为质量要求随着时间的进展而不断变化，为了满足不断更新的质量要求，对质量控制进行持续改进。

（二）建设工程质量控制

建设工程质量控制是致力于满足工程质量要求，也就是为了保证工程质量满足工程合同和规范标准所采取的一系列措施、方法和手段。工程质量要求主要包括工程合同、设计文件、技术标准规范的质量标准。

按控制主体的不同，建设工程质量控制主要包括以下五个方面。

1．政府的工程质量控制

它主要以抽查为主要的方式，运用法律和行政手段，通过复核有关单位资质、检查技术规程、规范和质量标准的执行情况、工程质量不定期的检查、工程质量评定和验收等重要环节实现其目的。

2．发包人的质量控制

发包人的质量控制包括建设全过程各阶段：

（1）决策阶段的质量控制，主要是通过项目的可行性研究，选择最佳建设方案，使项目的质量要求符合发包人的意图，并与投资目标相协调，与所在地区环境相协调。

（2）工程勘察设计阶段的质量控制，主要是选择好勘察设计单位，要保证工程设计符合决策阶段确定的质量要求，保证设计符合有关技术规范和标准的规定，要保证设计文件、图纸符合现场和施工的实际条件，其深度能满足施工的需要。

（3）工程施工阶段的质量控制，一是择优选择能保证工程质量的承包人，二是择优选择服务质量好的监理单位，委托其严格监督承包人按设计图纸进行施工，并形成符合合同文件规定质量要求的最终建设产品。

3．监理单位的质量控制

监理的质量控制，是指监理单位受发包人委托，按照合同规定的质量标准对建设项目质量进行的控制。

监理单位的质量控制体系主要依据国家的有关法律法规、技术规范、合同文件、设计图纸，对承包人在施工阶段全过程进行检查认证，及时发现其中的问题，分析原因，采取正确的措施加以纠正，防患于未然。

监理单位对质量的检查认证有一套完整的、严密的组织机构、工作程序和方法，构成了建设项目的质量控制体系，成为我国工程建设管理体系中不可缺少的另一层次的组成部分，并对强化质量管理发挥了越来越重要的作用。

但是，监理单位的质量控制并不能代替承包人的质量保证体系，它只能通过监督执行承包合同，运用质量认证权和否决权，对承包人进行检查和管理，并促使承包人建立健全质量保证体系，从而保证建设项目的质量。

4. 勘测设计单位的质量控制

它是以法律法规以及设计合同为依据，对勘测设计的整个过程进行控制，包括工程进度、费用、方案以及设计成果的质量控制，以满足合同的要求。

5. 承包人的质量控制

它是以工程承包合同、设计图纸和技术规范为依据，对施工准备、施工阶段、工程设备和材料、工程验收阶段以及缺陷责任期全过程进行的建设项目质量控制，以达到合同的要求。

三、质量保证和质量保证体系

（一）质量保证

根据 GB/T 19000—2016，质量保证的定义是：质量管理的一部分，致力于提供质量要求会得到满足的信任。也可解释为：使人们确信产品或服务能满足质量要求而在质量管理体系中实施，并根据需要进行证实的全部有计划和有系统的活动。

质量保证的内涵不是单纯地为了保证质量，保证质量是质量控制的任务，质量保证是以保证质量为基础，进一步引申到提供信任这一基本目的，而信任是通过提供证据来达到的。质量控制和质量保证的某些活动是互相关联的，只有质量要求全面反映用户的要求，质量保证才能提供足够的信任。

证实具有质量保证能力的方法通常有：供方合格证明、提供形成文件的基本证据、提供其他用户的认定证据、用户亲自审核、由第三方进行审核、提供经国家认可的认证机构出具的认证证据。

根据目的的不同可将质量保证分为外部质量保证和内部质量保证。外部质量保证指在合同或其他情况下，向用户或其他方提供足够的证据，表明产品、过程或体系满足质量要求，取得用户和其他方的信任，让他们对质量放心。内部质量保证指在一个组织内部向管理者提供证据，以表明产品、过程或体系满足质量要求，取得管理者的信任，让管理者对质量放心。内部质量保证是组织领导的一种管理手段，外部质量保证才是其目的。

在工程建设中，质量保证的途径包括以下三种：

（1）以检验为手段的质量保证，实质上是对工程质量效果是否合格作出评价，并不能通过它对工程质量加以控制。因此，它不能从根本上保证工程质量，只不过是质量保证工作的内容之一。

（2）以工序管理为手段的质量保证，是通过对工序能力的研究，充分管理设计、施工工序，使之处于严格的控制之中，以此来保证最终的质量效果。但这种手段仅对设计、施工工序进行控制，并没有对规划和使用等阶段实行有关的质量控制。

（3）以开发新技术、新工艺、新材料、新工程产品为手段的质量保证，是对工程从规划、设计、施工到使用的全过程实行的全面质量保证。这种质量保证，克服了前两种质量保证手段的不足，可以从根本上确保建设项目质量。这是目前最高级的质量保证手段。

（二）设计/承包人的质量保证体系

质量保证体系是以保证和提高建设项目质量为目标，运用系统的概念和方法，把企业各部门、各环节的质量管理职能和活动合理组织起来，形成一个明确任务、职责、权限，而又互相协调、互相促进的管理网络和有机整体，使质量管理制度化、标准化，从而建造出用户满意的工程，形成一个有机的质量保证体系。

在工程项目实施过程中，质量保证是指企业对用户在工程质量方面作出担保和保证（承诺）。在承包人组织内部，质量保证是一种管理手段。在合同环境中，质量保证还被承包人用以向发包人提供信任。无论如何，质量保证都是承包人的行为。

设计/承包人的质量保证体系，是我国工程管理体系中最基础的部分，对于确保工程质量是至关重要的。只有使质量保证体系正常实施和运行，才能使发包人、设计/承包人在风险、成本及利润三个方面达到最佳状态。

1. 质量保证体系的主要内容

（1）有明确的质量方针、质量目标和质量计划。

（2）建立严格的质量责任制。

（3）设立专职质量管理机构和质量管理人员。

（4）实行质量管理业务标准化和管理流程程序化。

（5）开展群众性的质量管理活动。

（6）建立高效灵敏的质量信息管理系统。

2. 质量保证体系的组成

质量保证体系一般由下列子体系组成：

（1）思想保证子体系。要求参与项目实施和管理的全体人员树立"质量第一、用户第一"及"下道工序是用户""服务对象是用户"的观点，并掌握全面质量管理的基本思想、基本观点和基本方法。这是建立质量保证体系的前提和基础。

（2）组织保证子体系。是指工程建设中质量管理的组织系统与工程产品形成过程中有关的组织机构体系，工程质量是各项管理的综合反映，也是管理水平的具体体现。必须建立健全各级组织，分工负责，做到以预防为主，预防与检查相结合，形成一个有明确任务、职责、权限，互相协调和互相促进的有机整体。

（3）工作保证子体系。是指参与工程建设规划、设计、施工和管理的各部门、各环节、各个质量形成过程的工作质量保证子体系的综合。以工程产品形成的过程划分，主要包括：勘测设计过程质量保证子体系、施工过程质量保证子体系、辅助生产过程质量保证子体系和使用过程质量保证子体系等。

建设项目的质量保证体系见图 1-1。

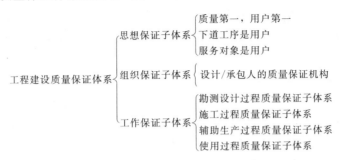

图 1-1　建设项目的质量保证体系

在图 1-1 中，设计和施工两个过程的质量保证子体系，是工作保证子体系的重要组成部分，因为设计和施工这两个过程，直接影响到工程质量的形成，而这两个过程中施工现场的质量保证子体系又是其核心和基础，是构成工作保证子体系的一个重要子体系。它一般由工序管理和质量检验两个方面组成。

四、质量管理

根据 GB/T 19000—2016，质量管理的定义是：关于质量的管理。

质量管理可包括制定质量方针和质量目标，以及通过质量策划、质量保证、质量控制和质量改进，实现这些质量目标的过程。

质量管理、质量控制、质量保证与其他术语（主要有质量方针、质量管理体系）之间的关系归结为：

（1）质量管理包括质量方针的制定与实施，是个大的概念。它具体包括质量方针、质量目标、质量管理体系、质量控制和质量保证。

（2）实施质量管理依靠质量管理体系，它包括质量保证和质量控制。

（3）质量控制和质量保证的某些活动是相互联系的，属于质量控制活动的验证、审核等，同时也属于质量保证。

（4）质量保证是质量管理体系的一部分。质量保证需要对质量管理体系要素的实施进行证实。外部质量保证要求承包人进行证实，以证明满足业主在合同中规定的质量管理体系要求或第三方认证机构对承包人的质量管理体系要求。

五、全面质量管理

全面质量管理是指一个组织以质量为中心，以全员参与为基础，目的在于通过用户满意和本组织所有成员及社会受益而达到长期成功的管理途径。

全面质量管理（Total Quality Management，TQM 的概念），最早起源于美国，在 20 世纪 60 年代日本推行的全面质量管理又有了新的发展，并引起了世界各国的瞩目。全面质量管理的基本核心是提高人的素质，增强质量意识，调动人的积极性，人人做好本职工作，通过抓好工作质量来保证和提高产品质量或服务质量。

全面质量管理是一种现代的质量管理。它重视人的因素，强调全员参加、全过程控制、全企业实施的质量管理。首先，它是一种现代管理思想，从用户需要出发，树立明确而又可行的质量目标；其次，它要求形成一个有利于产品质量实施系统管理的质量管理体系；最后，它要求把一切能够促进提高产品质量的现代管理技术和管理方法，都运用到质量管理中来。

（一）全面质量管理的基本方法

全面质量管理的特点，集中表现在"全面质量管理、全过程质量管理、全员质量管理"三个方面。美国质量管理专家戴明（W. E. Deming）把全面质量管理的基本方法概括为四个阶段八个步骤，简称 PDCA 循环，又称"戴明环"。

（1）计划阶段。又称 P（Plan）阶段，主要是在调查问题的基础上制定计划。计划的内容包括确立目标、活动等，以及制定完成任务的具体方法。这个阶段包括八个步骤中的前四个步骤：查找问题；进行排列；分析问题产生的原因；制定对策和措施。

（2）实施阶段。又称 D（Do）阶段，就是按照制定的计划和措施去实施，即执行计划。这个阶段是八个步骤中的第五个步骤，即执行措施。

（3）检查阶段。又称 C（Check）阶段，就是检查生产（如设计或施工）是否按计划执行，其效果如何。这个阶段是八个步骤中的第六个步骤，即检查采取措施后的效果。

（4）处理阶段。又称 A（Action）阶段，就是总结经验和清理遗留问题。这个阶段包括八个步骤中的最后两个步骤：建立巩固措施，即把检查结果中成功的做法和经验加以标准化、制度化，并使之巩固下来；提出尚未解决的问题，转入到下一个循环。

在 PDCA 循环中，处理阶段是一个循环的关键。PDCA 的循环过程是一个不断解决问题，不断提高质量的过程（图 1-2）。同时，在各级质量管理中都有一个 PDCA 循环，形成一个大环套小环，一环扣一环，互相制约，互为补充的有机整体（图 1-3）。在 PDCA 循环中，一般来说，上一级的循环是下一级循环的依据，下一级的循环是上一级循环的落实和具体化。

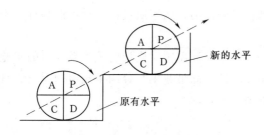

图 1-2　PDCA 循环中提高质量过程示意图

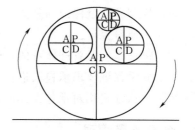

图 1-3　PDCA 的循环过程示意图

（二）全面质量管理的基本观点

1. 质量第一的观点

"质量第一"是推行全面质量管理的思想基础。工程质量的好坏，不仅关系到国民经济的发展及人民生命财产的安全，而且直接关系到企事业单位的信誉、经济效益、生存和发展。因此，在工程项目的建设全过程中，所有人员都必须牢固树立"质量第一"的观点。

2．用户至上的观点

"用户至上"是全面质量管理的精髓。工程项目用户至上的观点，包括两个含义：①直接或间接使用工程的单位或个人；②在企事业内部，生产（设计、施工）过程中下一道工序为上一道工序的用户。

3．预防为主的观点

工程质量的好坏是设计、建设出来的，而不是检验出来的。检验只能确定工程质量是否符合标准要求，但不能从根本上决定工程质量的高低。全面质量管理必须强调从检验把关变为工序控制，从管质量结果变为管质量因素，防检结合，预防为主，防患于未然。

4．用数据说话的观点

工程技术数据是实行科学管理的依据，没有数据或数据不准确，则无法进行质量评价。全面质量管理就是以数理统计方法为基本手段，依靠实际数据资料，作出正确判断，进而采取正确措施，进行质量管理。

5．全面管理的观点

全面质量管理突出一个"全"字，要求实行全员、全过程、全企业的管理。因为工程质量好坏，涉及企业的每个部门、每个环节和每个职工。各项管理既相互联系，又相互作用，只有共同努力、齐心管理，才能全面保证建设项目的质量。

6．一切按 PDCA 循环进行的观点

坚持按照计划、实施、检查、处理的循环过程办事，是进一步提高工程质量的基础。经过一次 PDCA 循环对事物内在的客观规律就有进一步的认识，从而制定出新的质量计划与措施，使全面质量管理工作及工程质量不断提高。

六、质量、职业健康安全及环境管理体系

（一）GB/T 19000/ISO 9000 质量管理体系

根据 GB/T 19000—2016，质量管理体系的定义是：组织建立质量方针和质量目标以及实现这些目标的过程的相互关联或相互作用的一组要素。

质量管理体系要素规定了组织的结构、岗位和职责、策划、运行、方针、惯例、规则、理念、质量目标，以及实现这些目标的过程。

质量管理体系包括组织确定其目标以及为获得期望的结果确定其过程和所需资源的活动。

1．ISO 9000 系列标准的产生和发展

科学技术和生产力的发展，是形成和产生 ISO 9000 系列标准的社会基础。随着生产力的发展，产品结构日趋复杂，商品一般都通过流通领域销售给用户，这时，用户很难凭借自己的能力和经验来判断产品的优劣程度。生产者为了使用户放心，采用了对商品提供担保的对策，这就是质量保证的萌芽。

ISO 9000 系列标准是国际标准化组织（简称 ISO）汇集世界上质量管理专家，在总结市场经济发达国家质量管理经验的基础上起草并正式颁布的一套质量管理的国际标准。国际标准化组织（ISO）为适应国际贸易和质量管理的发展需要，于 1987 年发布了世界上第

一个质量管理和质量保证系列国际标准——ISO 9000系列标准。由于系列标准是在总结世界各国，特别是发达国家经验的基础上产生的，具有很强的实践性和指导性。

ISO 9000系列标准遵循管理科学的基本原则，以系统论、自我完善与持续改进的思想，明确了影响企业产品/服务质量有关因素的管理与控制要求，并且作为质量管理的通用标准，适用于所有行业/经济领域的组织。

GB/T 19000质量管理体系，是我国的推荐性标准，它是使用翻译法等同采用ISO 9000系列标准。我国1988年发布的GB/T 10300系列标准，采用了"等效采用"ISO 9000系列标准。为了更好地与国际接轨，又于1992年10月发布了GB/T 19000系列标准，并"等同采用"ISO 9000系列标准。1994年以后，国际标准化组织陆续发布了多个版本的ISO 9000系列标准，我国及时将其等同转化为国家标准。由此可见，ISO 9000系列标准的产生和发展，也就是我国GB/T 19000系列标准的发展。

2. GB/T 19000系列标准的组成

ISO 9000系列标准包括四个核心组成部分，即由ISO 9000、ISO 9001、ISO 9004、ISO 9011，与之对应的我国标准为：GB/T 19000、GB/T 19001、GB/T 19004、GB/T 19011。

(1) GB/T 19000/ISO 9000《质量管理体系　基础和术语》。该标准起着奠定理论基础、统一术语概念和明确指导思想的作用，具有很重要的地位。

(2) GB/T 19001/ISO 9001《质量管理体系　要求》。该标准规定的要求旨在为组织的产品和服务提供信任，从而增强顾客满意度。正确实施本标准也能为组织带来其他预期利益，同时也是用于审核和第三方认证的唯一标准。

(3) GB/T 19004/ISO 9004《追求组织的持续成功　质量管理方法》。该标准为超出GB/T 19001/ISO 9001标准要求提供指南，并且充分考虑了提高质量管理体系的有效性和效率，进而考虑开发组织绩效的潜能；同时该标准对组织改进其质量管理体系总体绩效提供了指导和帮助，是指南性质的标准。

(4) GB/T 19011/ISO 9011《管理体系审核指南》。该标准不陈述要求，而是提供关于方案管理和管理体系审核的策划和实施以及审核员和审核组能力和评价的指南。

3. 质量管理体系的质量管理原则

为了保证质量目标的实现，质量管理体系明确了以下七条质量管理原则：

(1) 以顾客为关注焦点。质量管理的首要关注点是满足顾客要求并且努力超越顾客期望。

组织只有赢得和保持顾客和其他有关相关方的信任才能获得持续成功。与顾客相互作用的每个方面，都提供了为顾客创造更多价值的机会。理解顾客和其他相关方当前和未来的需求，有助于组织的持续成功。

顾客是接受产品或服务的组织或个人，既指组织外部的消费者、委托人、最终使用者、零售商，也指组织内部过程的产品或服务的接收人、受益人和采购方。顾客是组织存在的基础，顾客的要求应放在组织的第一位。最终的顾客是使用产品的群体，对产品质量感受最深，其期望和需求对于组织意义重大。对潜在的顾客亦不容忽视，如果条件成熟，他们会成为组织的一大批现实的顾客。市场是变化的，顾客是动态的，顾客的需求和期望也是不断发展的。因此，组织要及时调整自己的经营策略，采取必要的措施，以适应市场的变化，满足顾客不断发展的需求和期望，争取超越顾客的需求和期望，使自己的产品或服务处于领先的地位。

实施本原则可使组织了解顾客及其他相关方的需求和期望；可直接与顾客的需求和期望相联系，确保有关的目标和指标；可以提高顾客对组织的满意度和忠诚度；能使组织及时抓住市场机遇，做出快速而灵活的反应，从而提高市场占有率，增加收入，提高经济效益。

实施本原则可开展的活动包括：全面了解顾客的需求和期望，确保顾客的需求和期望在整个组织中得到沟通，确保组织的各项目标的实现；有计划地、系统地测量顾客满意程度并针对测量结果采取适当的措施；在重点关注顾客的前提下，确保兼顾其他相关方的利益，使组织得到持续的成功。

（2）领导作用。各级领导建立统一的宗旨和方向，并创造全员积极参与实现组织的质量目标的条件。

一个组织的领导者，即最高管理者是"在最高层指挥和控制组织的一个人或一组人"。领导者要想指挥好和控制好一个组织，必须做好确定方向、策划未来、激励员工、协调活动和营造一个良好的内部环境等工作。领导者的领导作用、承诺和积极参与，对建立并保持一个有效的和高效的质量管理体系，并使所有相关方获益是必不可少的。

此外，在领导方式上，领导者要做到透明、务实和以身作则。在领导者创造的比较宽松、和谐和有序的环境中，全体员工能够理解组织的目标并动员起来去实现这些目标。所有的活动能依据领导者规定的各级、各部门的工作准则以一种统一的方式加以评价、协调和实施。领导者可以对组织的未来勾画出一个清晰的远景，并细化为各项可测量的目标和指标，在组织内进行沟通，让全体员工都能了解组织的奋斗方向，从而建立起一支职责明确、积极性高、组织严密、稳定的员工队伍。

实施本原则可开展的活动包括：确定组织的质量方针，做好发展规划，为组织勾画一个清晰的远景并在组织内得到沟通和理解，让全体员工了解组织的奋斗方向；确定组织机构的部门、岗位设置以及各部门职能分工和各岗位人员职责；在整个组织及各级、各有关职能部门设定富有挑战性的目标；提倡公开和诚恳的交流和沟通，提高组织运作的效率和有效性；定期对组织的管理体系进行评审，发现管理体系的改进机会，决定改进管理的措施。

（3）全员积极参与。整个组织内各级胜任、经授权并积极参与的人员，是提高组织创造能力和提供价值能力的必要条件。为了有效和高效地管理组织，各级人员得到尊重并参与其中是极其重要的。通过表彰、授权和提高能力，促进在实现组织的质量目标过程中的全员积极参与。

组织的质量管理有赖于各级人员的全员参与，组织应对全体员工进行以顾客为关注焦点的质量意识和敬业爱岗的职业道德教育，激励他们的工作积极性和责任感。此外，员工还应具备足够的知识、技能和经验以胜任工作，实现对质量管理的充分参与。

实施本原则可使全体员工动员起来，积极参与，努力工作，实现承诺，树立起工作责任心和事业心，为实现组织的方针和战略作出贡献。

实施本原则可开展的活动包括：鼓励员工参与组织方针、目标的制定，从而使所制定的方针、目标更具合理性；应把组织的总目标分解到职能部门和层次，让员工看到更贴近自己的目标，激励员工为实现目标而努力，并以此评价员工的业绩；应让员工在本职工作中有一定的自主权并承担解决问题的责任。

（4）过程方法。将活动作为相互关联、功能连贯的过程组成的体系来理解和管理时，可更加有效地得到一致的、可预知的结果。

过程方法的目的是获得持续改进的动态循环，并使组织的总体业绩得到显著的提高。其通过识别组织内的关键过程，随后加以实施和管理并不断进行持续改进来达到顾客满意。将相关的资源和活动作为过程来进行管理，可以更高效地达到预期的目的。

采取过程方法，对跨职能部门的活动进行流程管理，加强了部门间的沟通，提高了管理的效率和有效性；通过有效使用资源，使组织具有降低成本并缩短周期的能力；由于对过程的各要素进行了管理和控制，可获得可预测的结果。

实施本原则可开展的活动包括：识别质量管理体系所需的过程，特别是直接与产品实现有关的过程；针对每一个过程，确定这个过程的活动组成和相互关系；针对每一个活动，根据这个活动应满足的管理要求（如质量标准要求），确定活动的职责分工、准则方法、形成记录；对过程实施监视和测量，对过程的监视和测量的结果进行数据分析，发现改进的机会，并采取措施，包括提供必要的资源，实现持续的改进，以提高过程的效率和有效性。

（5）改进。成功的组织持续关注改进。

进行质量管理的目的就是保持和提高产品质量，没有改进就不可能提高。改进是增强满足要求能力的循环活动，通过不断寻求改进机会，采取适当的改进方式，重点改进产品的特性和管理体系的有效性。改进的途径可以是日常渐进的改进活动，也可以是突破性的改进项目。

坚持改进，可提高组织对改进机会快速而灵活的反应能力，增强组织的竞争优势；可通过战略和业务规划，把各项改进集中起来，形成更有竞争力的业务计划。

实施本原则可开展的活动包括：不断地制定新的发展目标，从而持续地提升组织管理体系的业绩；按照规定的准则和方法，对管理体系、过程、产品进行监视和测量，注意发现其中存在的不符合并及时加以纠正；对监视和测量结果进行分析，需要时采取纠正和预防措施，以避免不符合的发生或再次发生；按规定的时间间隔对管理体系进行评审，评审管理体系在充分性、适宜性和有效性方面存在的问题并持续加以改进。

（6）循证决策。基于数据和信息的分析和评价的决策，更有可能产生期望的结果。

对数据和信息的逻辑分析是有效决策的基础。以事实为依据做决策，可以防止决策失误。通过合理运用统计技术，来测量、分析和说明产品和过程的变异性，通过对质量信息和资料的科学分析，确保信息和资料的足够准确和可靠，基于对事实的分析、过去的经验和直观判断做出决策并采取行动。

实施本原则可增强通过实际来验证过去决策的正确性的能力，可增强对各种意见和决策进行评审、质疑和更改的能力，发扬民主决策的作风，使决策更切合实际。

实施本原则可开展的活动包括：收集与目标有关的数据和信息，并规定收集信息的种类、渠道和职责；通过鉴别，确保数据和信息的准确性和可靠性；采取各种有效方法，对数据和信息进行分析，确保数据和信息能被使用者得到和利用；根据对事实的分析、过去的经验和直觉判断做出决策并采取行动。

（7）关系管理。为了持续成功，组织需要管理与有关相关方（如供方）的关系。

组织和供方之间保持互利关系，可增进两个组织创造价值的能力。供方提供的产品将对组织向顾客提供满意的产品产生重要影响，能否处理好与供方的关系，影响到组织能否持续稳定地向顾客提供满意的产品。对供方不能只讲控制，不讲合作与利益，特别对关键供方，更要建立互利互惠的合作关系，这对组织和供方来说都是非常重要的。

实施本原则可增强供需双方创造价值的能力，对于方针和战略的制定通过发展与供方的战略联盟和合作伙伴关系，赢得竞争的优势。

实施本原则可开展的活动包括：识别并选择重要供方，考虑眼前和长远的利益；创造一个通畅和公开的沟通渠道，及时解决问题，联合改进活动；与重要供方共享专门技术、信息和资源，激发、鼓励和承认供方的改进及其成果。

4. 质量管理体系的建立与实施

建立、完善质量管理体系一般要经历质量管理体系的策划与设计、质量管理体系文件的编制、质量管理体系的试运行、质量管理体系的审核与评审四个阶段。

（1）质量管理体系的策划与设计。该阶段主要是做好各种准备工作，包括：教育培训，统一认识，组织落实，拟定计划；确定质量方针，制定质量目标；现状调查和分析；调整组织结构，配备资源等方面。

（2）质量管理体系文件的编制。编制质量管理体系文件应注意几个问题：

1）除质量手册统一组织制定外，质量管理体系文件应按分工由归口职能部门分别制定。

2）质量管理体系文件的编制应结合本单位的质量职能分配进行。

3）质量管理体系文件做到协调、统一。

4）质量管理体系文件要加强文件的层次间、文件与文件间的协调。

5）质量管理体系文件要讲求实效，不走形式。

（3）质量管理体系的试运行。质量管理体系文件编制完成后，质量管理体系将进入试运行阶段。其目的是通过试运行，验证质量管理体系文件的有效性和协调性，并对暴露出的问题，采取改进和纠正措施，以达到进一步完善质量管理体系文件的目的。

（4）质量管理体系的审核与评审。质量管理体系审核在体系建立的初始阶段往往更加重要。在这一阶段，质量管理体系审核的重点，主要是验证和确认体系文件的适用性和有效性。

质量管理体系的试运行完成后，进入正常运行状态。质量管理体系在运行过程中，有正常运行、可能异常、出现异常和需要改进等四种状态，应当根据过程运行的不同状态，分别实施必要的措施，确保每个过程实现预期结果，并通过采取内部审核、管理评审等手段，使质量管理体系得以保持并不断改进完善。

5. 质量管理体系标准的适用情况

企业参照 GB/T 19000/ISO 9000 系列标准建立质量管理体系并使其有效运行，可以提高企业内部质量管理水平，或在向外部提供质量担保方面发挥作用。

（1）质量管理情况。为了提高质量管理水平，企业建立质量管理体系时，应主要参照 ISO 9000 标准。建立质量管理体系的主要目的是为了管理好企业内部的质量工作，使企业的领导对本企业的质量管理水平和质量保证能力建立信心，使影响产品质量的各种因素都处于受控状态，以最经济的方式实现产品的质量要求。ISO 9000 系列标准的这种职能称为质量管理情况。

（2）合同情况。在企业向用户提供产品时，经双方商定在供货合同中对供方提出了质量保证要求，要求供方建立并完善其质量保证体系，以便能持续稳定地提供符合用户要求的产品。合同情况下的质量管理体系是供方内部质量管理体系的一部分，在履行合同期间，用户可派审核组到供方的现场按合同要求进行检查和评定，用户也可以委托代理人或经双方同意的一个第三方机构进行这样的审核。

（3）第三方认证和注册。第三方认证和注册是目前最常用的质量保证能力认定的方式，它是由与供货方和用户无关的第三方社会中介认证机构进行的工作，由其通过审核来评价申请认证企业的质量管理体系情况，符合规定要求的准予注册。用户在选择供货方时，可以根据第三方认证和注册的证明确认供货方具备所要求的质量保证能力情况来确定。

6. 贯彻 GB/T 19000/ISO 9000 系列标准的作用和意义

（1）有利于提高企业的质量管理水平。GB/T 19000/ISO 9000 系列标准，从系统的角度对产品质量形成全过程的各种因素提出全面控制的严格要求，企业根据标准建立并运行质量管理体系，可以对原来的质量系统进行全面的审核、检查和补充，并使之规范化，从而发现质量管理中的薄弱环节，进一步理顺各项活动之间的关系，使企业的质量管理体系更为科学和完善。由于按照标准建立的质量管理体系有一整套体系文件，可以使企业的各项质量活动有序地展开，减少了质量管理中的盲目性。

另外，标准要求定期对质量管理体系进行严格的审核，可以及时发现质量系统运行中存在的问题，始终保持质量管理体系的适用性和有效性。

（2）有利于质量管理与国际标准接轨。GB/T 19000/ISO 9000 系列标准已被世界上许多国家、地区和企业广泛采用，已成为各国贸易交往中需方对供方质量保证能力评价的依据。随着全球性贸易的发展，按照 ISO 9000 标准的要求建立质量管理体系，积极开展第三方质量认证已成为世界性的大趋势。随着我国对外贸易量的大幅度增加，企业贯彻 GB/T 19000/ISO 9000 标准，有利于质量管理与国际标准接轨。

（3）有利于提高产品竞争力和经济效益。产品竞争力与产品质量具有非常密切的关系。但产品质量的提高不仅取决于企业的技术能力，同时也取决于企业的管理水平。只要企业的质量管理体系通过权威认证机构的认证，认证证书将成为企业的信誉证明，可以极大地提高企业的知名度，使用户对企业的产品质量产生信任，增加购买欲望，提高了产品在生产上的竞争力。由于产品质量的提高，企业的售后服务费用和来自用户的索赔会大幅度降低，因此可以提高企业的经济效益。

（4）有利于保护消费者的权益。现代工业产品既可造福于人类，也可能会因质量事故给人类带来生命和财产的损失。因此，消费者的合法权益以及社会与国家的安全都与企业的质量保证能力息息相关。有时，即使产品完全按照技术规范进行生产，但当技术规范本身不完善或企业的质量管理体系不健全时，产品也无法达到规定的或潜在的需要，还极有可能发生质量事故。因此，贯彻 ISO 9000 系列标准，按标准要求建立和运行质量管理体系，持续稳定地生产满足用户需要的产品，无疑是对消费者乃至整个人类利益的一种实实在在的保护。

（二）GB/T 28000/OHSAS 职业健康安全管理体系

GB/T 28000/OHSAS 职业健康安全管理体系，是 20 世纪 80 年代后期在国际上兴起的现代安全生产管理模式。

1. GB/T 28000/OHSAS 职业健康安全管理体系的产生

由于有关法律更趋严格，促进良好职业健康安全实践的经济政策和其他措施更多地出台，相关方越来越关注职业健康安全问题，各类组织越来越重视依照职业健康安全方针和目标控制职业健康安全风险，以实现并证实其良好职业健康安全绩效。

虽然许多组织为评价其职业健康安全绩效而推行职业健康安全"评审"或"审核"，但仅靠"评审"或"审核"本身可能仍不足以为组织提供保证，使之确信其职业健康安全绩效不仅现在满足，而且将持续满足法律法规和方针要求。要使"评审"或"审核"行之有效，则须在整合于组织中的结构化管理体系内予以实施。

我国为了在国际贸易中享有与世界贸易组织（WTO）其他成员相同的待遇，职业健康安全问题对我国社会与经济发展产生潜在和巨大的影响。因此，我国于 2001 年 11 月正式颁布 GB/T 28000 系列标准并大力推广。GB/T 28000 系列标准使用翻译法等同采用 OHSAS 系列标准。

2. GB/T 28000/OHSAS 职业健康安全管理体系的基本思想

GB/T 28000/OHSAS 职业健康安全管理体系的基本思想是实现体系持续改进，通过周而复始地进行"策划—实施—检查—改进（PDCA）"的运行模式，使体系功能不断加强。它要求组织在实施职业安全卫生管理体系时始终保持持续改进意识，对体系进行不断修正和完善，最终消除或尽可能降低可能暴露于组织活动相关的职业健康安全危险源中的员工和其他相关方面临的风险。

3. 贯彻 GB/T 28000/OHSAS 系列标准的作用和意义

GB/T 28000/OHSAS 系列标准的实施对我国的职业安全卫生工作将产生积极的推动作用。主要体现在以下几个方面：

（1）推动职业安全卫生法规和制度的贯彻执行。GB/T 28000/OHSAS 系列标准要求组织（包括各类生产组织）必须对遵守法律、法规做出承诺，并定期进行评审以判断其遵守的情况。

另外，GB/T 28000/OHSAS 系列标准还要求组织有相应的制度来跟踪国家法律、法规的变化，以保证组织能持续有效地遵守各项法律、法规要求。

（2）使组织的职业安全卫生管理由被动行为变为主动行为，促进职业安全卫生管理水平的提高。GB/T 28000/OHSAS 系列标准是市场经济体制下的产物，它将职业安全卫生与组织的管理融为一体，运用市场机制，突破了职业安全卫生管理的单一管理模式，将安全管理单纯靠强制性管理的政府行为，变为组织自愿参与的市场行为。使职业安全卫生工作在组织的地位，由被动消极的服从转变为积极主动的参与。许多组织自愿建立职业健康安全管理体系，并通过认证，然后又要求其相关方进行体系的建立与认证，这样就形成了链式效应，依靠市场推动，使 GB/T 28000/OHSAS 系列标准全面推广。这种自发的职业安全卫生管理有利于促进组织职业安全卫生管理水平的提高。

（3）促进我国职业安全卫生管理标准与国际接轨，有利于消除贸易壁垒。

目前，职业安全卫生和环境问题逐渐成为国家社会日益敏感的话题。很多国家和国际组织把职业安全卫生和贸易联系起来，并以此为借口设置障碍，形成贸易壁垒。

GB/T 28000/OHSAS 系列标准采用统一要求，它的普遍实施在一定程度上消除了贸易壁垒，将是未来国际市场竞争的必备条件之一。与 GB/T 19000 一样，GB/T 28000/OHSAS 系列标准的实施将对国际贸易产生深刻影响，不采用的国家与组织将由此受到消极的影响，逐渐被排斥在国际市场之外。

（4）有利于提高全民的安全意识。实施 GB/T 28000/OHSAS 系列标准，建立职业健康安全管理体系，要求对本组织的员工进行系统的安全培训，使每个员工都参与组织的职业安全卫生工作。同时，标准还要求被认证组织要对相关方施加影响，提高安全意识。所以，一个组织实施 GB/T 28000/OHSAS 系列标准就会以点带面影响一片，随着 GB/T 28000/OHSAS 系列标准的推广，将使全民的安全意识得到提高。

（三）GB/T 24000/ISO 14000 环境管理体系

GB/T 24000/ISO 14000 环境管理体系是为组织提供框架，以保护环境，响应变化的环境状况，同时社会经济也需要保持平衡。

1. GB/T 24000/ISO 14000 环境管理体系的产生

为了既满足当代人的需求，又不损害后代人满足其需求的能力，必须实现环境、社会和经济"三大支柱"之间的平衡，通过平衡"三大支柱"的可持续性，以实现可持续发展目标。

随着法律法规的日趋严格，以及因污染、资源的低效使用、废物管理不当、气候变化、生态系统退化、生物多样性减少等给环境造成的压力不断增大，社会对可持续发展、透明度和责任的期望值已发生了变化。

因此，各组织通过实施环境管理系统，采用系统的方法进行环境管理，以期为"环境支柱"的可持续性作出贡献。

2. 贯彻 GB/T 24000/ISO 14000 环境管理体系的作用和意义

（1）有利于提高全社会的环境意识，树立科学的自然观和发展观，保护生态环境。

（2）有利于提高人们的遵法、守法意识，促进环境法规的贯彻实施。

（3）对环境污染与减少资源、能源的消耗同时并重，从而能有力促进组织对资源和能源的合理利用，对保护地球上的不可再生和稀缺资源也会起到重要作用。

（4）有利于实现经济与环境协调统一，实现可持续发展。

第二节 建设工程质量的形成过程及特点

一、工程形成各阶段对质量的影响

要实现对建设项目质量的控制，就必须严格执行工程建设程序，对工程建设过程中各个阶段的质量严格控制。工程项目具有周期长等特点，工程质量不是朝夕之间形成的。工程建设各阶段紧密衔接，互相制约影响，因此工程建设的每阶段均对建设项目质量形成产生十分重要的影响。水利工程建设项目应按照《水利工程建设程序管理暂行规定》（水利部水建〔1998〕16 号文，2014 年 8 月 19 日水利部令第 46 号修改，2016 年 8 月 1 日水利部令第 48 号第二次修改，2017 年 12 月 22 日水利部令第 49 号第三次修改）规定的基本建设程序实施。

（一）项目建议书阶段对工程项目质量的影响

项目建议书应根据国民经济和社会发展长远规划、流域综合规划、区域综合规划、专业规划，按照国家产业政策和国家有关投资建设方针进行编制，是对拟进行建设项目的初步说明。

项目建议书应按国家现行规定权限向主管部门申报审批。按照《水利水电工程项目建议书编制规程》（SL 617—2013）的要求，进行项目建议书的编制。

项目建议书是整个项目建设过程中最初阶段的工作，它提出了对整个拟建项目的总体构想，同时项目建议书也是进行后续可行性研究和编制设计任务书的依据。

由于项目建议书对建设项目提出轮廓设想，其中包括产品方案，拟建规模，建设地点，投资估算等，故对建设项目的功能和建设决策产生重要影响，为可行性研究提供依据，所以这个阶段对建设项目质量有潜在的影响。

（二）项目可行性研究对工程项目质量的影响

工程项目的可行性研究应该以批准的项目建议书和委托书为依据，对拟建项目的技术路线、工艺过程、工程条件和效益进行调查研究，对不同的建设方案进行比较，最终提出合理的建设方案，是前期工作的中心环节，是投资决策和编制、审批设计任务书的依据。其目的是通过对拟建项目进行全面分析及多方面比较，论证该项目是否必须（适合）建设、技术上是否可靠、经济上是否合理。

可行性研究的具体任务包括项目建设的必要性研究、技术路线可行性研究、工程条件的研究、项目实施计划研究、资金使用计划和成本核算的研究，人员培训计划研究和效益评价研究等内容。

可行性研究的工作成果是提出一份可行性研究报告，该报告被批准后就可以作为编制设计任务书和进行初步设计的依据。水利工程建设项目的可行性研究报告应按照《水利水电工程可行性研究报告编制规程》（SL 618—2013）编制。

在可行性研究阶段，要对建设项目技术上、经济上和对国家及社会影响进行论证，并做多方案比较，从而推荐最佳方案，为设计提供依据。根据可行性研究报告作出的项目决策，是对项目质量的决定性影响，是项目成败的关键。与建设项目质量相关的论证工作主要有以下几项：

（1）工程地质、水文地质、气象等自然条件是否良好。

（2）生产工艺、技术是否先进、成熟，设备是否配套。

（三）设计阶段对工程项目质量的影响

初步设计是对设计方案的继续和深化，在初步设计中需要明确工程规模、建设目的、设计原则和标准，提出设计文件中存在的问题和注意事项等。初步设计的深度要能够控制工程投资、满足编制施工图设计要求，主要设备和材料表能够满足订货要求及相关工程招标的要求。因此，初步设计是对项目各项技术经济指标进行全面规划的重要环节，初步设计一般包括设计说明书、主要工程量、主要设备和材料表、工程概算书及完整的初步设计阶段图纸等内容。

施工图设计是在初步设计批准后进行，施工图设计的任务是根据初步设计审批意见，解决初步设计阶段待定的各项问题，作为承包人编制施工组织设计、编制施工预算和进行施工的依据。施工图设计文件组成和初步设计文件基本相同，是对初步设计文件的深化和补充。

工程项目设计阶段是根据已确定的质量目标和水平，通过工程设计使其具体化。设计在技术上是否可行、工艺是否先进、经济是否合理、设备是否配套、结构是否安全可靠等，都将决定着工程项目建成后的使用价值和功能。因此，设计阶段是影响工程项目质量的决定性环节。国务院 2000 年颁布的《建设工程质量管理条例》确立了施工图纸设计文件的审查制度，《水利工程施工监理规范》（SL 288—2014）明确"监理机构应在收到发包人提供的施工图纸后及时核查并签发。在施工图纸核查过程中，监理机构可征求承包人的意见，必要时提请发包人组织有关专家会审"，这就是为了进一步提高工程设计的质量。

（四）施工阶段对工程项目质量的影响

工程项目施工阶段是根据设计文件和图纸的要求，通过施工形成工程实体，任何优秀的勘察设计成果只有通过施工才能变为现实。因此，工程施工活动决定了设计意图能否体现，它直接关系到工程的安全可靠、使用功能的保证，以及外表观感能否体现建筑设计的艺术水平，这一阶段直接影响工程的最终质量。在一定程度上，施工阶段是工程质量控制的关键环节。

（五）工程验收阶段对工程项目质量的影响

工程项目验收阶段，就是对项目施工阶段的质量进行试运行、检查评定，考核质量目标是否符合设计阶段的质量要求。这一阶段是工程建设向生产转移的必要环节，影响工程能否最终形成生产能力，体现了工程质量水平的最终结果。因此，工程验收阶段是工程质量控制的最后一个必要环节。

综上所述，工程项目质量的形成是一个系统的过程，即工程质量是可行性研究、工程设计、工程施工和竣工验收各阶段质量的综合反映。只有有效地控制各阶段的质量，才能确保工程项目质量目标的最终实现。

二、工程项目质量特点

工程项目建设由于涉及面广，是一个极其复杂的综合过程，特别是大型工程，具有建设周期长、影响因素多、施工复杂等特点，使得工程项目的质量不同于一般工业产品的质量，主要表现在以下几个方面：

（1）形成过程的复杂性。一般工业产品质量从设计、开发、生产、安装到服务各阶段，通常由一个企业来完成，质量易于控制。而工程产品质量由咨询单位、设计单位、承包人、材料供应商等来完成，故质量形成过程比较复杂。

（2）影响因素多。工程项目质量的影响因素多，诸如决策、设计、材料、机械、施工工序、操作方法、技术措施、管理制度及自然条件等，都直接或间接地影响到工程项目的质量。

（3）波动性大。因为工程建设不像工业产品生产，有固定的生产流水线，有规范化的生产工艺和完善的检测技术，有成套的生产设备和稳定的生产环境。工程项目本身的复杂性、多样性和单件性，决定了其质量的波动性大。

（4）质量隐蔽性。工程项目在施工过程中，由于工序交接多，中间产品多，隐蔽工程多，若不及时检查并发现其存在的质量问题，很容易产生第二类判断错误，即：将不合格的产品误认为是合格的产品。

（5）终检的局限性。工程项目建成后不可能像一般工业产品那样依靠终检来判断产品质量，或将产品拆卸、解体来检查其内在的质量，或对不合格零部件可以更换。而工程项目的终检（竣工验收）无法通过工程内在质量的检验发现隐蔽的质量缺陷。因此，工程项目的终检存在一定的局限性。这就要求工程质量控制应以预防为主，过程控制为主，防患于未然。

三、质量、进度、投资之间的关系

质量、进度、投资被称为建设工程项目的三大控制目标，它是工程建设各方主体的中心任务，无论是发包人，还是承包人及监理单位都是围绕着三大目标而开展工作的。

在工程建设项目质量、进度、投资三大目标之间存在着相互制约、相互统一、相互联系、相互依存的关系，并在一定条件下，互相转化。

1. 质量与投资的关系

投资是工程建设质量的保证之一，工程建设的质量要求越高投资成本也越大，对发包人来说，工程质量标准的提高，能够降低项目投产后维修费用和运行费用，降低项目的运行管理成本，延长建设工程的使用年限，但会增大建设期投资成本。在实际的工程中，不能无限的要求提高工程质量标准，质量要求过高也会造成一种浪费，只有确定适度的工程建设质量标准，才能达到既保证建设工程的稳定长效运营，提高投资的收益，又不会增加太多的建设期投资成本的效果。

2. 进度与质量的关系

在工程投资不变的情况下，不合理的加快工程建设进度，必将影响工程质量，甚至可能会造成质量事故。反言之，工程建设质量标准越高，施工时必将精工细作，即相对的工期进度就要延长；同时因施工时精工细作，工程质量随之提高，必将减少施工过程中出现的返工现象，相对而言，减少了因返工对进度的影响，也可缩短工期。所以质量和进度之间的关系既是对立又是相对统一的。

3. 进度与投资的关系

在工程质量标准确定的情况下，工程项目想要加快工程进度，就必须得加大人力、物力、财力等投入，从而使工程项目的投资增加，采取各种赶工措施使工程项目目标尽快完成，使项目能提前投入使用，在预期的期限内尽早地发挥经济效益。若在工程项目建设中不对进度目标进行有效控制，势必将造成项目的投资增加，只有在合理工期下才能保证投资得到有效的控制。所以进度与投资之间的关系也是辩证统一和相互对立的。

质量、进度、投资作为工程项目的三大控制目标，它们既相互关联、又相互制约，既相互对立、又相互统一。这种关系是客观存在的辩证关系，是唯物辩证法对立统一规律在工程项目目标控制系统中的具体体现。任何工程项目总是满足人们和社会的功能需求和质量标准，并且都是在一定的投资额度内实现的。同时，任何项目的功能使用价值的实现，都受到时间的限制，都有着明确的进度和工期要求。三大目标相互制约、相互统一、相互影响、相互对立、互为主次、共同作用，从而形成了工程项目目标控制系统。三大目标的辩证关系要求各参建单位在实施项目目标规划和控制时，要充分利用这种客观存在关系，采取适当的控制措施，以实现工程项目的最终目标。

第三节 工程质量的政府监督管理

《建设工程质量管理条例》明确规定：国家实行建设工程质量监督管理制度。国务院建设行政主管部门对全国的建设工程质量实施统一的监督管理。国务院铁路、交通、水利等有关部门按国务院规定的职责分工，负责对全国的有关专业建设工程质量的监督管理。水利部1997年12月21日颁布的《水利工程质量管理规定》（1997年水利部第7号令，2017年中华人民共和国水利部令第49号修改）中明确规定：水利工程质量实行项目法人（建设单位）负责、监理单位控制、施工单位保证和政府监督相结合的质量管理体制。1997年8月25日颁布的《水利工程质量监督管理规定》（水建〔1997〕339号）明确规定：水利工程质量监督机构是水行政主管部门对水利工程进行监督管理的专职机构，对水利工程质量进行强制性的监督管理。

一、水利工程质量监督机构的设置及其职责

（一）水利工程质量监督机构的设置

水行政主管部门主管水利工程质量监督工作。水利工程质量监督机构按总站、中心站、站三级设置。

（1）水利部设置全国水利工程质量监督总站，办事机构设在水利部建设管理与质量安全中心。水利部水利水电规划设计总院设置水利工程设计质量监督分站，各流域机构设置流域水利工程质量监督分站作为总站的派出机构。

（2）各省、自治区、直辖市水利（水电）厅（局）及新疆生产建设兵团水利局设置水利工程质量监督中心站。

（3）各地（市）水利（水电）局设置水利工程质量监督站。

各级质量监督机构隶属于同级水行政主管部门，业务上接受上一级质量监督机构的指导。水利工程质量监督项目站（组），是相应质量监督机构的派出单位。

（二）水利工程质量监督机构主要职责

全国水利工程质量监督总站负责全国水利工程的监督和管理，其主要职责包括：贯彻执行国家和水利部有关工程建设质量管理的方针、政策；制定水利工程质量监督、检测有关规定和办法，并监督实施；归口管理全国水利工程的质量监督工作，指导各分站、中心站的质量监督工作；对部直属重点工程组织实施质量监督。参加工程的阶段验收和竣工验收；监督有争议的重大工程质量事故的处理；掌握全国水利工程质量动态。组织交流全国水利工程质量监督工作经验，组织培训质量监督人员。开展全国水利工程质量检查活动。

水利工程设计质量监督分站受总站委托承担的主要任务包括：归口管理全国水利工程的设计质量监督工作；负责设计全面质量管理工作；掌握全国水利工程的设计质量动态，定期向总站报告设计质量监督情况。

各流域水利工程质量监督分站对本流域内下列工程项目实施质量监督：总站委托监督的部属水利工程；中央与地方合资项目，监督方式由分站和中心站协商确定；省（自治区、直辖市）界及国际边界河流上的水利工程。

市（地）水利工程质量监督站的职责，由各中心站进行制定。项目站（组）职责应根据相关规定及项目实际情况进行制定。

二、水利工程质量监督机构监督程序及主要工作内容

发包人应在工程开工前到相应的水利工程质量监督机构办理监督手续，签订《水利工程质量监督书》。

水利工程建设项目质量监督方式以抽查为主。大型水利工程应建立质量监督项目站，中、小型水利工程可根据需要建立质量监督项目站（组），或进行巡回监督。

监督的主要内容有：

（1）对监理、设计、施工和有关产品制作单位的资质进行复核。

（2）对发包人、监理单位的质量检查体系和承包人的质量保证体系以及设计单位现场服务等实施监督检查。

（3）对工程项目的单位工程、分部工程、单元工程的划分进行监督检查。

（4）监督检查技术规程、规范和质量标准的执行情况。

（5）检查承包人、发包人、监理单位对工程质量检验和质量评定情况。

（6）在工程竣工验收前，对工程质量进行等级核定，编制工程质量评定报告，并向工

程竣工验收委员会提出工程质量等级的建议。

工程建设阶段发包人、监理单位、设计单位和承包人，必须接受质量监督机构的监督。工程竣工验收前，必须经质量监督机构对工程质量进行等级核验。未经工程质量等级核验或者核验不合格的工程，不得交付使用。

三、水利工程质量监督依据及主要权限

1. 工程质量监督的依据

（1）国家有关的法律、法规。

（2）水利水电行业有关技术规程、规范，质量标准。

（3）经批准的设计文件等。

2. 工程质量监督的权限

（1）对监理、设计、施工等单位的资质等级、经营范围进行核查，发现越级承包工程等不符合规定要求的，责成建设单位限期改正，并向水行政主管部门报告。

（2）对工程有关部位进行检查，调阅发包人、监理单位和承包人的检测试验成果、检查记录和施工记录。

（3）对违反技术规程、规范、质量标准，特别是强制性条文或设计文件的承包人，通知发包人、监理单位采取纠正措施。问题严重时，可向水行政主管部门提出整顿的建议。

（4）对使用未经检验或检验不合格的建筑材料、构配件及设备等，责成发包人采取措施纠正。

（5）提请有关部门或司法机关追究造成重大工程质量事故的单位和个人的行政、经济、刑事责任。

第四节 工程质量责任体系

对于水利工程，参与工程建设的各方，应根据国家颁布的《建设工程质量管理条例》《水利工程质量管理规定》以及合同和有关文件的规定承担相应的质量责任。

一、发包人的质量责任

（1）发包人应根据国家和水利部有关规定依法设立，主动接受水利工程质量监督机构对其质量管理体系的监督检查。发包人在工程开工前，应按规定向水利工程质量监督机构办理工程质量监督手续。在工程施工过程中，应主动接受质量监督机构对工程质量的监督检查。发包人要加强工程质量管理，建立健全施工质量检查体系，根据工程特点建立质量管理机构和质量管理制度。

（2）发包人应根据工程规模和工程特点，按照水利部有关规定，通过资格审查招标选择勘察设计、施工、监理及第三方检测单位，并实行合同管理。发包人应当将工程发包给具有相应资质等级的单位。不得将应由一个承包单位完成的建设工程项目分解成若干部分发包给几个承包单位。不得迫使承包方以低于成本的价格竞标。不得任意压缩合理工期。

发包人不得明示或者暗示设计单位或者承包人违反工程建设强制性标准，降低建设工程质量。

（3）在合同文件中，必须有工程质量条款，明确图纸、资料、工程、材料、设备等的质量标准及合同双方的质量责任。

（4）发包人必须向有关的勘察、设计、施工、监理及第三方检测等单位提供与建设工程有关的原始资料。原始资料必须真实、准确、齐全。

（5）实行监理的建设工程，发包人应当委托具有相应资质等级的工程监理单位进行监理，也可以委托具有工程监理相应资质等级并与被监理工程的承包人没有隶属关系或者其他利害关系的该工程的设计单位进行监理。

（6）发包人应主持或与监理机构联合主持设计交底会议，施工过程中应对工程质量进行检查，工程完工后，应及时组织有关单位进行工程质量验收、签证。

二、勘察、设计单位的质量责任

（1）从事建设工程勘察、设计的单位应当依法取得相应等级的资质证书，并在其资质等级许可的范围内承揽工程。禁止勘察、设计单位超越其资质等级许可的范围或者以其他勘察、设计单位的名义承揽工程。禁止勘察、设计单位允许其他单位或者个人以本单位的名义承揽工程。勘察、设计单位不得转包或者违法分包所承揽的工程。

（2）勘察、设计单位必须按照工程建设强制性标准进行勘察、设计，并对其勘察、设计的质量负责。注册建筑师、注册结构工程师等注册执业人员应当在设计文件上签字，对设计文件负责。

（3）勘察单位提供的地质、测量、水文等勘察成果必须真实、准确。

（4）设计文件必须符合下列基本要求：

1）设计单位应当根据勘察成果文件进行建设工程设计。设计文件应当符合国家规定的设计深度要求，注明工程合理使用年限。

2）设计文件应当符合国家、水利行业有关工程建设法规、工程勘测设计技术规程、标准和合同的要求。

3）设计依据的基本资料应完整、准确、可靠，设计论证充分，计算成果可靠。

4）设计文件的深度应满足相应设计阶段有关规定要求，设计质量必须满足工程质量、安全需要并符合设计规范的要求。

5）设计单位在设计文件中选用的建筑材料、建筑构配件和设备，应当注明规格、型号、性能等技术指标，其质量要求必须符合国家规定的标准。除有特殊要求的建筑材料、专用设备、工艺生产线等外，设计单位不得指定生产厂家、供应商。

（5）设计单位应按合同规定及时提供设计文件及施工图纸，在施工过程中要随时掌握施工现场情况，优化设计，解决有关设计问题。对大中型工程，设计单位应按合同规定在施工现场设立设计代表机构或派驻设计代表。

（6）设计单位应按水利部有关规定在阶段验收、单位工程验收和竣工验收中，对施工质量是否满足设计要求提出评价。

（7）设计单位应当参与建设工程质量事故分析，并对因设计造成的质量事故，提出相应的技术处理方案。

三、承包人的质量责任

（1）承包人应当依法取得相应等级的资质证书，并在其资质等级许可的范围内承揽工程，禁止承包人超越本单位资质等级许可的业务范围或者以其他承包人的名义承揽工程。禁止承包人允许其他单位或者个人以本单位的名义承揽工程。承包人不得转包或者违法分包工程。

（2）承包人不得将其承接的水利建设项目的主体工程进行转包。对工程的分包，分包单位必须具备相应资质等级，并对其分包工程的施工质量向总包单位负责，总承包单位与分包单位对分包工程的质量承担连带责任。总承包单位对全部工程质量向发包人负责。工程分包必须经过发包人的认可。

（3）承包人必须依据国家、水利行业有关工程建设法规、技术规程、技术标准的规定以及设计文件和施工合同的要求进行施工，并对其施工的工程质量负责。承包人必须按照工程设计图纸和施工技术标准施工，不得擅自修改工程设计，不得偷工减料。承包人在施工过程中发现设计文件和图纸有差错的，应当及时提出意见和建议。

（4）承包人必须按照工程设计要求、施工技术标准和合同约定，对建筑材料、建筑构配件、设备和商品混凝土进行检验，检验应当有书面记录和专人签字；未经检验或者检验不合格的，不得使用。施工人员对涉及结构安全的试块、试件以及有关材料，应当在发包人或者监理单位监督下现场取样，并送具有相应资质等级的质量检测单位进行检测。承包人对施工中出现质量问题的建设工程或者竣工验收不合格的建设工程，应当负责返修。

（5）承包人要推行全面质量管理，建立健全质量保证体系，制定和完善岗位质量规范、质量责任及考核办法，落实质量责任制。在施工过程中要加强质量检验工作，认真执行"三检制"，切实做好工程质量的全过程控制。承包人应当建立、健全教育培训制度，加强对职工的教育培训；未经教育培训或者考核不合格的人员，不得上岗作业。

（6）工程发生质量事故，承包人必须按照有关规定向监理单位、发包人及有关部门报告，并保护好现场，接受工程质量事故调查，认真进行事故处理。

（7）竣工工程质量必须符合国家和水利行业现行的工程标准及设计文件要求，并应向发包人提交完整的技术档案、试验成果及有关资料。

四、监理单位的质量责任

（1）监理单位必须持有水利部颁发的监理单位资质等级证书，依照核定的监理范围承担相应水利工程的监理任务。监理单位必须接受水利工程质量监督机构对其监理资格、质量检查体系及质量监理工作的监督检查。禁止监理单位超越本单位资质等级许可的范围或者以其他监理单位的名义承担工程监理业务。禁止监理单位允许其他单位或者个人以本单位的名义承担工程监理业务。监理单位不得转让工程监理业务。监理单位与被监理工程的施工承包单位以及建筑材料、建筑构配件和设备供应单位不得有隶属关系或者其他利害关系的，不得承担该项建设工程的监理业务。

（2）监理单位必须严格执行国家法律、水利行业法规、技术标准，严格履行监理合同。

（3）监理单位根据所承担的监理任务向水利工程施工现场派出相应的监理机构，人员配备必须满足项目要求。监理工程师上岗必须持有水利部颁发的监理工程师资格证书，一般监理人员上岗要经过岗前培训。

（4）监理单位应当选派具备相应资格的总监理工程师和监理工程师进驻施工现场。未经监理工程师签字，建筑材料、建筑构配件和设备不得在工程上使用或者安装，承包人不得进行下一道工序的施工。未经总监理工程师签字，发包人不拨付工程款，不进行竣工验收。

（5）监理单位应根据监理合同参与招标工作，从保证工程质量全面履行工程承建合同出发，签发施工图纸；审查承包人的施工组织设计和技术措施；指导监督合同中有关质量标准、要求的实施；参加工程质量检查、工程质量事故调查处理和工程验收工作。

五、建筑材料和设备采购单位的质量责任

（1）建筑材料和工程设备的质量由采购单位承担相应责任。凡进入施工现场的建筑材料和工程设备均应按有关规定进行检验。经检验不合格的产品不得用于工程。

（2）建筑材料和工程设备的采购单位具有按合同规定自主采购的权利，其他单位或个人不得干预。

（3）建筑材料或工程设备应当符合下列要求：

1）有产品质量检验合格证明。

2）有中文标明的产品名称、生产厂名和厂址。

3）产品包装和商标式样符合国家有关规定和标准要求。

4）工程设备应有产品详细的使用说明书，电气设备还应附有线路图。

5）实施生产许可证或实行质量认证的产品，应当具有相应的许可证或认证证书。

第五节　水利工程建设标准强制性条文

《水利工程建设标准强制性条文》是《工程建设标准强制性条文》的组成部分。《工程建设标准强制性条文》是现行工程建设国家标准和行业标准中，直接涉及人民生命财产安全、人身健康、工程安全、环境保护、能源和资源节约及其他公众利益等方面，在工程建设中应当强制执行的技术要求。

一、《水利工程建设标准强制性条文》产生背景

1998年3月，《中华人民共和国建筑法》颁布实施，对建筑施工许可、发包与承包、安全管理、质量管理等方面作出了原则规定。2000年1月30日，国务院以第279号令发布《建设工程质量管理条例》，规定凡在中华人民共和国境内从事建设工程的新建、扩建、

改建等有关活动及实施质量监督管理的单位和个人必须遵守。这是我国专门针对市场经济条件下建立新的建设工程质量监督管理制度第一部行政法规。《建设工程质量管理条例》涉及各方面，对执行强制性标准有具体要求，并规定，不执行工程建设强制性技术标准就是违法，就要给予相应的处罚。

《建设工程质量管理条例》的出台对整个工程建设强制性标准工作具有重要意义：落实了工程建设强制性标准工作的三大任务，即制定标准、实施标准和对标准实施的监督；规划了标准体制改革的方向；对违反强制性标准的处罚有了明确的、具体的规定。

为促使《建设工程质量管理条例》尽快得到落实，原建设部组织各部委编写各行业的《工程建设标准强制性条文》，2000年8月25日原建设部以第81号令颁布了《实施工程建设强制性标准监督规定》，对工程建设行政主管部门和国务院有关主管部门的职责、各有关部门的监督责任做了规定；明确了行政主管部门及发包人、设计、施工、监理等单位违反强制性条文的处罚；规定了强制性标准监督检查的内容等。

二、强制性条文主要内容

1.《工程建设标准强制性条文》主要内容

《工程建设标准强制性条文》基本涵盖了工程建设的各个领域，共包括15部分：城乡规划、城市建设、房屋建筑、工业建筑、水利工程、电力工程、信息工程、水运工程、公路工程、铁道工程、石油和化工建设工程、矿山工程、人防工程、广播电影电视工程、民航机场工程等。

2.《水利工程建设标准强制性条文》的形成

《水利工程建设标准强制性条文》是从现行水利行业规程规范、标准中有直接涉及和决定性影响质量、人民生命财产安全、人身健康、水利工程安全、环境保护、能源和资源节约及其他公共利益等方面的少数关键条款摘录出来，形成的水利工程建设标准强制性条文。

《水利工程建设标准强制性条文》从2000年开始实施，后经过多次修订，先后颁布了2000年版、2004年版，2010年版、2016年版及2020年版。现行的2020年版《水利工程建设标准强制性条文》以2016年版《水利工程建设标准强制性条文》篇章框架为基础，其章节内技术标准按照国家标准、水利行业标准和其他行业标准排序，同级标准按照标准顺序号排序，汇编收录的水利工程建设标准发布日期截至2019年11月30日，包括未修订标准和新制定与修订标准，未修订标准以2016年版《水利工程建设标准强制性条文》中相应的强制性条文为依据，新制定与修订的标准以近期批准颁布的标准中明确用黑体字标识的强制性条文为依据。2020年版《水利工程建设标准强制性条文》共涉及94项水利工程建设标准、557条强制性条文。

三、贯彻执行《水利工程建设标准强制性条文》的意义

为进一步提高水利工程建设质量与安全水平，2012年12月16日，水利部印发了《水利工程建设标准强制性条文管理办法（试行）》（水国科〔2012〕546号，以下简称《管理

办法》)。《管理办法》分为五章三十二条，界定了强制性条文的范围，规范了强制性条文编制的程序和原则，统一了强制性条文的表现形式，明确了各水行政主管部门、工程参建各方在强制性条文编制、实施、监督检查等主要环节的职责和具体要求，进一步明确了对违反强制性条文的处理有关规定。

《管理办法》的实施，规范并完善了强制性条文在制定、实施、监督检查等各个环节的要求，对提高水利工程建设质量、保障水利工程安全发挥了重要作用。贯彻执行《水利工程建设标准强制性条文》具有如下重大意义：

（1）贯彻执行《水利工程建设标准强制性条文》是落实水利部"水利工程补短板，水利行业强监管"水利改革发展总基调的重要举措，在水利工程建设中必须强制执行的技术要求。

（2）《水利工程建设标准强制性条文》以强制性条文的形式颁布强制执行，最大限度地保护人民生命财产安全、人身健康、环境保护和公众利益。

（3）实践证明，《水利工程建设标准强制性条文》的实施，在确保人民生命财产安全、人身健康、环境保护等方面起到了非常重要的作用，对抑制事故，尤其是恶性事故的发生起到了有效防治作用，进一步提高了水利工程建设质量与安全管理水平。

思 考 题

1-1 什么叫质量、质量控制、质量保证、质量管理和质量管理体系？

1-2 全面质量管理有哪些基本观点？

1-3 质量管理体系的质量管理原则有哪些？

1-4 工程形成各阶段对质量有何影响？

1-5 工程项目质量特点有哪些？

1-6 工程建设质量管理的三个体系是指什么？

1-7 《工程建设标准强制性条文》的主要内容有哪些？

1-8 《水利工程建设标准强制性条文》的主要内容有哪些？

第二章 招标阶段和勘察设计
阶段的质量控制

工程建设项目是指工程以及与工程建设有关的货物、服务。所称工程包括建筑物和构筑物的新建、改建、扩建及其相关的装修、拆除、修缮等；所称与工程建设有关的货物，是指构成工程不可分割的组成部分，且为实现工程基本功能所必需的设备、材料等；所称与工程建设有关的服务，是指为完成工程所需的勘察、设计、监理等服务。

在工程项目建设中，招标阶段是非常重要的一个阶段，对项目法人来说，选择优秀的勘察设计单位、施工承包人及材料设备供应单位，对工程项目建设将起到事半功倍的效果，因此招标阶段的质量控制显得尤为重要。本章对勘察设计招标、施工招标及材料、设备招标的质量控制以及勘察设计阶段的质量控制作简单介绍。

第一节 工程建设项目招标的相关规定

根据《中华人民共和国招标投标法》《招标投标法实施条例》和《必须招标的工程项目规定》（国家发展和改革委员会令第 16 号）的规定，工程建设项目在规定范围并达到规模标准的必须进行招标。

一、工程建设项目招标范围

1. 全部或者部分使用国有资金投资或者国家融资的项目
(1) 使用预算资金 200 万元人民币以上，并且该资金占投资额 10% 以上的项目。
(2) 使用国有企业事业单位资金，并且该资金占控股或者主导地位的项目。
2. 使用国际组织或者外国政府贷款、援助资金的项目
(1) 使用世界银行、亚洲开发银行等国际组织贷款、援助资金的项目。
(2) 使用外国政府及其机构贷款、援助资金的项目。

二、工程建设项目招标标准

在必须进行招标范围内的工程建设项目，其勘察、设计、施工、监理以及与工程建设有关的重要设备、材料等的采购达到下列标准之一的，必须招标：
(1) 施工单项合同估算价在 400 万元人民币以上。
(2) 重要设备、材料等货物的采购，单项合同估算价在 200 万元人民币以上。
(3) 勘察、设计、监理等服务的采购，单项合同估算价在 100 万元人民币以上。同一项目中可以合并进行的勘察、设计、施工、监理以及与工程建设有关的重要设备、材料等

的采购，合同估算价合计达到前款规定标准的，必须招标。

三、工程建设项目招标方式

招标的方式分为公开招标和邀请招标。

公开招标，是指招标人以招标公告的方式邀请不特定的法人或者其他组织投标。

邀请招标，是指招标人以投标邀请书的方式邀请特定的法人或者其他组织投标。

四、工程建设项目招标阶段划分

工程建设项目招标过程可分为三个阶段工作：招标准备阶段，从办理申请招标开始，到发出招标公告或邀请招标时发出投标邀请函为止；招标阶段，从发布公告之日起，到投标截止之日止；决标阶段，从开标之日起，到与中标单位签订承包合同为止。

五、工程建设项目招标文件编制

招标人应当根据招标项目的特点和需要编制招标文件。招标文件应当包括招标项目的技术要求、对投标人资格审查的标准、投标报价要求和评标标准等所有实质性要求和条件以及拟签订合同的主要条款。国家对招标项目的技术、标准有规定的，招标人应当按照其规定在招标文件中提出相应要求。招标项目需要划分标段、确定工期的，招标人应当合理划分标段、确定工期，并在招标文件中载明。

六、工程建设项目标底编制

（1）招标人可以自行决定是否编制标底。标底是招标人组织专业人员，按照招标文件规定的招标范围，结合有关规定、市场要素价格水平以及合理可行的技术经济方案，综合考虑市场供求状况，进行科学测算的预期价格。

（2）一个招标项目只能有一个标底。标底与投标报价表示的招标项目内容范围、需求目标是相同的、一致的，体现了招标人准备选择的一个技术方案及其可以接受的一个市场预期价格，也是分析衡量投标报价的一个参考指标，所以一个招标项目只能有一个标底，否则将失去用标底与投标报价进行对比分析的意义。

七、开标、评标和中标

（1）开标应当在招标文件确定的提交投标文件截止时间的同一时间公开进行。

（2）评标委员会应当按照招标文件确定的评标标准和方法，对投标文件进行评审和比较。

（3）评标委员会完成评标后，应当向招标人提出书面评标报告，并推荐合格的中标候选人。招标人根据评标委员会提出的书面评标报告和推荐的中标候选人确定中标人。招标人也可以授权评标委员会直接确定中标人。

（4）中标人确定后，招标人应当向中标人发出中标通知书，并同时将中标结果通知所有未中标的投标人。

（5）招标人和中标人应当自中标通知书发出之日起 30 日内，按照招标文件和中标人的投标文件订立书面合同。

因此，通过法定的程序和方式择优选择承包人来完成工程建设任务，是保证工程质量的前提。

第二节 工程勘察、设计招标阶段的质量控制

为规范工程建设项目勘察设计招标投标活动，提高经济效益，保证工程质量，国家发展和改革委员会等八部委发布了《工程建设项目勘察设计招标投标办法》（令第 2 号，2003 年 6 月发布，2013 年 3 月修订），明确了勘察设计招标投标文件的主要内容，以及开标、评标和中标等相关规定。

一、勘察、设计单位招标文件的主要内容

招标人应当根据招标项目的特点和需要编制招标文件。勘察、设计招标文件应当包括下列内容：

(1) 投标须知。

(2) 投标文件格式及主要合同条款。

(3) 项目说明书，包括资金来源情况。

(4) 勘察设计范围，对勘察设计进度、阶段和深度要求。

(5) 勘察设计基础资料。

(6) 勘察设计费用支付方式，对未中标人是否给予补偿及补偿标准。

(7) 投标报价要求。

(8) 对投标人资格审查的标准。

(9) 评标标准和方法。

(10) 投标有效期。

二、勘察、设计招标的质量控制

勘察、设计招标质量控制，首先是评审勘察、设计单位投标文件内容的完整性，然后评审质量控制要件是否满足招标文件的要求。

(一) 勘察、设计投标文件主要内容

(1) 投标函。

(2) 法定代表人身份证明或授权委托书。

(3) 联合体协议书（如有）。

(4) 投标保证金。

(5) 勘察、设计费用清单（如有）。

(6) 勘察、设计方案。

(7) 项目管理机构表。

(8) 拟分包项目情况表（如有）。

（9）资格审查资料。

（10）原件的复印件。

（11）其他材料。

（二）勘察、设计招标质量控制要点

勘察、设计招标质量控制，主要是对勘察、设计投标文件内容是否满足招标文件的要求进行评审，主要评审以下几个方面。

1. 勘察、设计单位资格评审

由于勘察、设计单位资质是代表企业进行建设工程勘察、设计能力水平的一个重要标志，因此，勘察、设计单位资质控制是确保工程质量的一项关键措施，也是勘察设计招标阶段质量控制的重点工作。应重点评审以下内容：

（1）检查勘察、设计单位的资质证书类别和等级及所规定的适用业务范围与建设工程的类型、规模、地点、行业特性及要求的勘察、设计任务是否相符，以及资质证书的有效性。

（2）检查勘察、设计单位的营业执照，重点是有效期和年检情况。

2. 资信业绩评审

勘察、设计单位信用等级及不良记录。

3. 类似项目业绩、获奖情况评审

（1）勘察、设计单位类似项目业绩及勘察、设计项目获奖情况。

（2）项目负责人的职称及注册执业情况、类似项目业绩。

（3）专业人员配备齐全、专业人员中的有工程师以上职称人员比例、各专业负责人技术水平、工程经验及随时可调用的后备资源。

4. 勘察、设计工作方案评审

（1）现场服务计划和承诺以及拟派设计代表的配置和经验。

（2）技术方案、整体工作思路及工作重点难点分析。

（3）设计安全及保密等保证措施。

（4）质量保证体系及质量内控制度。

（5）工作进度保证措施。

（6）合理化建议是否符合实际。

第三节　工程施工招标阶段的质量控制

为规范工程建设项目施工招标投标活动，国家发展和改革委员会等七部委发布了《工程建设项目施工招标投标办法》（令第 30 号，2003 年 3 月发布，2013 年 4 月修订），明确了工程施工招标投标文件的主要内容，以及开标、评标和中标等相关规定。

一、工程施工招标文件的主要内容

（1）招标公告或投标邀请书。

（2）投标人须知。

（3）合同主要条款。

（4）投标文件格式。

（5）采用工程量清单招标的，应当提供工程量清单。

（6）技术条款。

（7）设计图纸。

（8）评标标准和方法。

（9）投标辅助材料。

二、工程施工招标的质量控制

工程施工招标质量控制，首先是评审承包人投标文件内容的完整性，然后评审质量控制要件是否满足招标文件的要求。

（一）工程施工投标文件组成

工程施工投标文件由商务标投标文件和技术标投标文件两部分组成。

（1）商务标投标文件应包括下列内容：

1）商务标投标函及投标函附录。

2）已标价工程量清单。

（2）技术标投标文件应包括下列内容：

1）技术标投标函及投标函附录。

2）法定代表人身份证明或授权委托书。

3）联合体协议书（如有）。

4）投标保证金。

5）施工组织设计。

6）项目管理机构。

7）拟分包项目情况表（如有）。

8）资格审查资料。

9）原件的复印件。

10）其他材料。

（二）工程施工招标质量控制要点

工程施工招标质量控制，主要是对工程施工投标文件内容是否满足招标文件的要求进行评审，主要评审以下几个方面：

（1）投标人资格评审。资格评审主要包括：营业执照、安全生产许可证、资质等级、财务状况、企业业绩、信誉、项目经理资格、单位主要负责人资格及技术负责人资格等是否满足招标文件的要求。

（2）初步评审。初步评审主要是进行符合性审查，即重点审查投标书是否实质上响应了招标文件的要求。审查内容包括：投标资格审查；投标文件完整性审查；投标担保的有效性；与招标文件是否有显著的差异和保留等。

（3）详细评审。详细评审是评标的核心，是对标书进行实质性审查，包括技术评审和商务评审。技术评审主要是对投标书的技术方案、技术措施、技术手段、技术装备、人员配备、组织结构、进度计划等的先进性、合理性、可靠性、安全性、经济性等进行分析评价。商务评审主要是对投标书的报价高低、报价构成、计价方式、计算方法、支付条件、取费标准、价格调整、税费、保险及优惠条件等进行评审。

第四节　材料、设备招标的质量控制

随着我国社会经济发展水平的不断提高，绿色节能的标准化建设不断深入，新型建造方式的不断探索和涌现，材料、设备在工程建设项目投资构成中所占比重呈逐年上升趋势。为了规范水利工程建设项目重要设备、材料采购管理招标投标活动，2002 年 12 月，水利部发布了《水利工程建设项目重要设备材料采购招标投标管理办法》（水建管〔2002〕585 号），材料、设备采购的规范性，材料、设备本身的技术水平和工程材料招标投标活动的公平公正性，对于工程建设项目就显得越来越重要。

一、材料、设备招标文件的主要内容

（1）招标公告或投标邀请书。
（2）投标人须知。
（3）合同条件（通用条款和专用条款）。
（4）图纸及设计资料附件。
（5）技术规定及规范（标准）。
（6）货物量、采购及报价清单。
（7）安装调试和人员培训内容。
（8）表式和其他需要说明的事项。

二、材料、设备招标的质量控制

材料、设备招标质量控制，首先是评审承包人投标文件内容的完整性，然后评审质量控制要件是否满足招标文件的要求。

（一）材料、设备投标文件主要内容

（1）投标书须按招标文件指定的表式填报投标总报价、重要技术参数、质量标准、交货期、售后服务保证措施等主要内容。
（2）资格后审时，投标人资格证明材料。
（3）重要材料、设备技术文件。
（4）近年来的工作业绩、获得的各种荣誉。
（5）重要设备或材料投标价目报价表和其他价格信息材料。
（6）重要设备的售后服务或技术支持承诺。
（7）招标文件要求提供的其他资料。

（二）材料、设备招标质量控制要点

材料、设备招标质量控制，主要是对投标文件内容是否满足招标文件的要求进行评审。

（1）技术评审主要包括以下内容：

1）设备、材料的性能、质量、技术参数。

2）技术经济指标。

3）生产同类产品的经验。

4）可靠性和使用寿命。

5）检修条件及售后服务。

（2）商务评审主要包括以下内容：

1）设备、材料的报价。

2）供货范围和交货期。

3）付款方式、付款条件、付款计划。

4）资质、信誉。

5）运输、保险、税收。

6）技术服务和人员培训等费用计算。

7）运营成本。

8）货物的有效性和配套性。

9）零配件和售后服务的供给能力。

10）安全性和环境效益等。

第五节 工程勘察设计阶段的质量控制

建设工程勘察，是指根据建设工程的要求，查明、分析、评价建设场地的地质地理环境特征和岩土工程条件，编制建设工程勘察文件的活动。建设工程设计，是指根据建设工程的要求，对建设工程所需的技术、经济、资源、环境等条件进行综合分析、论证，编制建设项目设计文件的活动。它们是工程建设前期的关键环节，对建设工程的质量起着决定性作用，因此，勘察设计阶段是建设过程中一个重要阶段。

一、工程勘察质量控制

发包人将设计任务委托给设计单位后，设计单位根据建设项目的内容、规模、建设场地特征等有关设计条件，按照规范、规程的技术标准和技术要求，提出需要设计前或同时进行的有关科研、勘察要求，形成勘察、设计任务书，勘察任务经发包人审核后交勘察单位，勘察单位按勘察任务书开展工作，完成任务后，发包人将勘察单位提交的勘察报告组织审查，并向上级单位进行备案，正式成果转交设计单位，作为设计的依据。因此，勘察成果质量的优劣对工程设计质量产生着最为直接的影响。

（一）勘察工作主要内容

由于建设工程的性质、规模、复杂程度不同，以及建设的地点不同，设计所需要的技术条件千差万别，设计前所做的勘察工作也就不同。一般包括以下内容：

（1）自然条件观测。主要是气候、气象条件的观测，陆上和海洋的水文观测等。建设地点如有相应测绘并已有相应的累积资料，则可直接使用。若没有，则需要建站进行观测。

（2）地形图测绘。包括陆上和海洋的工程测量，地形图的测绘工作。供规划设计用的工程地形图，一般都需要观测。

（3）资源探测。包括生物和非生物资源。这部分探测一般由国家设计机构进行，发包人只需要进行一些补充。

（4）岩土工程勘察。根据工程性质不同，勘察的深度也不同。

（5）地震安全性评价。本工作一般在可行性研究阶段完成。

（6）工程水文地质勘察。主要解决地下水对工程造成的危害、影响或寻找地下水源作为工程水源加以利用。

（7）环境评价。本工作一般在可行性研究阶段完成。

（8）模型试验和科研项目。许多大型项目和特殊项目，其建设条件须用模型试验和科学研究方能解决。如水利枢纽设计前要做泥沙模型试验，港口设计前要做港池和航道的淤积研究等。

（二）勘察工作质量控制

（1）勘察工作期间应重点检查取得原始资料的方法、手段及使用设备应当正确、合理，勘察设备、仪器、实验室应有明确的管理程序，现场钻探、取样、机具应通过计量认证。

（2）应严格认真填写原始资料表，并经有关作业人员检查、签字，项目负责人对各项作业资料检查验收签字。

（3）工程勘察资料、图表、报告等文件要依据工程类别按有关规定执行各级审核、审批程序，并由负责人签字。

（4）工程勘察成果应齐全、可靠，满足国家有关法规及技术标准和合同规定的要求。

（5）成果必须按照质量管理有关程序进行检查和验收，质量合格方能提供使用。

（6）对工程勘察成果的检验和质量评定应当执行国家、行业和地方有关工程勘察成果检查验收评定的规定。

二、工程设计质量控制

我国目前的设计阶段可以分为两个阶段，即初步设计阶段和施工图设计阶段。设计内容包括：初步设计、工程概算，施工图设计、工程预算。对于一些复杂的，采用新工艺、新技术的项目，可以在初步设计之后增加技术设计阶段。

初步设计阶段的质量控制，主要应该注意：

（1）设计方案的优化。初步设计的第一个任务就是确定一个设计方案，设计单位应保证方案比较的深度，每个方案都应有适当的勘察和计算分析工作，保证确定的设计方案的质量，避免好的方案漏选。对设计方案的选择重点是设计方案的设计参数、设计标准、设备、结构造型、功能和使用价值等方面是否满足适用、经济、安全、可靠的要求。

（2）保证设计总目标的实现。设计单位应严格按设计任务书的要求进行设计，如果需要改动任务书某个局部的质量目标，必须征得发包人的同意。

（3）应该在保证质量总目标的前提下，尽量降低造价，提高投资效益。

（4）初步设计报告需经审查，重点审查所采用的技术方案是否符合总体方案的要求，是否达到项目决策的质量标准；同时审查工程概算是否控制在限额之内。只有初步设计报告通过审查的工程才可以进行施工图设计。

施工图设计阶段质量控制，将在第三章介绍。

思 考 题

2-1 勘察、设计单位招标阶段质量控制要点有哪些？

2-2 材料设备招标阶段质量控制要点有哪些？

2-3 工程招标阶段的主要工作内容是什么？

2-4 工程建设项目招标方式有哪些？

2-5 勘察工作的程序是什么？

第三章 工程施工阶段的质量控制

第一节 概　　述

工程施工是使工程设计意图最终实现并形成工程实体的阶段，也是最终形成工程产品质量和工程项目使用价值的重要阶段。因此可以认为施工阶段的质量控制不但是施工监理重要的核心内容，也是工程项目质量控制的重点。监理单位对工程施工的质量控制，就是按照合同赋予的权力，围绕影响工程质量的各种因素，对工程项目的施工进行有效的监督和管理。

一、施工质量控制的系统过程

施工阶段的质量控制是一个经由对投入的资源和条件的质量控制（事前控制），进而对生产过程及各环节质量进行控制（事中控制），直到对所完成的工程产品的质量检验与控制（事后控制）为止的全过程的系统控制过程。

施工阶段的质量控制根据工程实体形成的时间可以分为以下三个阶段。

（一）事前控制阶段

事前控制是施工前进行的质量控制。它是指在各工程对象，各项准备工作及影响质量的各因素和有关方面进行的质量控制，其具体内容包括以下几个方面。

（1）承包人资格审核。主要包括：

1）检查主要管理人员、技术人员是否到位。

2）审查分包单位的资质等级。

（2）施工现场的质量检验、验收。包括：

1）现场障碍物的拆除、迁建及清除后的验收。

2）基准点、基准线和水准点的复核等。

3）现场测量控制网的布设、复核等。

（3）负责审查批准承包人在工程施工期间提交的施工组织设计、专项施工方案、施工措施计划和质量保证体系。

（4）督促承包人建立和健全质量保证体系，组建专门的质量管理机构，配备专职的质量管理人员。承包人现场应设置专门的质量检测机构和必要的检测条件，配备专职的质量检测、试验人员，建立完善的质量检测制度。

（5）原材料、中间产品和工程设备的检验或验收。承包人负责采购的原材料、中间产品和工程设备，应由承包人会同监理机构进行检验和验收，合格后向监理机构提交原材料、中间产品和工程设备进场报验单。

（6）工程观测或监测设备的检查。监理机构需检查承包人对各种观测、监测设备的采购、运输、保存、检定、安装、埋设、观测和维护等。其中观测、监测设备的安装、埋设和观测均必须在有监理人员在场的情况下进行。

（7）施工设备的质量控制。

1）监理机构应监督承包人按照施工合同约定安排施工设备及时进场，并对进场的施工设备及其合格性证明材料进行核查。在施工过程中，监理机构应监督承包人对施工设备及时进行补充、维修和维护，以满足施工需要。

2）施工中使用的衡器、量具、计量装置等应有相应的技术合格证，使用时应完好并不超过它们的校验周期。

3）旧施工设备（包括租赁的旧设备）应进行试运行，监理机构确认其符合使用要求和有关规定后方可投入使用。

4）监理机构发现承包人使用的施工设备影响施工质量、进度和安全时，应及时要求承包人增加、撤换。

（二）事中控制阶段

施工过程中进行的所有与施工过程有关各方面的质量控制，主要是工序和中间产品（单元、分部工程产品）的质量控制。

（1）监理机构有权对工程的所有部位及施工工艺、材料和工程设备进行检查和检验。承包人应为监理机构的检查和检验提供方便，包括监理人员到施工场地，或制造、加工地点，或合同约定的其他地方进行察看和查阅施工原始记录。承包人还应按监理机构指示，进行施工场地取样试验、工程复核测量和设备性能检测，提供试验样品、提交试验报告和测量成果以及监理机构要求进行的其他工作。监理机构的检查和检验，不免除承包人按合同约定应负的责任。

（2）工程隐蔽部位覆盖前的检查。

1）监理机构应加强重要隐蔽单元工程和关键部位单元工程的质量控制，注重对易引起渗漏、冻融、冻蚀、冲刷、气蚀等部位的质量控制。对需进行地质编录的工程隐蔽部位，承包人应报请设代机构进行地质编录，并及时告知监理机构。

2）通知监理机构检查。经承包人自检确认的工程隐蔽部位具备覆盖条件后，承包人应通知监理机构在约定的期限内检查。承包人的通知应附有自检记录和必要的检查资料。监理机构应按时到场检查。经监理机构检查确认质量符合隐蔽要求，并在检查记录上签字后，承包人才能进行覆盖。监理机构检查确认质量不合格的，承包人应在监理机构指示的时间内修整返工后，由监理机构重新检查。

3）监理机构未到场检查。监理机构未按约定的时间进行检查的，除监理机构另有指示外，承包人可自行完成覆盖工作，并作相应记录报送监理机构，监理机构应签字确认。监理机构事后对检查记录有疑问的，可进行重新检查。

4）监理机构重新检查。承包人覆盖工程隐蔽部位后，监理机构对质量有疑问的，可要求承包人对已覆盖的部位进行钻孔探测或揭开重新检验，承包人应遵照执行，并在检验后重新覆盖恢复原状。经检验证明工程质量符合合同要求的，由发包人承担由此增加的费用和（或）工期延误，并支付承包人合理利润；经检验证明工程质量不符合合同要求的，由此增加的费用和（或）工期延误由承包人承担。

5）承包人私自覆盖。承包人未通知监理机构到场检查，私自将工程隐蔽部位覆盖的，监理机构有权指示承包人钻孔探测或揭开检查，由此增加的费用和（或）工期延误由承包人承担。

（3）清除不合格工程。

1）承包人使用的原材料、中间产品、工程设备以及施工设备或其他原因可能导致工程质量不合格或造成质量问题时，应及时发出指示，要求承包人立即采取措施纠正，必要时，责令其停工整改。监理机构应对要求承包人纠正问题的处理结果进行复查，并形成复查记录，确认问题已经解决。由此增加的费用和（或）工期延误由承包人承担。

2）由于发包人提供的材料或工程设备不合格造成的工程不合格，需要承包人采取措施补救的，发包人应承担由此增加的费用和（或）工期延误，并支付承包人合理利润。

（三）事后控制

事后控制是指对于通过施工过程所完成的具有独立的功能和使用价值的最终产品（单位工程或整个工程项目）及其有关方面（例如工程档案）的质量进行控制。

（1）审核工程资料，组织或参加各阶段验收。

（2）审核承包人提供的质量检验报告及有关技术性文件。

（3）整理有关工程项目质量的技术文件，并编目、建档。

（4）评价工程项目质量状况及水平。

（5）组织联动试运行等。

（6）参与质量事故调查、事故原因分析及处理等有关工作。

上述三个阶段的质量监控系统过程及其所涉及的主要方面见图 3-1。

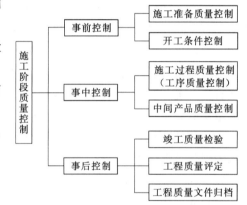

图 3-1 工程实体质量形成过程的时间阶段划分

二、影响施工阶段质量的因素

工程施工是一种物质生产活动，工程影响因素多，概括起来可归结为以下五个方面，它们分别是人、材料、机械、方法及环境。

在工程质量形成的系统过程中，前两阶段对于最终产品质量的形成具有决定性的作用，而所投入的物质资源的质量控制对最终产品质量又具有举足轻重的影响。所以，质量控制的系统过程中，无论是对投入物质资源的控制，还是对施工及安装生产过程的控制，都应当对影响工程实体质量的五个重要因素进行全面的控制。

三、质量控制的依据

施工阶段监理单位进行质量控制的依据，主要有以下几类。

（一）有关质量方面的法律、法规和部门规章

为了保证工程质量，监督规范建设市场，国家颁布的法律、法规和规章主要有：《中华人民共和国建筑法》《建设工程质量管理条例》《水利工程质量管理规定》等。

（二）已批准的工程勘察（测）设计文件、施工图纸及相应的设计变更与修改文件

工程勘测包括工程测量、工程地质和水文地质勘测等内容，工程勘测成果文件为工程项目选址、工程设计和施工提供科学可靠的依据，也是监理机构审批工程施工组织设计或施工方案、工程地基基础验收等工程质量控制的重要依据。

"按图施工"是施工阶段质量控制的一项重要原则，已批准的设计文件无疑是监理机构进行质量控制的依据。但是从严格质量管理和质量控制的角度出发，监理机构在施工前还应参加发包人组织的设计交底工作，以达到了解设计意图和质量要求，发现图纸差错和减少质量隐患的目的。

（三）工程合同文件

工程合同文件包括发包人与监理单位签订的建设工程监理合同、与施工承包人签订的施工承包合同、与材料设备供应单位签订的材料设备采购合同等。工程合同文件中明确了发包人和监理单位、施工承包人、材料设备供应单位等有关质量控制的权利和义务的条款。监理单位既要履行建设工程监理合同条款，又要监督施工承包人、材料设备供应单位等履行有关工程质量合同条款。因此，监理人员应熟悉这些相应条款，当发生纠纷时，及时采取协商调解等手段予以解决。

（四）合同中引用的国家和行业（或部颁）的现行施工操作技术规范、施工工艺规程及验收规范、评定规程

国家和行业（或部颁）的现行施工操作技术规范、施工工艺规程及验收规范、评定规程，是建立、维护正常的生产秩序和工作秩序的准则，也是为有关人员制定的统一行动准则，它是工程施工经验的总结，与质量形成密切相关，必须严格遵守。

（五）已批准的施工组织设计、施工技术措施及施工方案

施工组织设计是承包人进行施工准备和指导现场施工的规划性、指导性文件，它详细规定了承包人进行工程施工的现场布置、人员组织配备和施工机具配置，每项工程的技术要求、施工工序和工艺、施工方法及技术保证措施，质量检查方法和技术标准等。承包人在工程开工前，必须提交对于所承包的建设项目的施工组织设计，报请监理机构审批。一旦获得批准，它就成为监理机构进行质量控制的重要依据之一。

（六）合同中引用的有关原材料、半成品、构配件方面的质量依据

这类质量依据包括以下内容：

（1）有关产品技术标准。如水泥、水泥制品、钢材、石材、石灰、砂、防水材料、建筑五金及其他材料的产品标准。

（2）有关检验、取样方法的技术标准。如《水泥细度检验方法》（GB 1345）、《水泥化学分析方法》（GB/T 176）、《水泥胶砂强度检验方法（ISO 法）》（GB/T 17671）、《普通混凝土用砂质量标准及检验方法》（JGJ 52）、《建筑用砂》（GB/T 14684）、《建筑用卵石、碎石》（GB/T 14685）、《水工混凝土试验规程》（SL 352）等。

（3）有关材料验收、包装、标志的技术标准。如《型钢验收、包装、标注质量证明书的一般规定》（GB/T 2101）、《钢铁产品牌号表示方法》（GB/T 221）等。

（4）控制施工作业活动质量的技术规程。如电焊操作规程、混凝土施工操作规程等。它们是为了保证施工作业活动质量在作业过程中应遵照执行的技术规程。

凡采用新工艺、新技术、新材料的工程，事先应进行试验，并应有权威性技术部门的技术鉴定书及有关的质量数据、指标，在此基础上制定相应的质量标准和施工工艺规程并以此作为判断与控制质量的依据。

（七）设备供应单位提供的设备安装说明书和有关技术标准

设备供应单位提供的设备安装说明书和有关技术标准，是施工安装承包人进行设备安装必须遵循的重要的技术文件，同样是监理机构对承包人的设备安装质量进行检查和控制的依据。

四、施工阶段质量控制方法

施工阶段质量控制的主要方法有以下几种。

（一）旁站监理

监理机构按照监理合同约定，在施工现场对工程项目的重要部位和关键工序的施工，实施连续性的全过程监督、检查和记录。旁站是监理人员的一种主要工作方法。尤其是容易产生缺陷的部位及隐蔽工程，应该加强旁站。

在旁站检查中，监理人员必须检查承包人在施工中所用的设备、材料及混合料是否与已批准的配比相符，检查是否按技术规范和批准的施工方案、施工工艺进行施工，注意及时发现问题和解决问题，制止错误的施工方法和手段，尽早避免事故的发生。

1. 旁站监理的工程部位和关键工序

需要旁站监理的工程重要部位和关键工序一般包括下列内容（监理机构可视工程具体情况从中选择或增加）：

（1）土石方填筑工程的土料、砂砾料、堆石料、反滤料和垫层料压实工序。

（2）普通混凝土工程、碾压混凝土工程、混凝土面板工程、防渗墙工程、钻孔灌注桩工程等的混凝土浇筑工序。

（3）沥青混凝土心墙工程的沥青混凝土铺筑工序。

（4）预应力混凝土工程的混凝土浇筑工序、预应力筋张拉工序。

（5）混凝土预制构件安装工程的吊装工序。

（6）混凝土坝坝体接缝灌浆工程的灌浆工序。

（7）安全监测仪器设备安装埋设工程的监测仪器安装埋设工序，观测孔（井）工程的率定工序。

（8）地基处理、地下工程和孔道灌浆工程的灌浆工序。

（9）锚喷支护和预应力锚索加固工程的锚杆工序、锚索张拉锁定工序。

（10）堤防工程堤基清理工程的基面平整压实工序，填筑施工的所有碾压工序，防冲体护脚工程的防冲体抛投工序，沉排护脚工程的沉排铺设工序。

（11）金属结构安装工程的压力钢管安装、闸门门体安装等工程的焊接检验。

（12）启闭机安装工程的试运行调试。

（13）水轮机和水泵安装工程的导水机构、轴承、传动部件安装。

监理机构在监理工作过程中可结合批准的施工措施计划和质量控制要求，通过编制或修订监理实施细则，具体明确或调整需要旁站监理的工程部位和工序。

2. 旁站监理人员的主要职责

（1）检查承包人现场质检人员到岗、特殊工种人员持证上岗以及施工机械、建筑材料准备情况。

（2）在现场监督关键部位、关键工序的施工执行施工方案以及工程建设强制性标准情况。

（3）核查进场施工材料、构配件、设备等质量检验报告，并可在现场进行跟踪检测或者平行检测。

（4）做好旁站监理值班记录，保存旁站监理原始资料。

旁站监理人员应当认真履行职责，对需要实施旁站监理的关键部位、关键工序在施工现场全程旁站，及时发现和处理旁站过程中出现的质量问题，如实准确地记录好旁站监理值班记录。

（二）巡视检查

监理机构对所监理的工程项目进行的定期或不定期的监督与检查。

1. 巡视检查的内容

（1）承包人是否按工程设计文件、工程建设标准和批准的施工组织设计、（专项）施工方案施工。承包人必须按照工程设计图纸和施工技术标准施工，不得擅自修改工程设计，不得偷工减料。

（2）使用的工程材料、构配件和设备是否合格。应检查承包人使用的工程原材料、构配件和设备是否合格。不得在工程中使用不合格的原材料、构配件和设备，只有经过复试检测合格原材料、构配件和设备才能够用于工程。

（3）施工现场管理人员，特别是施工质量管理人员是否到位。应对其是否到位及履职情况做好检查和记录。

（4）特种作业人员是否持证上岗。应对承包人特种作业人员是否持证上岗进行检查。特种作业人员主要包括电工、电焊工、架子工、塔吊司机、塔吊司索工、塔吊信号工、爆破工以及经省级以上人民政府建设主管部门认定的其他特种作业人员，必须持施工特种作业人员操作证上岗。

2. 巡视检查要点

（1）检查原材料。施工现场原材料、构配件的采购和堆放是否符合施工组织设计（方案）要求；其规格、型号等是否符合设计要求；是否已按程序报验并允许使用；有无使用不合格材料，有无使用质量合格证明资料欠缺的材料。

（2）检查施工人员。

1）施工现场管理人员，尤其是质检员、安全员等关键岗位人员是否到位，各项管理制度和质量保证体系是否落实。

2）特种作业人员是否持证上岗，人证是否相符，是否进行了技术交底并有记录。

3）现场施工人员是否按照规定正确佩戴安全防护用品。

（3）检查专业工程或单元（工序）工程是否按照批复的（专项）施工方案、设计图纸及施工规范进行施工。例如，基坑土方开挖工程巡视检查要点如下：

1）土方开挖前的准备工作是否到位，开挖条件是否具备。

2）土方开挖顺序、方法是否与设计要求一致。

3）挖土是否分层、分区进行，分层高度和开挖面放坡坡度是否符合要求，垫层混凝土浇筑是否及时。

4）基坑坑边和支撑上的堆载是否在允许范围，是否存在安全隐患。

5）挖土机械有无碰或损伤基坑围护和支撑结构、工程桩、降压（疏干）井等现象。

6）是否限时开挖，尽快形成围护支撑，尽量缩短围护结构无支撑暴露时间。

7）每道支撑底面黏附的土块、垫层、竹笆等是否及时清理；每道支撑上的安全通道和临边防护的搭设是否及时、符合要求。

8）挖土机械工作是否有专人指挥，有无违章、冒险作业现象。

（4）检查施工环境。

1）施工环境和外界条件是否对工程质量、安全等造成不利影响，承包人是否已采取相应措施。

2）各种基准控制点、周边环境和基坑自身监测点的设置、保护是否正常，有无被压（损）现象。

3）季节性天气中，工地是否采取了相应的季节性施工措施，比如夏季、冬季和雨季施工措施等。

（三）检测

1. 跟踪检测

监理机构对承包人在质量检测中的取样和送样进行监督。跟踪检测费用由承包人承担。

在承包人进行试样检测前，监理机构对其检测人员、仪器设备以及拟定的检测程序和方法进行审核；在承包人对试样进行检测时，实施全过程的监督，确认其程序、方法的有效性以及检测结果的可信性，并对该结果确认。跟踪检测的检测数量，混凝土试样不应少于承包人检测数量的7%；土方试样不应少于承包人检测数量的10%。

2. 平行检测

在承包人对测量、原材料、中间产品和工程质量自检的同时，监理机构按照监理合同约定独立进行抽样检测，核验承包人的检测结果。平行检测费用由发包人承担。

根据《水利工程质量检测管理规定》和水利工程施工监理实际情况，对不同类别的检测，平行检测实施如下：

（1）测量。测量是对建筑物的几何尺寸进行控制的重要手段。开工前，监理机构对承包人布设的测量控制网、原始地形图、施工放样以及工程实体的位置、高程和几何尺寸进行复核时，可以独立进行抽样测量，也可以与承包人进行联合测量。监理机构对上述工作进行检查，不合格者不准开工。对模板工程、已完工程的几何尺寸、高程、宽度、厚度、坡度等质量指标，按规范要求进行测量验收，不符合要求的要进行修整，无法修整的进行返工。承包人的测量记录，均要事先经监理人员审核签字后才能使用。

（2）需要通过实验室试验检测的项目，如水泥物理力学性能检验、砂石骨料常规检验、混凝土强度检验、砂浆强度检验、混凝土掺加剂检验、土工常规检验、砂石反滤料（垫层）常规检验，钢筋（含焊接与机械连接）力学性能检验、预应力钢绞线和锚夹具检验、沥青及其混合料检验等平行检测的检测数量，混凝土试样不应少于承包人检测数量的3%，重要部位每种标号的混凝土最少取样一组；土方试样不应少于承包人检测数量5%，重要部位至少取样三组。

跟踪检测和平行检测工作都应由具有国家规定的资质条件的检测机构承担。

（四）现场记录和文件发布

监理人员应认真、完整记录每日施工现场的人员、原材料、中间产品、工程设备、施工设备、天气、施工环境、施工作业内容、存在的问题及其处理情况等，作为处理施工过程中合同问题的依据之一。并通过发布通知、指示、批复、确认等书面文件开展施工监理工作，施工全过程的控制和管理。

在工程质量控制方面，监理机构发现施工质量存在问题的，或承包人采用不适当的施工工艺，或施工不当，造成工程质量不合格的，应及时签发监理通知，要求承包人整改。监理通知由专业监理工程师或总监理工程师签发。

监理通知对存在问题部位的描述应具体，应用数据说话，详细描述问题存在的违规内容。一般应包括：监理实测值、设计值、允许偏差值、违反规范种类及条款等；反映的问题如果能用照片予以记录，应附上照片；要求承包人整改时限应叙述具体。

承包人应按监理机构通知的要求进行整改。整改完成后，向监理机构提交监理通知回复单，监理机构应根据承包人报送的回复单对整改情况进行复查，并提出复查意见。

（五）协调

监理机构依据合同约定对施工合同双方之间的关系以及工程施工过程中出现的问题和争议进行的沟通、协商和调解。

协调工作的方式包括沟通、会议协商，以及施工合同双方发生合同条款理解歧义时解释合同条款等。

五、施工质量控制程序

（一）合同工程质量控制程序

开工条件的控制包括以下几个方面：

（1）监理机构应在施工合同约定的期限内，经发包人同意后向承包人发出开工通知，要求承包人按约定及时调遣人员和施工设备、材料进场进行施工准备。开工通知中应载明合同开工日期。

（2）监理机构应协助发包人向承包人移交施工合同中约定的应由发包人提供的施工用地、道路、测量基准点以及供电、供水、通信等合同工程开工的必要条件。

（3）承包人完成合同工程开工准备后，应向监理机构提交合同工程开工申请表。监理机构在检查发包人和承包人的施工准备满足开工条件后，应批复承包人的合同工程开工申请。

（4）由于承包人原因使工程未能按施工合同约定时间开工，监理机构应通知承包人按合同约定书面报告，说明延误开工原因及赶工措施。由此增加的费用和工期延误造成的损失由承包人承担。

（5）由于发包人原因使工程未能按施工合同约定时间开工，监理机构在收到承包人提出的顺延工期的要求后，应及时与发包人和承包人共同协商补救办法。由此增加的费用和工期延误造成的损失由发包人承担（图 3-2）。

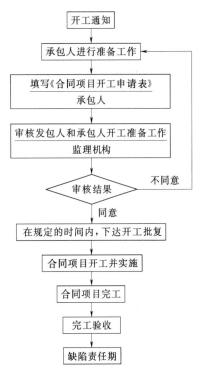

图 3-2 合同工程质量控制程序

（二）分部工程质量控制程序

分部工程开工前，承包人应向监理机构报送分部工程开工申请表，监理机构应审核承包人递交的施工措施计划，检查该分部工程的开工条件，经监理机构批准后方可开工（图 3-3）。

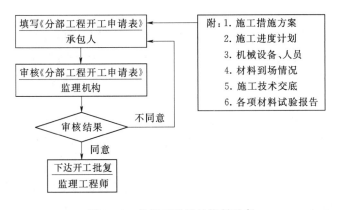

图 3-3 分部工程质量控制程序

（三）工序或单元工程质量控制程序

单元工程开工，第一个单元工程应在分部工程开工批准开工，后续单元工程凭监理工程师签认的上一单元工程施工质量合格文件方可开工（图 3-4）。

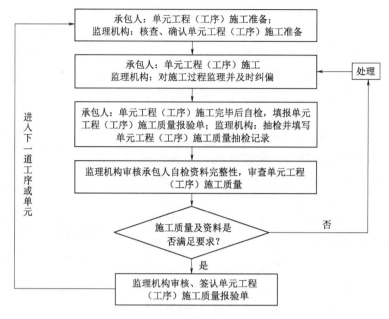

图 3-4　单元工程（工序）质量控制程序

（四）混凝土浇筑开仓

监理机构应对承包人报送的混凝土浇筑开仓报审表进行审核。符合开仓条件后，方可签发。

第二节　施工准备阶段影响因素的质量控制

一、合同项目开工条件的审查

事前质量控制分两个层次，第一个层次是监理机构对合同项目开工条件的审查；第二个层次是随着工程施工的进展，检查各分部工程开工之前的准备工作。开工条件的审查既要有阶段性，又要有连贯性。因此，监理机构对开工条件的审查工作必须有计划、有步骤、分期和分阶段地进行，要贯穿工程的整个施工过程。

合同项目开工条件的审查内容，包括发包人和承包人两方面的准备工作。合同中有明确约定，发包人和承包人应准备哪些工作。本节就一般情况介绍发包人和施承包人应准备的开工条件。

在检查发包人和承包人的开工准备情况之前，监理机构应先完成自己的准备工作。

（一）监理机构的准备工作

（1）依据监理合同约定，进场后及时设立监理机构，配置监理人员，并进行必要的岗前培训。

（2）建立监理工作制度。

（3）提请发包人提供工程设计及批复文件、合同文件及相关资料。收集并熟悉工程建设法律、法规、规章和技术标准等。

（4）依据监理合同约定接收由发包人提供的交通、通信、办公设施和食宿条件等，完善办公和生活条件。

（5）组织编制监理规划，在约定的期限内报送发包人。

（6）依据监理规划和工程进展，结合批准的施工措施计划，及时编制监理实施细则。

（二）发包人的准备工作

1. 首批开工项目施工图纸和文件的供应

发包人在工程开工前应向承包人提供已有的与本工程有关的水文和地质勘测资料以及应由发包人提供的图纸。

2. 测量基准点的移交

（1）发包人应在专用合同条款约定的期限内，通过监理机构向承包人提供测量基准点、基准线和水准点及其书面资料。

（2）发包人应对其提供的测量基准点、基准线和水准点及其书面资料的真实性、准确性和完整性负责。发包人提供上述基准资料错误导致承包人测量放线工作的返工或造成工程损失的，发包人应当承担由此增加的费用和（或）工期延误，并向承包人支付合理利润。承包人发现发包人提供的上述基准资料存在明显错误或疏忽的，应及时通知监理机构。

3. 施工用地的提供

（1）发包人应在合同双方签订合同协议书后 14 天内，将本合同工程的施工场地范围图提交给承包人。发包人提供的施工场地范围图应标明场地范围永久占地与临时占地的范围和界限，以及指明提供给承包人用于施工场地布置的范围、界限及其有关资料。

（2）发包人提供的施工场地范围应在合同专用合同条款中进行约定。

（3）除专用合同条款另有约定外，发包人应按技术标准和要求（合同技术条款）的约定，向承包人提供施工场地内的工程地质图纸和报告，以及地下障碍物图纸等施工场地有关资料，并保证资料的真实、准确、完整。

4. 施工合同中约定应由发包人提供的道路、供电、供水、通信等条件

监理机构应协助发包人做好施工现场的"四通一平"工作，即通水、通电、通路、通信和场地平整。并在施工总体平面布置图中，应明确表明供水、供电、通信线路的位置，以及各承包人从何处接水源、电源的说明，并将水、电送到各施工区，以免在承包人进入施工工作区后因无水、电供应延误施工，引起索赔。

（三）承包人准备工作

1. 承包人组织机构和人员的审查

在合同项目开工前，承包人应向监理机构呈报其实施工程承包合同的现场组织机构表及各主要岗位人员的主要资历，监理机构应认真予以审查。监理机构在总监理工程师主持下进行认真审查，要求承包人实质性地履行其投标承诺，要求做到组织机构完备，技术与管理人员熟悉各自的专业技术、有类似工程的长期经历和丰富经验，能够胜任所承包项目的施工、完工与工程保修；配备有能力对工程进行有效监督的工长；投入顺利履行合同义

务所需的专业技工和合格的普工。主要审查内容如下：

(1) 承包人项目经理资格审查。

1) 承包人应按合同约定指派项目经理，并在约定的期限内到职。承包人更换项目经理应事先征得发包人同意，并应在更换14天前通知发包人和监理机构。承包人项目经理短期离开施工场地，应事先征得监理机构同意，并委派代表代行其职责。

2) 承包人为履行合同发出的一切函件均应盖有承包人授权的施工场地管理机构章，并由承包人项目经理或其授权代表签字。

3) 承包人项目经理可以授权其下属人员履行其某项职责，但事先应将这些人员的姓名和授权范围通知监理机构。

(2) 承包人人员审查。

1) 承包人应在接到开工通知后28天内，向监理机构提交承包人在施工场地的管理机构以及人员安排的报告，其内容应包括管理机构的设置、各主要岗位的技术和管理人员名单及其资格以及各工种技术工人的安排状况。承包人应向监理机构提交施工场地人员变动情况的报告。

2) 为完成合同约定的各项工作，承包人应向施工场地派遣或雇佣足够数量的下列人员：具有相应资格的专业技工和合格的普工；具有相应施工经验的技术人员；具有相应岗位资格的各级管理人员。

3) 承包人安排在施工场地的主要管理人员和技术骨干应相对稳定。承包人更换主要管理人员和技术骨干时，应取得监理机构和发包人的同意。

4) 特殊岗位的工作人员均应持有相应的资格证明，监理机构有权随时检查。监理机构认为有必要时，可进行现场考核。

5) 承包人应对其项目经理和其他人员进行有效管理。监理机构要求撤换的不能胜任本职工作、行为不端或玩忽职守的承包人项目经理和其他人员，承包人应予以撤换。

2. 承包人进场施工设备的审查

为了保证施工的顺利进行，监理机构在开工前对施工设备的审查内容主要包括以下几个方面：

(1) 开工前，对承包人进场施工设备的数量、规格和性能是否符合施工合同约定，进场情况和计划是否满足开工及施工进度的要求进行审查。

(2) 承包人应按合同进度计划的要求，及时配置施工设备。进入施工场地的承包人设备需要经监理机构核查后才能投入使用。承包人更换合同约定的承包人设备的，应报监理机构批准。

(3) 承包人使用的施工设备不能满足合同进度计划和（或）质量要求时，监理机构有权要求承包人增加或更换施工设备，承包人应及时增加或更换，由此增加的费用和（或）工期延误由承包人承担。

(4) 除合同另有约定外，运入施工场地的所有施工设备应专用于合同工程。未经监理机构同意，不得将上述施工设备运出施工场地或挪作他用。经监理机构同意，承包人可根据合同进度计划撤走闲置的施工设备。

3. 对原材料、中间产品和工程设备的检查

检查进场原材料、中间产品和工程设备的质量、规格、性能是否符合施工合同约定，原材料的储存量及供应计划是否满足开工及施工进度的需要。

4. 对承包人的检测条件或委托的检测机构的检查

监理机构对承包人检测试验的质量控制，是对工程项目的材料质量、工艺参数和工程质量进行有效控制的重要途径。要求承包人检测试验室必须具备与所承包工程相适应并满足合同文件和技术规范、规程、标准要求的检测手段和资质。

主要检查内容如下：

（1）检测机构的资质等级和试验范围的证明文件（包括资格证书、承担业务范围及计量认证文件等）。

（2）法定计量部门对检测仪器、仪表和设备的计量检定证书、设备率定证明文件。

（3）检测人员的资格证书。

（4）检测仪器的数量及种类。

（5）相关管理制度。

5. 对基准点、基准线和水准点和施工控制网的复核

发包人应在合同规定的期限内，向承包人提供测量基准点、基准线和水准点及其平面资料。承包人应依上述基准点、基准线以及国家测绘标准和本工程精度要求，在合同规定的期限内布设完成施工时的施工控制网，并将资料报送监理机构审批。监理机构应在收到报批件后在合同规定的期限内批复承包人。承包人在测量工作开始之前将测量人员的资格证书及测量设备检定证书报送监理机构进行审批。

监理机构可以指示承包人在监理机构监督下或联合进行抽样复测，当复测中发现有错误或出现超过合同约定的误差时，承包人应按监理机构指示进行修正或补测，并承担相应的复测费用。

监理机构需要使用施工控制网，承包人应及时提供必要的协助，发包人不再为此支付费用。

承包人应负责管理好施工控制网点。施工控制网点丢失或损坏，承包人应及时修复。承包人应承担施工控制网点的管理和修复费。并在工程竣工后将施工控制网点移交给发包人。

6. 检查砂石料系统、混凝土拌和系统或商品混凝土供应方案以及场内道路、供水、供电、供风及其他事项辅助加工场、设施的准备情况

砂石料生产系统的配置，是根据工程设计图纸的混凝土用量及各种混凝土的级配比例，计算出各种规格混凝土骨料的需用量，主要考虑日最大强度及月最大强度，确定系统设备的配置。主要设施的地基应稳定，有足够的承载力。

混凝土拌和系统选址，尽量选在地质条件良好的部位，拌和系统布置注意进出料高程，运输距离小，生产效率高。

对于场内交通运输，对外交通方案确保施工工地与国家或地方公路、铁路车站、水运港口之间的交通联系，具备完成施工期间外来物资运输任务的能力；场内交通方案确保施

工工地内部各工区、当地材料场地、堆渣场、各生产区、各生活区之间的交通联系，主要道路与对外交通衔接。除合同约定由发包人提供部分道路外，承包人应负责修建、维修、养护和管理其施工所需的临时道路和交通设施（包括合同约定由发包人提供的部分道路和交通设施的维修、养护和管理），并承担相应费用。

工地施工用水、生活用水和消防用水的水压、水质应满足相应的规定。施工供水量应满足不同时期日高峰生产用水和生活用水需要，并按消防用水量进行校核。生活和生产用水宜按水质要求、用水量、用户分布、水源、管道和取水建筑物的布置情况，通过技术经济比较后确定集中或分散供水。

各施工阶段用电最高负荷宜按需要系数法计算。通信系统组成与规模应根据工程规模的大小、施工设施布置及用户分布情况确定。

砂石料系统、混凝土拌和系统以及场内道路、供水、供电、供风及其他事项辅助加工场、设施产生的废水、废渣、粉尘等其他有害物质应采取措施进行处理，并满足环境保护及水土保持的要求。

7. 对承包人的质量保证体系的检查

检查承包人质量保证体系的主要内容包括：

（1）是否明确质量方针、质量目标和质量计划。

（2）是否设置专门的质量检查机构，配备专职质量检查人员，建立完善的质量检查制度。

（3）是否按合同约定的内容和期限，编制工程质量保证措施文件。

（4）是否明确质量检查机构的组织和岗位责任，质量检查人员的组成是否满足要求。

（5）质量检验制度和质量检测手段等是否落实。

8. 对承包人的安全生产管理机构和安全措施文件的检查

监理机构应按照相关规定核查承包人的安全生产管理机构，以及安全生产管理人员的安全资格证书和特种作业人员的特种作业操作资格证书，检查安全生产教育培训情况，检查承包人安全措施文件的落实情况。

9. 施工组织设计、专项施工方案、施工措施计划、施工总进度计划、资金流计划、安全技术措施、度汛方案和灾害应急预案等文件的审批

审批施工组织设计等技术方案的工作程序及基本要求主要包括：

（1）承包人编制及报审。承包人要及时完成技术方案的编制及自审工作，并填写技术方案申报表，报送监理机构。

（2）监理机构审批。总监理工程师应在约定时间内，组织监理工程师审查，提出审查意见后，由总监理工程师审定批准。需要承包人修改时，由总监理工程师签发书面意见，退回承包人修改后再报审，总监理工程师要组织重新审定，审批意见由总监理工程师签发。必要时与发包人协商，组织有关专家会审。

（3）承包人按批准的技术方案组织施工，实施期间如需变更，需重新报批。

10. 承包人负责提供的施工图纸和技术文件的审核

若承包人负责提供的设计文件和施工图纸涉及主体工程的，监理机构需报发包人

批准。

11. 按照施工合同约定和施工图纸的需求进行的施工工艺试验和料场划分情况的检查

（1）现场工艺试验应符合下列规定：

1）监理机构应审批承包人提交的现场工艺试验方案，并监督其实施。

2）现场工艺试验完成后，监理机构应确认承包人提交的现场工艺试验成果。

3）监理机构应依据确认的现场工艺试验成果，审查承包人提交的施工措施计划中的施工工艺。

4）对承包人提出的新工艺，监理机构应提请发包人组织设计单位及有关专家对工艺试验成果进行评审认定。

（2）料场划分是否符合合同文件的要求、满足施工需求。

二、施工图纸核查及施工组织设计的审批

（一）施工图纸的核查

施工图核查是指监理机构对施工图的核查。监理机构收到施工图纸后，应在合同约定的时间内完成核查工作，确认后签字、盖章，有必要时监理机构应在与有关各方约定的时间内，主持或参加发包人主持召开施工图纸技术交底会议，并由设计单位进行技术交底。

1. 施工图核查内容

监理机构对施工图纸进行核查时，除了重视施工图纸本身是否满足设计要求之外，还应注意从合同角度进行核查，保证工程质量，减少设计变更，对施工图纸的核查应侧重以下内容：

（1）施工图纸是否经设计单位正式签署。

（2）施工图纸与设计说明、技术要求是否一致，如分期出图，图纸供应是否及时。

（3）施工图纸与招标图纸是否一致。

（4）地下构筑物、障碍物、管线是否探明并标注清楚。

（5）总平面布置图与施工图纸的位置、几何尺寸、标高等是否一致。

（6）各类图纸之间、各专业图纸之间、平面图与剖面图之间、各剖面图之间有无矛盾，标注是否清楚、齐全，是否有误。

（7）其他涉及设计文件及施工图纸的问题。

2. 设计技术交底

为更好地理解设计意图，发包人应根据合同进度计划，组织或委托监理机构组织设计单位向承包人进行设计交底。

设计技术交底会议应着重解决下列问题：

（1）分析地形、地貌、水文气象、工程地质及水文地质等自然条件方面的影响。

（2）主管部门及其他部门（如环保、旅游、交通、渔业等）对本工程的要求，设计单位采用的设计规范。

（3）设计单位的设计意图。如设计思想、结构设计意图、设备安装及调试要求等。

（4）承包人在施工过程中应注意的问题。如基础处理、新结构、新工艺、新技术等方面应注意的问题。

（5）设计单位对涉及施工安全的重点部位和环节在设计文件中注明，并对防范生产安全事故提出指导意见。

（6）设计单位对采用新结构、新材料、新工艺以及特殊结构的水利工程，应当在设计中提出保障施工作业人员安全和预防生产安全事故的措施建议。

（7）会议主持单位对设计技术交底会议应形成记录。

3．施工图纸的签发

监理机构在收到施工图纸后，首先应对图纸进行核查。在确认图纸正确无误后，由总监理工程师签发，并加盖监理机构章，下达给承包人，施工图即正式生效。承包人就可按图纸进行施工。

承包人在收到监理机构签发的施工图纸后，在用于正式施工之前应注意以下几个问题：

（1）检查该施工图纸是否由总监理工程师签发和加盖监理机构章。

（2）对施工图做仔细的检查和研究，内容如前所述。检查和研究的结果可能有以下几种情况：

1）图纸正确无误，承包人应立即按施工图的要求组织实施，研究详细的施工组织和施工技术保证措施，安排机具、设备、材料、劳力、技术力量进行施工。

2）承包人发现发包人提供的施工图纸存在明显错误或疏忽，应及时通知监理机构。

3）设计单位需要对已发给承包人的施工图纸进行修改时，监理机构应当在合同约定的期限内签发施工图纸给承包人。承包人应按合同的约定编制一份施工实施计划提交监理机构批准后执行。

（二）施工组织设计的审批

在初步设计阶段，施工组织设计是水利水电工程设计文件的重要组成部分，是编制工程投资估算、设计概算和进行招投标的主要依据，是工程建设和施工管理的指导性文件。认真做好施工组织设计，对整体优化设计方案、合理组织工程施工、保证工程质量、缩短建设周期、降低工程造价都有十分重要的作用。

在施工投标阶段，承包人根据招标文件中规定的施工任务、技术要求、施工工期及施工现场的自然条件，结合本单位的人员、机械设备、技术水平和经验，在投标书中编制了施工组织设计，对拟承包工程作出了总体部署，如工程准备采用的施工方法、施工工序、机械设备和技术力量的配置，内部的质量保证系统和技术保证措施。它是承包人进行投标报价的主要依据之一。承包人中标并签订合同后，这一施工组织设计也就成了施工合同文件的重要组成部分。

在工程施工阶段，承包人接到开工通知后，按合同规定时间，进一步提交更为完备、具体的施工组织设计，报监理机构的批准。

监理机构审批施工组织设计程序见图3-5。

监理机构审批施工组织设计应注意以下几个方面：

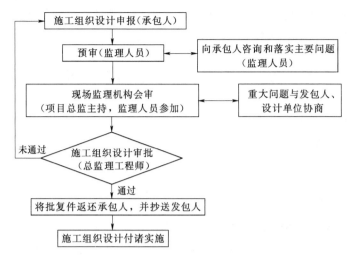

图 3-5 监理机构审批施工组织设计程序

（1）承包人的施工总布置、场地选择、施工分区规划及施工交通运输等是否合理。

（2）对施工组织设计与工程建设标准强制性条文（水利工程部分）的符合性进行审核。

（3）承包人的施工资源配置是否满足合同要求，所选用的施工设备的型号、类型、性能、数量等，能否满足施工进度和施工质量的要求。

（4）拟采用的施工方法、施工方案在技术上是否可行，对工程质量有无保证措施。

（5）施工进度工期计划是否满足合同约定。

（6）各施工工序之间是否平衡，会不会因工序的不平衡而出现窝工。

（7）质量控制点的设置是否正确，其检验方法、检验频率、检验标准是否符合合同技术规范的要求。

（8）承包人是否结合工程特点提出切实可行的安全生产、防汛度汛、文明施工、水土保持、环境保护管理方案。

（9）技术保证措施和施工安全技术措施是否切实可行。

监理机构在对承包人的施工组织设计和技术措施进行仔细审查后提出意见和建议，并用书面形式答复承包人是否批准施工组织设计和技术措施，是否需要修改。如果需要修改，承包人应对施工组织设计和技术措施进行修改后提出新的施工组织设计和技术措施，再次提请监理机构审查，直至批准为止。在施工组织设计和技术措施获得批准后，承包人就应严格遵照批准的施工组织设计和技术措施实施。对于由于其他原因需要采取替代方案的，应保证不降低工程质量、不影响工程进度、不改变原来的报价。根据合同条件的规定，监理机构对施工方案的批准，并不解除承包人对此方案应负的责任。

在施工过程中，监理机构有权随时随地检查已批准的施工组织设计和技术措施的实施情况，如果发现承包人有违背之处，指出承包人违背施工组织设计和技术措施的行为，并要求予以改正。如果承包人坚持不予以改正，监理机构有权下发暂停施工通知，停止其施工。

对关键部位、工序或重点控制对象，在施工之前必须向监理机构提交更为详细的施工措施计划，经监理机构审批后方能进行施工。

第三节 施工实施阶段影响因素的质量控制

影响工程质量的因素有五大方面，即"人、材料、机械、方法、环境"。事前有效控制这五方面因素的质量是确保工程施工阶段质量的关键，也是监理机构进行质量控制过程中的主要任务之一。

一、人的质量控制

人是工程建设的决策者、组织者、管理者和操作者，工程质量取决于工序质量，工序质量又取决于工作质量，而工作质量直接取决于参与工程建设各方所有人员的技术水平、文化修养、心理行为、职业道德、个人信用、质量意识、身体条件等因素。

人的因素影响主要是指上述人员个人的质量意识及质量活动能力对施工质量的形成造成的影响。目前水利行业监理工程师实行执业资格制度、从业人员及作业人员实行持证上岗制度，从本质上说，就是对从事施工活动的人的素质和能力进行必要的控制。在施工质量管理中，人的因素起决定性的作用。所以，施工质量控制应以控制人的因素为基本出发点。人作为控制对象，要避免产生失误，要充分调动人的积极性和创造性，以发挥"人是第一因素"的主导作用。监理单位要本着适才适用、扬长避短的原则来控制人的使用。

二、原材料与工程设备的质量控制

工程项目是由各种建筑材料、辅助材料、成品、半成品、构配件以及工程设备等构成的实体，这些材料、构配件本身的质量及其质量控制工作，对工程质量具有十分重要的影响。由此可见，材料质量及工程设备是工程质量的基础，材料质量及工程设备不符合要求，工程质量也就不可能符合标准。为此，监理机构应对原材料和工程设备进行严格的控制。

（一）原材料和工程设备质量控制的特点

（1）工程建设所需用的建筑材料、构件、配件等数量大，品种规格多，且分别来自众多的生产加工部门，故施工过程中，材料、构配件的质量控制工作量大。

（2）水利水电工程施工周期长，短则几年，长则十几年，施工过程中各工种穿插、配合繁多（如土建与设备安装的交叉施工），监理机构的质量控制具有复杂性。

（3）工程施工受外界条件的影响较大，有的材料甚至是露天堆放，影响材料质量的因素多，且各种因素在不同环境条件下影响工程质量的程度也不尽相同，因此，监理机构对材料、构配件的质量控制具有较大困难。

（二）原材料和工程设备质量控制程序

1. 承包人提供的材料和工程设备

（1）除约定由发包人提供的材料和工程设备外，承包人负责采购、运输和保管完成本合同工作所需的材料和工程设备。承包人应对其采购的材料和工程设备负责。

（2）承包人应按专用合同条款的约定，将各项材料和工程设备的供货人及品种、规格、数量和供货时间等报送监理机构审批。承包人应向监理机构提交其负责提供的材料和工程设备的质量证明文件，并满足合同约定的质量标准。

（3）对承包人提供的材料和工程设备，承包人应会同监理机构进行检验和交货验收，查验材料合格证明和产品合格证书，并按合同约定和监理机构指示，进行材料的抽样检验和工程设备的检验测试，检验和测试结果应提交监理机构，所需费用由承包人承担。

2．发包人提供的材料和工程设备

（1）发包人提供的材料和工程设备，应在专用合同条款中写明材料和工程设备的名称、规格、数量、价格、交货方式、交货地点和计划交货日期等。

（2）承包人应根据合同进度计划的安排，向监理机构报送要求发包人交货的日期计划。发包人应按照监理机构与合同双方当事人商定的交货日期，向承包人提交材料和工程设备。

（3）发包人应在材料和工程设备到货7天前通知承包人，承包人会同监理机构在约定的时间内，赴交货地点共同进行验收。发包人提供的材料和工程设备运至验收后，由承包人负责接收、卸货、运输和保管。

（4）发包人要求向承包人提前交货的，承包人不得拒绝，但发包人应承担承包人由此增加的费用。

（5）承包人要求更改交货日期或地点的，应事先报请监理机构批准。由于承包人要求更改交货时间或地点所增加的费用和（或）工期延误由承包人承担。

（6）发包人提供的材料和工程设备的规格、数量或质量不符合合同要求，或由于发包人原因发生交货日期延误及交货地点变更等情况的，发包人应承担由此增加的费用和（或）工期延误，并向承包人支付合理利润。

3．专用于合同工程的材料和工程设备

（1）运入施工场地的材料、工程设备，包括备品备件、安装专用工器具与随机资料，必须专用于合同工程，未经监理机构同意，承包人不得运出施工场地或挪作他用。

（2）随同工程设备运入施工场地的备品备件、专用工器具与随机资料，应由承包人会同监理机构按供货人的装箱单清点后共同封存，未经监理机构同意不得启用。承包人因合同工作需要使用上述物品时，应向监理机构提出申请。

4．禁止使用不合格的材料和工程设备

（1）监理机构有权拒绝承包人提供的不合格材料或工程设备，并要求承包人立即进行更换。监理机构应在更换后再次进行检查和检验，由此增加的费用和（或）工期延误由承包人承担。

（2）监理机构发现承包人使用了不合格的材料和工程设备，应即时发出指示要求承包人立即改正，并禁止在工程中继续使用不合格的材料和工程设备。

（3）发包人提供的材料或工程设备不符合合同要求的，承包人有权拒绝，并可要求发包人更换，由此增加的费用和（或）工期延误由发包人承担。

5. 原材料、工程设备和工程的试验和检验

（1）承包人应按合同约定进行原材料、工程设备和工程的试验和检验，并为监理机构对上述材料、工程设备和工程的质量检查提供必要的试验资料和原始记录。按合同约定应由监理机构与承包人共同进行试验和检验的，由承包人负责提供必要的试验资料和原始记录。

（2）监理机构未按合同约定派员参加试验和检验的，除监理机构另有指示外，承包人可自行试验和检验，并应立即将试验和检验结果报送监理机构，监理机构应签字确认。

（3）监理机构对承包人的试验和检验结果有疑问的，或为查清承包人试验和检验成果的可靠性要求承包人重新试验和检验的，可按合同约定由监理机构与承包人共同进行。重新试验和检验的结果证明该项材料、工程设备或工程的质量不符合合同要求的，由此增加的费用和（或）工期延误由承包人承担；重新试验和检验结果证明该项材料、工程设备和工程符合合同要求，由发包人承担由此增加的费用和（或）工期延误，并支付承包人合理利润。

（4）承包人应按相关规定和标准对水泥、钢材等原材料与中间产品质量进行检验，并报监理机构复核。

（5）除专用合同条款另有约定外，水工金属结构、启闭机及机电产品进场后，监理机构组织发包人按合同进行交货和验收。安装前，承包人应检查产品是否有出厂合格证、设备安装说明书及有关技术文件，对在运输和存放过程中发生的变形、受潮、损坏等问题应做好记录，并进行妥善处理。

（6）对专用合同条款约定的试块、试件及有关材料，监理机构实行见证取样。见证取样资料由承包人制备，记录应真实齐全，监理机构、承包人等参与见证取样人员均应在相关文件上签字。

（7）承包人根据合同约定或监理机构指示进行的现场材料试验，应由承包人提供试验场所、试验人员、试验设备器材以及其他必要的试验条件。

（8）监理机构在必要时可以使用承包人的试验场所、试验设备器材以及其他试验条件，进行以工程质量检查为目的的复核性材料试验，承包人应予以协助。

（三）原材料控制要点

（1）对于重要部位和重要结构所使用的材料，在使用前应仔细核对和认证材料的规格、品种、型号、性能是否符合工程特点和以上要求。此外，还应严格进行以下材料的质量控制：

1）对于混凝土、砂浆、防水材料等，应按规程规范进行配合比设计。

2）对于钢筋混凝土构件及预应力混凝土构件，应按有关规定进行抽样检验。

3）对预制加工厂生产的成品、半成品，应由生产厂家提供出厂合格证明，必要时进行抽样检验。

4）对于高压电缆、电绝缘材料，应组织进行耐压试验后才能使用。

5）对于新材料、新构件，要经过权威单位进行技术鉴定合格后，才能在工程中正式使用。

6）对于进口材料，应会同商检部门按合同规定进行检验，核对凭证，如发现问题应在规定期限内提出索赔。

7）凡标识不清或怀疑质量有问题的材料，对质量保证资料有怀疑或与合同规定不符的材料，均应进行抽样检验。

8）储存期超过保质期的过期水泥或受潮、结块的水泥应重新检验其标号，并不得使用在工程的重要部位。

（2）材料质量检验方法。材料质量检验方法分为书面检验、外观检验、理化检验和无损检验四种。

1）书面检验。指通过对提供的材料质量保证资料、试验报告等进行审核，取得认可方能使用。

2）外观检验。指对材料从品种、规格、标志、外形尺寸等进行直观检验，看其有无质量问题。

3）理化检验。指在物理、化学等方法的辅助下的量度。它借助于试验设备和仪器对材料样品的化学成分、机械性能等进行科学的鉴定。

4）无损检验。指在不破坏材料样品的前提下，利用超声波、X射线、表面探伤仪等进行检测。如普氏贯入仪进行土的压实试验、探地雷达进行钢筋混凝土中钢筋的探测。

（四）工程设备质量控制要点

1. 工程设备制造的质量控制

一般情况下，在签订设备采购合同后，监理单位应授权独立的检验员，作为监理单位代表派驻工程设备制造厂家，以监造的方式对供货生产厂家的生产重点及全过程实行质量监控，以保证工程设备的制造质量，并弥补一般采购订货中可能存在的不足之处。同时可以随时掌握供货方是否严格按自己所提出的质量保证计划书执行，是否有条不紊地开展质量管理工作，是否严格履行合同文件，能否确保工程设备的交货日期和交货质量。

2. 工程设备运输的质量控制

工程设备运输是借助于运输手段，进行有目标的空间位置的转移，最终到达施工现场，工程设备运输工作的质量，直接影响工程设备使用价值的实现，进而影响工程施工的正常进行和工程质量。

工程设备容易因运输不当而降低甚至丧失使用价值，造成部件损坏，影响其功能和精度等。因此，监理机构应加强工程设备运输的质量控制，与发包人的采购部门一起，根据具体情况和工程进度计划，编制工程设备的运送时间表，制定出参与设备运输的有关人员的责任，使有关人员明确在运输质量保证中应做的事和应负的责任，这也是保证运输质量的前提。

3. 工程设备检查及验收的质量控制

根据合同条件的规定，工程设备运至现场后，承包人应负责在现场工程设备的接收工作，然后由监理机构进行检查验收，工程设备的检查验收内容包括：计数检查；质量保证文件审查；品种、规格、型号的检查；质量确认检验等。

4. 工程设备调试的质量控制

工程设备安装完毕后，要参与和组织单体、联体无负荷和有负荷的调试。对于调试工作质量控制可分为以下四个阶段：

（1）质量检查阶段。验收前的全面综合性的质量检查是十分必要的，通过这一工作，可以把各类问题暴露于调试之前，以便采取相应措施加以解决，保证调试工作质量。调试前的检查是在施工过程质量检验的基础上进行，其重点是施工质量、质量隐患及施工漏项。对检查中发现的各类问题，监理机构应责令责任方编写整改计划，进行逐项整改并逐项检查验收。

（2）单体调试阶段。在系统清洗、吹扫、贯通合格，相应需要的电、水、气、风等引入的条件下，可分别实施单体调试。

单体调试合格，并取得生产（使用）单位参加人员的确认后，可分别向生产单位办理技术交工，也可待工程中的所有单机调试合格后，办理一次性技术交工。

（3）无负荷或非生产性介质投料的联合调试。无负荷联合调试是不带负荷的总体联合调试。它可以是各种转动设备，动力设备、反应设备、控制系统以及联结它们成为有机整体的各种联系系统的联合调试。在这个阶段的试运行中，可以进行大量的质量检验工作，如密封性检验、系统试压等，以发现在单体调试中不能或难以发现的工程质量问题。

（4）有负荷调试。有负荷调试实际上是试生产过程，是进一步检验工程质量、考核生产过程中的各种功能及效果的最后也是最重要的检验。

进行有负荷调试必须具备以下条件：无负荷调试中发现的各类质量问题均已解决完毕，工程的全部辅助生产系统满足调试需要并畅通无阻，公用工程配套齐全；生产操作人员配备齐全，辅助材料准备妥当，相应的生产管理制度建立齐全，通过有负荷调试，以进一步发现工程的质量问题，并对生产的处理量、产量、产品品种及其质量等是否达到设计要求，进行全面检验和评价。

三、施工机械设备的质量控制

施工设备质量控制的目的，在于为施工提供性能好、效率高、操作方便、安全可靠、经济合理且数量足够的施工设备，以保证按照合同规定的工期和质量要求，完成建设项目施工任务。

监理机构应着重从施工设备的选择、使用管理和保养、施工设备性能参数的要求等三方面予以控制。

（一）施工设备的选择

施工设备选择的质量控制，主要包括设备型式的选择和主要性能参数的选择两方面。

（1）施工设备的选型。应考虑设备的施工适用性、技术先进、操作方便、使用安全，保证施工质量的可靠性和经济上的合理性。例如疏浚工程应根据地质条件、疏浚深度、面积及工程量等因素，分别选择抓斗式、链斗式、吸扬式、耙吸式等不同型式的挖泥船；对于混凝土工程，在选择振捣器时，应考虑工程结构的特点、振捣器功能、适用条件和保证质量的可靠性等因素，分别选择大型插入式、小型软轴式、平板式或附着式振捣器。

（2）施工设备主要性能参数的选择。应根据工程特点、施工条件和已确定的机械设备型式，来选定具体的机械。

（二）施工设备的使用管理

为了更好地发挥施工设备的使用效果和质量效果，监理机构应督促承包人做好施工设备的使用管理工作，具体包括以下内容。

（1）加强施工设备操作人员的技术培训和考核，正确掌握和操作机械设备，做到定机定人，实行机械设备使用保养的岗位责任制。

（2）建立和健全机械设备使用管理的各种规章制度，如人机固定制度、操作证制度、岗位责任制度、交接班制度、技术保养制度、安全使用制度、机械设备检查维修制度及机械设备使用档案制度等。

（3）严格执行各项技术规定，如：

1）技术试验规定。对于新的机械设备或经过大修、改装的机械设备，在使用前必须进行技术试验，包括无负荷试验、加负荷试验和试验后的技术鉴定等，以测定机械设备的技术性能、工作性能和安全性能，试验合格后，才能使用。

2）走合期规定。新的机械设备和大修后的机械设备在初期使用时，工作负荷或行驶速度要由小到大，使设备各部分配合达到完善磨合状态，这段时间称为机械设备的走合期。如果初期使用就满负荷作业，会使机械设备过度磨损，降低设备的使用寿命。

3）寒冷地区使用机械设备的规定。在寒冷地区，机械设备会产生启动困难、磨损加剧、燃料润滑油消耗增加等现象，要做好保温取暖工作。

4）施工设备进场后，未经监理机构批准，不得擅自退场或挪作他用。

（三）施工设备性能及状况的考核

对于施工设备的性能及状况，不仅在其进场时应进行考核，在使用过程中，由于零件的磨损、变形、损坏或松动，会降低效率和性能，从而影响施工质量。因此监理机构必须督促承包人对施工设备特别是关键性的施工设备的性能和状况定期进行考核。例如对吊装机械等必须定期进行无负荷试验、加荷试验及其他测试，以检查其技术性能、工作性能、安全性能和工作效率。发现问题时，应及时分析原因，采取适当措施，以保证设备性能的完好。

四、施工方法的质量控制

这里所指的方法控制，包含工程项目整个建设周期内所采取的技术方案、工艺流程、组织措施、检测手段、施工组织设计等的控制。

施工方案合理与否，施工方法和工艺先进与否，均会对施工质量产生极大的影响，是直接影响工程项目的进度控制、质量控制、投资控制三大目标能否顺利实现的关键。在施工实践中，由于施工方案考虑得不周或施工工艺落后而造成施工进度迟缓、质量下降、增加投资等情况时有发生。为此，监理机构审核施工方案和施工工艺时，必须结合工程实际，从技术、管理、经济、组织等方面进行全面分析，综合考虑，考核施工方案、施工工艺在技术上可行，在经济上合理，且有利于提高施工质量。

五、环境因素的质量控制

影响工程项目质量的施工环境因素较多，主要有技术环境、施工管理环境及自然环境。

技术环境因素包括施工所用的规程、规范、设计图纸及质量评定标准。

施工管理环境因素包括质量保证体系、三检制、质量管理制度、质量签证制度、质量奖惩制度等。

自然环境因素包括工程地质、水文、气象、温度等。

上述环境因素对施工质量的影响具有复杂而多变的特点，某些环境因素更是如此，如气象条件就是千变万化的，温度、大风、暴雨、酷暑、严寒等均影响到施工质量。为此，监理机构要根据工程特点和具体条件，督促承包人采取有效的措施，严格控制影响质量的环境因素，确保工程项目质量。

第四节 工艺试验及工序的质量控制

一、工艺试验质量控制

工艺试验是为考查摸索工艺方法、工艺参数的可行性或材料的可加工性等而进行的试验。水利工程常见的工艺试验有：钢筋连接工艺试验、土方碾压工艺试验、深层搅拌桩工艺试验、锚杆施工工艺试验、钻孔灌注桩工艺试验、混凝土碾压工艺试验、土工膜焊接工艺试验等。

（一）现场工艺试验的规定

（1）监理机构应审批承包人提交的现场工艺试验方案，并监督其实施。

（2）现场工艺试验完成后，监理机构应确认承包人提交的现场工艺试验成果。

（3）监理机构应依据确认的现场工艺试验成果，审查承包人提交的施工措施计划中的施工工艺。

（4）对承包人提出的新工艺，监理机构应提请发包人组织设计单位及有关专家对工艺试验成果进行评审认定。

（二）现场工艺试验的实例

为使读者更好地理解工艺试验的相关内容，这里就水利工程施工现场较常见的现场工艺试验，做简单的介绍。

1. 钢筋焊接工艺试验

（1）目的。

1）通过焊接工艺性试验确定钢筋电弧焊的各项焊接参数，确保现场钢筋焊接质量。

2）通过焊接工艺性试验并结合现场实际施工情况，选择合适的焊接形式。

3）通过焊接工艺性试验掌握担负生产的焊工的技术水平。

（2）钢筋电弧焊接头外观检查质量标准。

1）焊缝表面应平整，不得有凹陷或焊瘤。

2）焊接接头区域不得有肉眼可见的裂缝。

3）咬边深度、气孔、夹渣等缺陷允许值及接头尺寸的允许偏差值，详见表 3-1。

表 3-1 　　　　　　　　　钢筋电弧焊接头尺寸偏差值及缺陷允许值

名　　称		单位	接头形式（搭接焊）
接头处钢筋轴线的曲折		(°)	4
焊缝高度		mm	$-0.05d$
焊缝长度		mm	$-0.50d$
咬边深度		mm	$0.05d$ 且$\leqslant 1$
焊缝表面上的气孔及夹渣	在长 $2d$ 数量	个	$\leqslant 2$
	气孔及夹渣的直径	mm	$\leqslant 3$

注　d 为钢筋直径，mm。

（3）施工注意事项。

1）在潮湿的地方作业时，应用干燥的木板等绝缘物品作垫板。

2）在高温天气施工时，焊接施工现场要做好防暑降温工作。

（4）产品保护。

1）焊接后不得往焊完的接头浇水冷却，不得敲钢筋接头。

2）现场的成品半成品废品应按要求分别堆放到指定地点，不得随意乱放。

（5）抗拉试验。在接头外观检查合格后抽取试件进行试验，电弧焊接头拉伸试验结果应符合下列要求：

1）3个热轧钢筋接头试件的抗拉强度均不得小于该牌号钢筋规定的抗拉强度。

2）至少应有2个试件断于焊缝之外，并应呈延性断裂。当达到上述2项要求时，应评定该批接头为抗拉强度合格。

3）当试验结果有2个试件抗拉强度小于钢筋规定的抗拉强度；或3个试件均在焊缝或热影响区发生脆性断裂时，则一次判定该批接头为不合格品。

4）当试验结果有1个试件的抗拉强度小于规定值或2个试件在焊缝或热影响区发生脆性断裂，其抗拉强度均小于钢筋规定抗拉强度的1.10倍时，应进行复验。复验时，应再切取6个试作。复验结果，当仍有1个试件的抗拉强度小于规定值，或有3个试件断于焊缝或热影响区呈脆性断裂，其抗拉强度小于钢筋规定抗拉强度的1.10倍时，应判定该工艺试验接头为不合格品。

注：当接头试件虽断于焊缝或热影响区，呈脆性断裂，但其抗拉强度大于或等于钢筋规定抗拉强度的1.10倍时，可按断于焊缝或热影响区之外，称延性断裂同等对待。

根据试验结果进行评价，选择合理的钢筋电弧焊的各项焊接参数，以指导施工。

2. 土方碾压施工工艺试验的质量控制

（1）目的。

1）核实填筑土料室内击实试验结果的合理性。

2）检查压实机具的性能是否满足施工要求。

3）选定合理的施工压实参数：铺土厚度、土块限制直径、含水量的适宜范围、压实方法和压实遍数。

4）确定有关质量控制技术要求和检测方法，现场安全控制措施。

5）运输、摊铺和碾压机械的协调和配合。

（2）填筑工序。

1）准备：①填筑前在有效碾压场范围内选定沉陷观测点，测量记录试验场地的高程等；②用标记出试验区域和试验单元，及机械进出场的方向；③在碾压场周边布设高程杆，以控制土料铺料厚度；④在场地中线一侧的相连两个试验小块，铺设土质、天然含水量、厚度均相同的土料，另侧的两个试验小块，土质和土厚均相同，含水量较天然含水量分别增加或减少某一幅度（根据填筑土料击实试验确定范围）。

2）铺料。

3）平料。挖掘机结合人工摊平至预定厚度及平整度，达到平整度的要求。

4）每个试验小块按预定的计划、规定的操作要求，碾压至计划遍数，相应地在填筑面上取样做密度试验。

5）每个试验小块，每次的取样数为3个，采用环刀法取样，测定干密度。

6）测定压实后土层厚度，并观察压实土层底部有无虚土层、上下层面结合是否良好、有无光面及剪力破坏现象，做好记录。

（3）碾压基本工艺。

1）根据划好的碾压路线实行碾压，施工人员指挥，按预定遍数进行。如采用振动碾时，碾子必须在场外起振，达到正常运转之后，方可驶入试验场内。进出场一个循环按方案中拟定的碾压行驶路线、行驶速度、遍数、搭接宽度等进行碾压。

2）测量沉陷观测点高程，与压前相应点高程之差即为碾压沉陷值（压缩量），碾压开始后既进行测量，每碾2遍后测量对应点的沉降量。

3）终碾后，用环刀法测定密度。

土方压实质量检测的取样部位：①取样部位应有代表性，且应在面上均匀分布，不得随意挑选，特殊情况下取样须加注明；②应在压实层厚的下部1/3处取样，若下部1/3的厚度不足环刀高度时，以环刀底面达下层顶面时环刀取满土样为准，并记录压实层厚度。

4）观察压实土层底部有无虚土层、上下层面结合是否良好、有无光面及剪力破坏现象等，并作记录。

（4）碾压试验检测成果整理。

1）在试验期间，要做好各种原始试验数据的记录。

2）根据试验结果确定配套机械的施工效率、合理的碾压遍数、铺土厚度以及松铺系数等。

3）将试验结果上报监理部进行审批，作为以后土方碾压施工的施工参数进行控制。碾压效果，优选填筑材料的合理碾压遍数。以指导工程土方填筑施工。

二、工序质量控制

工程质量是在施工过程中形成的，不是检验出来的。工程项目的施工过程，是由一系列相互关联、相互制约的工序所构成，工序质量是基础，直接影响工程项目的整体质量。要控制工程项目施工过程的质量，必须加强工序质量控制。

（一）工序质量控制的内容

进行工序质量控制时，应着重于以下四方面的工作：

（1）严格遵守工艺规程。施工工艺和操作规程，是进行施工操作的依据和法规，是确保工序质量的前提，任何人都必须遵守，不得违反。

（2）主动控制工序活动条件的质量。工序活动条件包括的内容很多，主要指影响质量的五大因素：即施工操作者、材料、施工机械设备、施工方法和施工环境。只有将这些因素切实有效地控制起来，使它们处于被控状态，确保工序投入品的质量，才能保证每道工序的正常和稳定。

（3）及时检验工序活动效果的质量。工序活动效果是评价工序质量是否符合标准的尺度。为此，必须加强质量检验工作，对质量状况进行综合统计与分析，及时掌握质量动态，发现质量问题，应及时处理。

（4）设置质量控制要点。质量控制要点是指为了保证作业过程质量而预先确定的重点控制对象、关键部位或薄弱环节，设置控制要点以便在一定时期内、一定条件下进行强化管理，使工序处于良好的受控状态。

（二）工序分析

工序分析就是找出对工序的关键或重要的质量特性起着支配作用的那些要素的全部活动。以便能在工序施工中针对这些主要因素制定出控制措施及标准，进行主动的、预防性的重点控制，严格把关。工序分析一般可按一下步骤进行。

（1）选定分析对象，分析可能的影响因素，找出支配性要素。包括以下工作：

1）选定的分析对象可以是重要的、关键的工序，或者是根据过去的资料认为经常发生问题的工序。

2）掌握特定工序的现状和问题，改善质量的目标。

3）分析影响工序质量的因素，明确支配性要素。

（2）针对支配性要素，拟定对策计划，并加以核实。

（3）将核实的支配性要素编入工序质量控制表。

（4）对支配性要素落实责任，实施重点管理。

（三）质量控制点的设置

设置质量控制点是保证达到施工质量要求的必要前提，监理人在拟定质量控制工作计划时，应予以详细地考虑，并以制度来保证落实；对于质量控制点，要事先分析可能造成质量问题的原因，再针对原因制定对策和措施进行预控。

1. 质量控制点设置步骤

承包人应在提交的施工措施计划中，根据自身的特点拟定质量控制点，通过监理人审核后，就要针对每个控制点进行控制措施的设计，主要步骤和内容如下：

（1）列出质量控制点明细表。

（2）设计质量控制点施工流程图。

（3）进行工序分析，找出影响质量的主要因素。

（4）制定工序质量表，对上述主要因素规定出明确的控制范围和控制要求。

（5）编制保证质量的作业指导书。

承包人对质量控制点的控制措施设计完成后，经监理人审核批准后方可实施。

2. 质量控制点的选择

监理机构应督促施工承包人在施工前全面、合理地选择质量控制点。并对施工承包人设置质量控制点的情况及拟采取的控制措施进行审核。必要时，应对施工承包人的质量控制实施过程进行跟踪检查或旁站监督，以确保质量控制点的实施质量。

承包人在工程施工前应根据施工过程质量控制的要求、工程性质和特点以及自身的特点，列出质量控制点明细表，表中应详细地列出各质量控制点的名称或控制内容、检验标准及方法等，提交监理机构审查批准后，实施质量预控。

设置质量控制点的对象，主要有以下几方面：

（1）人的行为。某些工序或操作重点应控制人的行为，避免人的失误造成质量问题。如对高空作业、水下作业、爆破作业等危险作业。

（2）材料的质量和性能。材料的性能和质量是直接影响工程质量的主要因素，尤其是某些工序，更应将材料的质量和性能作为控制的重点。如预应力钢筋的加工，就要求对钢筋的弹性模量、含硫量等有较严要求。

（3）关键的操作。

（4）施工顺序。有些工序或操作，必须严格相互之间的先后顺序。

（5）技术参数。有些技术参数与质量密切相关，也必须严格控制。如外加剂的掺量、混凝土的水灰比等。

（6）常见的质量通病。常见的质量通病如混凝土的起砂、蜂窝、麻面、裂缝等都与工序严格相关，应事先制定好对策，提出预防措施。

（7）新工艺、新技术、新材料的应用。当新工艺、新技术、新材料虽已通过鉴定、试验，但是施工操作人员缺乏经验，又是初次施工时，也必须对其工序进行严格控制。

（8）质量不稳定、质量问题较多的工序。通过质量数据统计，表明质量波动、不合格率较高的工序，也应作为质量控制点设置。

（9）特殊地基和特种结构。对于湿陷性黄土、膨胀土、红黏土等特殊地基的处理，以及大跨度结构、高耸结构等技术难度大的施工环节和重要部位，更应特别控制。

（10）关键工序。如钢筋混凝土工程的混凝土振捣，灌注桩的钻孔，隧洞开挖的钻孔布置、方向、深度、用药量和填塞等。

控制点的设置要准确有效，因此究竟选择哪些对象作为控制点，这需要由有经验的质量控制人员通过对工程性质和特点、自身特点以及施工过程的要求充分进行分析后进行选择。表3-2是某工程承包人设置的工程质量控制点总表。

表 3－2 工程质量控制点总表

序号	工程项目	质量控制要点	控制手段与方法	
1	土石方工程	开挖范围（尺寸及边坡比）	测量、巡视	
		高程	测量	
2	一般基础工程	位置（轴线及高度）	测量	
		高程	测量	
		地基承载能力	试验测定	
		地基密实度	检测、巡视	
3	碎石桩基础	桩底土承载力	测试、旁站	
		孔位孔斜成桩垂直度	量测、巡视	
		投石量	量测、旁站	
		桩身及桩间土	试验、旁站	
		复合地基承载力	试验、旁站	
4	换填基础	原状土地基承载力	测试、旁站	
		混合料配比、均匀性	审核配合比、取样检查、巡视	
		碾压遍数、厚度	旁站	
		碾压密实度	仪器、测量	
5	水泥搅拌桩	桩位（轴线、坐标、高程）	测量	
		桩身垂直度	量测	
		桩顶、桩端地层高程	测量	
		外掺剂掺量及搅拌头叶片外径	量测	
		水泥掺量、水泥浆液、搅拌喷浆速度	量测	
		成桩质量	N10 轻便触探器检验、抽芯检测	
6	灌注桩	孔位（轴线、坐标、高程）	测量	
		造孔、孔径、垂直度	量测	
		终孔、桩端地层、高程	检测、终孔岩样做超前钻探	
		钢筋混凝土浇筑	审核混凝土配合比、坍落度、施工工艺、规程、旁站	
		混凝土密实度	用大小应变超声波等检测，巡视	
7	混凝土浇筑	位置轴线、高程	测量	（1）原材料要合格碎石冲洗，外加剂检查试验。（2）混凝土拌和：拌和时间不少于 120s。（3）混凝土运输方式。（4）混凝土入仓方式。（5）浇筑程序、方式、方法。（6）平仓、控制下料厚度、分层。（7）振捣间距，不超过振捣棒长度的 1.25 倍，不漏振。（8）浇筑时间要快，不能停顿，但要控制面层时间。（9）加强养护
		断面尺寸	量测	
		钢筋：数量、直径、位置、接头、绑扎、焊接	量测、现场检查	
		施工缝处理和结构缝措施	现场检查	
		止水材料的搭接、焊接	现场检查	
		混凝土强度、配合比、坍落度	现场制作试块，审核试验报告，旁站	
		混凝土外观	量测	

注 1. 巡视指施工现场作业面不定时的检查监督。
2. 旁站指现场跟踪、观察及量测等方式进行的检查监督。
3. 量测指用简单的手持式量尺，量具、器（表）进行的检查监督。
4. 测量指借助于测量仪器、设备进行检查。
5. 试验指通过试件、取样进行的试验检查等。

3. 两类质量检验点

从理论上讲，要求监理机构对施工全过程的所有施工工序和环节，都实施检验，以保证施工的质量，在工程实践中难以做到这一点，为此，监理机构在工程开工前，应督促施工承包人全面、合理地选择质量控制点。为了更好地对施工过程的质量进行管理，施工承包人根据质量控制点的重要程度，或监督控制的要求，或自身需要，可将质量控制点区分为质量检验见证点和质量检验待检点。

（1）见证点。所谓"见证点"，是指承包人在施工过程中达到这一类质量检验点时，应事先书面通知监理人员到现场见证，观察和检查承包人的实施过程。然而在监理机构接到通知后未能在约定时间到场的情况下，承包人有权继续施工。

例如，在建筑材料生产时，承包人应事先书面通知监理机构对采石场的采石、筛分进行见证。当生产过程的质量较为稳定时，监理人员可以到场，也可以不到场见证，承包人在监理人员不到场的情况下可继续生产，然而需作好详细的施工记录，供监理人员随时检查。在混凝土生产过程中，监理人员不一定对每一次拌和都到场检验混凝土的温度、坍落度、配合比等指标，而可以由承包人自行取样，并作好详细的检验记录，供监理人员检查。然而，在混凝土标号改变或发现质量不稳定时，监理机构可以要求承包人事先书面通知监理人员到场检查，否则不得开拌。此时，这种质量检验点就成了"待检点"。

质量检验"见证点"的实施程序如下：

步骤1：施工或安装承包人在到达这一类质量检验点（见证点）之前24小时，书面通知监理机构，说明何日何时到达该见证点，要求监理人员届时到场见证。

步骤2：监理人员应注明他收到见证通知的日期并签字。

步骤3：如果在约定的见证时间监理人员未能到场见证，承包人有权进行该项施工或安装工作。

步骤4：如果在此之前，监理机构根据对现场的检查，并写明监理意见，承包人应写明根据监理机构意见采取的改正行动，或者可能有的某些具体意见。

监理人员到场见证时，应仔细观察、检查该质量检验点的实施过程，并在见证表上详细记录，说明见证的建筑物名称、部位、工作内容、工时、质量等情况，并签字。

（2）待检点。对于某些更为重要的质量检验点，必须要在监理人员到场监督、检查的情况下承包人才能进行检验。这种质量检验点称为"待检点"。

例如，在混凝土工程中，由基础面或混凝土施工缝处理，模板、钢筋、止水、伸缩缝和坝体排水管及混凝土浇筑等工序构成混凝土单元工程，其中每一道工序都应由监理机构进行检查认证，每一道工序检验合格才能进入下一道工序。根据承包人以往的施工情况，有的可能在模板架立上容易发生漏浆或模板走样事故，有的可能在混凝土浇筑方面经常出现问题。此时，就可以选择模板架立或混凝土浇筑作为"待检点"，承包人必须事先书面通知监理机构，并在监理人员到场进行检查监督的情况下，才能进行施工。

又如在隧洞开挖中，当采用爆破掘进时，钻孔的布置、钻孔的深度、角度、炸药量、填塞深度、起爆间隔时间等爆破要素，对于开挖的效果有很大影响，特别是在遇到有地质构造带如断层、夹层、破碎带的情况下，正确的施工方法以及支护对施工安全关系极大。

此时，应该将钻孔的检查和爆破要素的检查，定为"待检点"，每一工序必须要通过监理机构的检查确认。

当然，从广义上讲，隐蔽工程覆盖前的验收和混凝土工程开仓前的检验，也可以认为是"待检点"。

"待检点"和"见证点"执行程序的不同，就在于步骤3，即如果在到达待检点时，监理人员未能到场，承包人不得进行该项工作，事后监理机构应说明未能到场的原因，然后双方约定新的检查时间。

"见证点"和"待检点"的设置，是监理机构对工程质量进行检验的一种行之有效的方法。这些检验点应根据承包人的施工技术力量、工程经验、具体的施工条件、环境、材料、机械等各种因素的情况来选定。各承包人的这些因素不同，"见证点"或"待检点"也就不同。有些检验点在施工初期当承包人对施工还不太熟悉、质量还不稳定时可以定为"待检点"。而当施工承包人已熟练地掌握施工过程的内在规律、工程质量较稳定时，又可以改为"见证点"。某些质量控制点，对于这个承包人可能是"待检点"，而对于另一个承包人可能是"见证点"。

（四）工序质量的检查

1. 承包人的自检

承包人是施工质量的直接实施者和责任者。监理机构的质量监督与控制就是使承包人建立起完善的质量自检体系并运转有效。

承包人应在施工场地设置专门的质量检查机构，配备专职质量检查人员，建立完善的质量检查制度。承包人应按技术标准和要求（合同技术条款）约定的内容和期限，编制工程质量保证措施文件，包括质量检查机构的组织和岗位责任、质量检查人员的组成、质量检查程序和实施细则等，提交监理机构审批。监理机构应在技术标准和要求（合同技术条款）约定的期限内批复承包人。

承包人完善的自检体系是承包人质量保证体系的重要组成部分，承包人各级质检人员应按照承包人质量保证体系所规定的制度，按班组、值班检验人员、专职质检员逐级进行质量自检，保证生产过程中有合格的质量，发现缺陷及时纠正和返工，把事故消灭在萌芽状态；监理机构应随时监督检查，保证承包人质量保证体系的正常运作，这是施工质量得到保证的重要条件。

承包人应按合同约定对材料、工程设备以及工程的所有部位及施工工艺进行全过程的质量检查和检验，并做详细记录，填写工序施工质量验收评定表，报送监理机构核定质量等级并签证认可。

2. 监理机构的质量检查

监理机构的质量检查与验收，是对承包人施工质量的复核与确认；监理机构的检查绝不能代替承包人的自检，而且，监理机构的检查必须是在承包人自检并确认合格的基础上进行的；专职质检员没检查或检查不合格不得报监理工程师。不符合上述规定，监理工程师可以拒绝进行检查。

监理机构的检查和验收，不免除承包人按合同约定应负的责任。

第五节 机电及金属结构设备安装质量控制

机电及金属结构设备安装应按设计文件实施，应符合有关的技术要求和质量标准。机电及金属结构设备安装应从设备运输至施工现场，进行进场验收起，直至设备的空载试运转，必须带负荷才能试运转的应进行负荷试运转。在安装过程中，监理工程师要做好安装过程的质量监督与控制，对安装过程中的每一个工序、单元、分部工程和单位工程进行质量检查验收。

一、机电设备安装准备阶段的质量控制

（一）严格审查安装方案

主要机电设备安装项目开工前，安装单位必须编制安装方案报监理审查。一方面，通过审查可以优化安装程序和方案，以免因安装程序和方案不当，造成返工或延误工期；另一方面，安装单位按批准的安装方案进行安装，更好地控制安装质量。安装方案未经监理机构审批，不允许施工。

（二）认真进行设备开箱验收，发现问题及时处理

设备运抵工地后，由监理、安装、项目法人和设备厂代表进行开箱检查和验收。在开箱检查时，对机电设备的外观进行检查、核对产品型号和参数、检查出厂合格证、出厂试验报告、技术说明书等资料，核对专用工具和备品备件，对缺损件和不合格品进行登记。

（三）加强巡视检查、重点部位和重要试验旁站监理

机电设备的安装工序较多，每道工序一般都不重复，有时一天要完成几个工序的安装，因此，监理工程师现场的巡视和跟踪是非常重要的，能掌握第一手资料，及时协调和处理发生的各种问题，使安装工程有序地进行。

二、设备安装过程的质量控制

设备安装过程的检查，包括设备基础、设备就位、设备调平找正、设备复查与二次灌浆。

（一）设备基础

每台设备都有一个坚固的基础，以承受设备本身的重量和设备运转时产生的振动力和惯性力。若无一定体积的基础来承受这些负荷和抵抗振动，必将影响设备本身的精度和寿命。

根据使用材料的不同，基础分为素混凝土基础和钢筋混凝土基础。素混凝土基础主要用于安装静止设备和振动力不大的设备。钢筋混凝土基础主要用于安装大型及有振动力的设备。

设备安装就位前，安装单位应对设备基础进行检验，以保证安装工作的顺利进行。一般是检查基础的外形几何尺寸、位置等。对于大型设备的基础，应审核土建部门提供的预压及沉降观测记录，如无沉降观测记录，应进行基础预压，以免设备在安装后出现基础下沉和倾斜。

设备基础检验的主要内容有：

（1）所在基础表面的模板、露出基础外的钢筋等必须拆除，地脚螺栓孔内模板、碎料及杂物、积水应全部清除干净。

（2）根据设计图纸要求，检查所有预埋件的数量和位置的正确性。

（3）设备基础断面尺寸、位置、标高、平整度和质量。

（4）基础混凝土的强度是否满足设计要求。

（5）设备基础检查后，如有不合格的应及时处理。

（二）设备就位

在设备安装中，正确地找出并划定设备安装的基准线，然后根据基准线将设备安放到正确的位置上，包括纵、横向的位置和标高。设备就位前，应将其底座底面的油污、泥土等去掉，需灌浆处的基础或地坪表面应凿成麻面，被油玷污的混凝土应予凿除，否则，灌浆质量无法保证。

设备的安装要根据基础上的安装基准线和设备本身划出的中心线（定位基准线）进行调整，为了使设备上的定位基准线对准安装基准线，通常将设备进行微移调整，使其安装过程中所出现的偏差控制在允许范围之内。

设备就位应平稳，防止摇晃位移。对重心较高的设备，应采取措施预防失稳倾覆。

（三）设备调平找正

设备调平找正主要是使设备通过校正调整达到相关规范所规定的质量标准。分为以下三个步骤：

（1）设备的找正。设备找正找平时也需要相应的基准面和测点，所选择的测点应有足够的代表性。一般情况下对于刚性较大的设备，测点数可较少；对于易变形的设备，测点数应适当增多。

（2）设备的初平。设备的初平是在设备就位找正之后，初步将设备的安装水平调整到接近要求的程度。设备初平常与设备就位结合进行。

（3）设备的精平。设备的精平是对设备进行最后的检查调整。设备的精平在清洗后的精加工面上进行。精平时，设备的地脚螺栓已经灌浆，其混凝土强度不应低于设计强度的70%，地脚螺栓可紧固。

（四）设备复查与二次灌浆

每台设备安装定位，找正找平以后，要进行严格的复查工作，使设备的标高、中心和水平螺栓调整垫铁的紧度完全符合技术要求，如果检查结果完全符合安装技术标准，并经监理机构验收合格后，即可进行二次灌浆工作。

三、设备安装质量验收

设备转动精度的检查是设备安装质量检查验收的重点和难点。设备运行时是否平稳以及使用寿命的长短，不仅与组成这台机器的单体设备的制造质量有关，而且还与靠联轴器将各单体设备连成一体时的安装质量有关。机器的惯性越大，转速越高，对联轴器安装质量的要求也越高。为了避免设备安装产生的连接误差，许多国外设备的电动机与所驱动的设备被制造成一个整体，共用一个安装底（支）座，各自不再拥有独立的安装底座，从而方便了安装。目前检测联轴器安装精度较先进的仪器有激光对中仪，由于价格较贵，使用范围受限，还没有普及，多数设备安装单位使用的仍是百分表、量块等。

设备安装质量的另一项重要检测是轴线倾斜度，即两个相连转动设备的同轴度。

在设备安装监理过程中应对安装单位使用测量仪器的精度提出要求和进行检查，在安装过程中对半联轴器的加工精度进行复测，对螺栓的紧固应使用扭力扳手，有条件的最好使用液压扳手。在安装前要求安装单位预先提交检测记录表，审核其检测项目有无缺项，允差标准值是否符合规范要求。目的是促使安装单位在安装过程中按照规范要求进行调试，以保证安装精度。

四、金属结构设备安装准备阶段的质量控制

（一）严格审核安装方案

主要金属结构安装项目开工前，安装单位必须编制安装方案供监理工程师审查。安装方案一般包括：

（1）安装场地布置及说明、主要临时建筑设施布置及说明。

（2）设备的运输和吊装方案。

（3）闸门的安装方法和安装质量控制措施。

（4）焊接工艺及焊接变形的控制和矫正措施。

（5）闸门和启闭机的调试、试运转和试验工作计划。

（6）安装进度计划。

（7）质量保证措施和安全措施。

（8）焊接人员和无损检测人员的资格证书。

一方面，监理机构通过审查可以优化安装程序和方案，以免因安装程序和方案不当，造成返工或延误工期；另一方面，安装单位按审批的安装方案要求进行安装，更好地控制安装质量。

（二）认真进行金属结构设备进场验收，发现问题及时处理

金属结构设备运抵工地后，由监理、安装、项目法人和设备厂代表进行进场检查和验收。在进场检查时，对金属结构设备的外观进行检查、核对产品型号和参数、检查出厂合格证、出厂试验报告、技术说明书等资料，核对专用工具和备品备件，对缺损件和不合格品进行登记。

（三）加强巡视检查、重点部位和重要试验旁站监理

金属结构的安装工序较多，每道工序一般都不重复，有时一天要完成几个工序的安装，因此，监理工程师现场的巡视和跟踪是非常重要的，能掌握第一手资料，及时协调和处理发生的各种问题，使安装工程有序地进行。

五、金属结构安装过程的质量控制

（一）金属结构设备安装前的检查

（1）安装单位应对所使用的各种测试、测量工具和仪器按合同技术规范的要求进行校

验鉴定，并报监理工程师核备。

（2）安装单位应将门槽等埋件安装使用的基准线的测量放样成果报监理工程师审批。门槽等埋设件安装使用的基准线，应能满足门槽各部位构件的安装尺寸、精度及总尺寸的安装精度要求。

（3）按施工图纸规定的内容，全面检查安装部位的情况、设备构件以及零部件的完整性和完好性。必要时，对闸门、门槽埋件、启闭机的重要构件或部件等进行现场拼装检查，符合图纸技术要求后才能进行安装。在组装检查中发现有损伤、缺陷或零件丢失等，应进行修复或补齐处理。对该注润滑油脂的部位，应注满润滑油脂，才允许进行安装。

（4）所有的一期混凝土与二期混凝土的结合面，应在门槽埋设件安装之前进行深凿毛，并用高压水将碎屑、浮尘清理干净。预留插筋的位置、数量应满足施工图纸要求。

（5）埋件安装后混凝土浇筑之前的检查签证：一期、二期埋件的埋设位置、临时支撑、加固措施、埋设公差经安装单位自检合格后，在混凝土浇筑之前应通知监理工程师检查签证。

（6）混凝土浇筑后的埋件检查签证：安装单位应对埋件安装公差进行复核，并将埋件工作面上的连接焊缝打磨平整，打磨后的表面粗糙度应与焊接的构件相一致。复核和打磨合格后，安装单位应通知监理工程师进行埋件检查验收签证。

（7）现场进行金属结构、启闭机、机械设备的组装或拼装后，安装单位应将其各部分尺寸、形状、位置等全部技术数据检测合格，在得到监理工程师检查签证后，才允许除锈、涂装。

（8）现场涂刷的防腐材料，应与在厂内制造时所使用的防腐材料的产品型号、性能一致，并按照规范要求进行除锈和防腐材料涂刷。

（二）埋件安装

（1）预埋在一期混凝土中的锚栓或锚板，应按设计图纸制造、预埋，在混凝土浇筑之前应对预埋的锚栓或锚板位置进行检查、核对。

（2）埋件安装前，门槽中的模板等杂物及有油污的地方应清除干净。一期、二期混凝土的结合面应凿毛，并冲洗干净。二期混凝土门槽的断面尺寸及预埋锚栓（或锚板）的位置应复验。

（3）埋件安装调整好后，应将调整螺栓与锚板或锚栓焊牢，埋件在浇筑二期混凝土过程中不应变形或移位。

（4）埋件工作面对接接头的错位均应进行缓坡处理，过流面及工作面的焊疤和焊缝余高应铲平磨光，凹坑应补焊平和磨光。

（5）埋件安装完，经检查合格，应在5天内浇筑二期混凝土。如过期或有碰撞，应予复测，复测合格，方可浇筑二期混凝土。二期混凝土一次浇筑高度不宜超过5m，浇筑时，应注意防止撞击埋件和模板，并采取措施捣实混凝土，应防止二期混凝土离析、跑模和漏浆。

（6）埋件的二期混凝土强度达到70％以后方可拆模，拆模后应对埋件进行复测，并做好记录。同时检查混凝土尺寸，清除遗留的外漏钢筋头和模板等杂物，以免影响闸门启闭。

（7）工程挡水前，应对全部检修门槽和共用门槽进行试槽。

（三）平面闸门安装

（1）整体闸门在安装前，应对其各项尺寸进行复核。

（2）分节闸门组装成整体后，除应按规范有关规定对各项尺寸进行复测外，并应满足下列要求：

1）节间如采用螺栓连接，则螺栓应均匀拧紧，节间橡皮的压缩量应符合设计要求。

2）节间如采用焊接，则应采用已经评定合格的焊接工艺，按规范的有关规定进行焊接和检验，焊接时应采取措施控制变形。

（3）止水橡皮的螺栓孔位置应与门叶和止水压板上的螺栓孔位置一致，孔径应比螺栓直径小1mm。应采用专用空心钻头制孔，不应烫孔，均匀拧紧螺栓后，其端部至少应低于止水橡皮自由表面8mm。

（4）止水橡皮表面应光滑平直，橡塑复合水封应保持平直运输，不得盘折存放。其厚度极限偏差为±1mm，截面其他尺寸的极限偏差为设计尺寸的2%。

（5）止水橡皮接头可采用生胶热压等方法胶合，胶合接头处不得有错位、凹凸不平和疏松现象。

（6）止水橡皮安装后，两侧止水中心距离和顶止水中心至底止水底缘距离的极限偏差为±3mm，止水表面的平面度为2mm。闸门处于工作状态时，止水橡皮的压缩量应符合图样规定，并进行透光检查或冲水试验。

（7）平面闸门应作静平衡试验，试验方法为：将闸门吊离地面100mm，通过滚轮或滑道的中心测量上下游与左右方向的倾斜。平面闸门的倾斜不应超过门高的1/1000，且不大于8mm；平面链轮闸门的倾斜应不超过门高的1/1500，且不大于3mm。当超过上述规定时，应予配重。

（四）弧形闸门安装

（1）圆柱铰和球铰及其他形式支铰铰座安装公差或极限偏差应符合相关施工规范的要求。

（2）弧形闸门安装应符合下列规定：

1）分节弧形闸门门叶组装成整体后，应按规范有关规定对各项尺寸进行复测。复测合格后采用评定合格的焊接工艺，按规范的有关规定进行门叶结构焊接和检验，焊接时应采取措施控制变形。当门叶节间采取螺栓连接时，应遵照螺栓连接有关规定进行紧固和检验。

2）铰轴中心至面板外缘的曲率半径 R 的极限偏差：露顶式弧形闸门为±8mm，两侧相对差不大于5mm；潜孔式弧形闸门为±4mm，两侧相对差不大于3mm；充压式、压紧式水封弧形闸门为±3mm，其偏差方向应与埋件的止水座基面的曲率半径偏差方向一致，埋件的止水座基面至弧形闸门外弧面的间隙公差应不大于3mm，同时两侧半径的相对差应不大于1.5mm。

3）止水橡皮的质量应符合国家或行业有关技术标准的规定，顶、侧止水橡皮安装质量应符合规范的有关规定。

（3）弧形闸门安装完毕后，应拆除所有安装用的临时焊件，修整好焊缝，清除埋件表面和门叶上的所有杂物，在各转动部位按施工图纸要求灌注润滑脂。

（4）弧形闸门及埋件应经监理机构检查合格后，承包人方能进行涂装。

（五）闸门的试验

闸门安装完毕后，承包人应会同监理机构对闸门进行以下项目的试验和检查，试验前应检查并确认吊杆的连接情况是否良好。

闸门的试验项目包括：

（1）闸门安装合格后，应在无水情况下进行全行程启闭试验。试验前应检查自动挂脱梁挂钩脱钩是否灵活可靠；充水阀在行程范围内的升降是否自如，在最低位置时止水是否严密；同时还须清除门叶上和门槽内所有杂物并检查吊杆的连接情况。启闭时，应在止水橡皮处浇水润滑。有条件时，工作闸门应做动水启闭试验，事故闸门应做动水关闭试验。

（2）闸门启闭过程中应检查滚轮、支铰及顶、底枢等转动部位运行情况，门升降或旋转过程有无卡阻，启闭设备左右两侧是否同步，止水橡皮有无损伤。

（3）闸门全部处于工作部位后，应用灯光或其他方法检查止水橡皮的压缩程度，不应有透亮或有间隙。

（4）闸门在承受设计水头的压力时，通过任意 1m 长度的水封范围内漏水量不应超过 0.1L/s。

六、金属结构安装质量验收

（一）埋件安装的验收

（1）埋件安装前，应对安装基准线和基准点进行复核检查，并经监理机构确认合格后，方能进行安装。

（2）埋件安装就位固定后，在一期、二期混凝土浇筑前，对埋件的安装位置和尺寸进行测量检查，经监理机构确认合格后，才能进行混凝土浇筑，测量记录应提交监理机构。

（3）一期、二期混凝土浇筑后，应重新对埋件的安装位置和尺寸进行复测，经监理机构确认合格后，共同对埋件进行中间验收，其验收记录应作为闸门及启闭机单项验收的资料。

若经检查发现埋件的安装质量不合格时，应按监理机构指示进行返工处理，其处理的措施和方法应经监理机构批准。

（二）闸门安装质量验收

（1）闸门安装完成移交前，应进行闸门安装验收或纳入安装工程单元验收。

（2）闸门安装验收时闸门应安装完毕，并具备试运行条件。

（3）验收前安装单位应提交验收申请报告和验收大纲。

（4）验收时安装单位应提供以下验收资料：

1）验收申请报告和验收大纲。

2）闸门设计图样、竣工图、设计文件及有关会议纪要。

3）焊接工艺评定报告及安装工艺文件。

4）焊缝质量检验报告。

5）对重大缺陷的处理记录和报告。

6）闸门和埋件安装质量检验记录。

7）闸门平衡试验、充水试验及静水启闭试验报告，试运行记录和资料。

（5）闸门安装验收的主要工作：

1）检查闸门和埋件安装是否符合设计要求。

2）检查闸门和埋件安装质量是否符合规范和有关技术标准的要求。

3）对遗留问题提出处理意见。

（6）验收时监理人应提供监理报告。

（7）验收完成后，验收各方形成验收会议纪要。

第六节 质量控制实例

一、混凝土工程质量控制

（一）原材料质量控制

1. 水泥

（1）水泥品种。承包人应按各建筑物部位施工图纸的要求，配置混凝土所需品种，各种水泥均应符合技术条款指定的国家和行业的现行标准。

大型水工建筑物所用的水泥，可根据具体情况对水泥的矿物成分等提出专门要求。每一工程所用水泥品种以 1～2 种为宜，并宜固定厂家供应。有条件时，应优先采用散装水泥。

（2）运输。运输时，不得受潮和混入杂物。不同品种、标号、出厂日期和出厂编号的水泥应分别运输装卸，并做好明显标志，严防混淆。承包人应采取有效措施防止水泥受潮。

（3）储存。进厂（场）水泥的储存应符合下列规定：

1）散装水泥宜在专用的仓罐中储放。不同品种和标号的水泥不得混仓，并应定期清仓。散装水泥在库内储放时，水泥库的地面和外墙内侧应进行防潮处理。

2）袋装水泥应在库房内储放，库房地面应有防潮措施。库内应保持干燥，防止雨露侵入。袋装水泥的出厂日期不应超过 3 个月，散装水泥不应超过 6 个月，快硬水泥不应超过 1 个月，袋装水泥的堆放高度不得超过 15 袋。

（4）检验。每批水泥均应有厂家的品质试验报告。承包人应按国家和行业的有关规定，对每批水泥进行取样检测，必要时还应进行化学成分分析。检测取样以 200～500t 同品种、同标号水泥为一个取样单位，不足 200t 时也应作为一个取样单位。检测的项目应包括：水泥标号、凝结时间、体积安定性、稠度、细度、比重等试验；监理机构认为有必要时，可要求进行水化热试验。

2. 骨料

骨料应根据优质条件、就地取材的原则进行选择。可选用天然骨料、人工骨料，或两者互相补充。混凝土骨料应按监理机构批准的料源进行生产，对含有活性成分的骨料必须进行专门的试验论证，并经监理机构批准后，方可使用。冲洗、筛分骨料时，应控制好筛分进料量、冲洗水压和用水量、筛网的孔径与倾角等，以保证各级骨料的成品质量符合要求。

成品骨料出厂品质检测：细骨料应按同料源每600t为一批，检测细度模数、石粉含量（人工砂）、含泥量、泥块含量和含水率；粗骨料应按同料源、同规格碎石每600t为一批，卵石每600t为一批。

（1）骨料的堆存和运输应符合下列要求：

1）堆存骨料的场地，应有良好的排水设施。不同粒径的骨料必须分别堆存，设置隔离设施以防混杂。

2）应尽量减少转运次数。粒径大于40mm的粗骨料的净自由落差不宜大于3m，超过时应设置缓降设备。

3）骨料堆存时，不宜堆成斜坡或锥体，以防产生分离。骨料储仓应有足够的数量和容积，并应维持一定的堆料厚度。砂仓的容积、数量还应满足砂料脱水的要求。应避免泥土混入骨料和骨料的严重破碎。

（2）细骨料的质量要求规定如下：

1）细骨料的细度模数，应在2.4～3.0范围内。

2）砂料应质地坚硬、清洁、级配良好，使用山砂、特细砂应经过试验论证。其他砂的质量要求如含泥量、石粉含量、云母含量、轻物质含量、硫化物及硫酸盐含量、坚固性和密度应满足要求。

（3）粗骨料的质量要求应符合下列规定：

1）粗骨料的最大粒径，不应超过钢筋最小间距的2/3及构件断面边长的1/4，素混凝土板厚的1/2，对少筋或无筋结构，应选用较大的粗骨料粒径。

2）施工中，宜将骨料按粒径分成下列几种等级：

当最大粒径为40mm时，分成5～20mm和20～40mm，两级。

当最大粒径为80mm时，分成5～20mm、20～40mm和40～80mm，三级。

当最大粒径为150mm（120mm）时，分成5～20mm、20～40mm、40～80mm和80～150mm（120mm），四级。

采用连续级配或间断级配，应由试验确定并经监理机构同意，如采用间断级配，应注意混凝土运输中骨料分离的问题。

其他粗骨料的质量要求如含泥量、坚固性、硫酸盐及硫化物含量、有机质含量、比重、吸水率、针片状颗粒含量等应满足要求。应严格控制各级骨料的超、逊径含量。以圆孔筛检验时，其控制标准：超径小于5%，逊径小于10%。当以超、逊径筛检验时，其控制标准：超径为0，逊径小于2%。

3. 水

（1）凡适宜饮用的水均可使用，未经处理的工业废水不得使用。拌和用水所含物质不应影响混凝土和易性和混凝土强度的增长，以及引起钢筋和混凝土的腐蚀。水的 pH 值、不溶物、可溶物、氯化物、硫化物的含量应满足规定。

（2）检查。拌和及养护混凝土所用的水，除按规定进行水质分析外，应按监理机构的指示进行定期检测。

4. 掺合料

为改善混凝土的性能，合理降低水泥用量，可在混凝土中掺入适量的活性掺合料，掺用部位及最优掺量应通过试验决定。

5. 外加剂

为改善混凝土的性能，提高混凝土的质量及合理降低水泥用量，必须在混凝土中掺加适量的外加剂，其掺量通过试验确定。拌制混凝土或水泥砂浆常用的外加剂有减水剂、引气剂、缓凝剂、速凝剂和早强剂等。应根据施工需要，对混凝土性能的要求及建筑物所处的环境条件，选择适当的外加剂。有抗冻要求的混凝土必须掺用引气剂，并严格限制水灰比。

6. 钢筋

承包人应按合同规定负责钢筋材料的采购、运输、验收和保管，对钢筋进行进场材质检验和验点入库，监理机构认为有必要时，承包人应通知监理机构参加检验和验点工作。若承包人要求采用其他种类的钢筋替代施工图纸中规定的钢筋，应征得设计单位的同意。钢筋混凝土结构用的钢筋应符合热轧钢筋主要性能的要求。

每批钢筋均应附有产品质量证明书及出厂检验单，承包人在使用前，应分批进行以下钢筋机械性能试验：

（1）钢筋分批试验，以同一炉（批）、同一截面尺寸的钢筋为一批。

（2）根据厂家提供的钢筋质量证明书，检查每批钢筋的外表质量，并测量每批钢筋的代表直径。

（3）在每批钢筋中，选取经表面质量检查和尺寸测量合格的两根钢筋中各取一个拉力试件（含屈服点、抗拉强度和延伸率试验）和一个冷弯试验，如一组试验项目的一个试件不符合规定数值时，则另取两倍数量的试件，对不合格的项目作第二次试验，如有一个试件不合格，则判定该批钢筋为不合格产品。

水工结构非预应力混凝土中，不得使用冷拉钢筋，因为冷拉钢筋一般不作为受压筋。钢筋的表面应洁净无损伤，油漆污染和铁锈等应在使用前清除干净。带有颗粒状或片状老锈的钢筋不能使用。

（二）混凝土配合比

各种不同类型结构物的混凝土配合比必须通过设计选定。混凝土配合比设计前，承包人应将各种配合比设计的配料及其拌和、制模和养护等的配合比设计计划报送监理机构。

混凝土的水灰比应以骨料在饱和面干状态下的混凝土单位用水量对单位胶凝材料用量的比值为准，单位胶凝材料用量为每立方米混凝土中水泥与混合材重量的总和。

配合比的设计注意以下几点：

（1）承包人应按施工图纸的要求和监理机构的指示，通过室内试验成果进行混凝土配合比设计和试配,并报送监理机构审批。

(2) 水工混凝土的水胶、水泥用量根据部位和地区的不同,应满足表3-3规定,遇有下列情况,表列水胶比允许值应分别减小0.03~0.05。

1) 严寒地区水位变化区的混凝土。

2) 受海水、盐雾或其他侵蚀性介质作用的外部混凝土。

3) 厚度小于0.6m的胸墙、薄壁墙等。

(3) 施工过程中,承包人需要改变监理机构批准的混凝土配合比时,必须重新得到监理机构批准。

表3-3   最小水泥用量、最大水胶比允许值

环境类别	混凝土最低强度等级	最小水泥用量/(kg/m³)	最大水胶比
一	C20	220	0.60
二	C25	260	0.55
三	C25	300	0.50
四	C30	340	0.45
五	C35	360	0.40

注 1. 当混凝土中加入优质活性掺合物或能提高耐久性的外加剂时,可适当减少最小水泥用量。

2. 素混凝土结构的最小水泥用量可按表适当降低。

3. 大体积常态混凝土的胶凝材料用量不低于 $140kg/m^3$,水泥熟料含量不低于 $70kg/m^3$。

(三)混凝土拌和的质量控制

承包人拌制浇筑混凝土时,必须严格遵照批复的配合比设计成果及承包人现场试验室提供并经监理机构批准的混凝土配料单进行配料,严禁擅自更改配料单中的配合比。除合同另有规定外,承包人应采用固定拌和设备,设备生产率必须满足工程高峰浇筑强度的要求,所有的称量、指示、记录及控制设备都应有防尘措施,设备称量应准确,其偏差量应不超过规定,承包人应按监理机构的指示定期校核称量设备的精度。拌和设备安装完毕后,承包人应会同监理机构进行设备运行操作检验。

(1) 混凝土拌和质量检查,应检查以下项目:

1) 混凝土拌和应搅拌均匀,拌和时间应通过试验确定,且不宜小于表3-4的规定。

表3-4   混 凝 土 拌 和 时 间

拌和机容量 Q/m³	最大骨料粒径 /mm	最少拌和时间/s	
		自落式拌和机	强制式拌和机
0.75~1（含）	80	90	60
1~3（含）	150	120	75
3以上	150	150	90

注 1. 掺加掺合物、外加剂和加冰时,宜延长拌和时间,出机口不应有冰块。

2. 根据试验确定掺纤维、硅粉的混凝土拌和时间。

2) 混凝土坍落度、拌和物均匀性、抗压强度最小值、混凝土离差系数满足质量标准。

3) 水泥、砂、石子、掺合料、水及外加剂的称量在其允许偏差范围之内。不应超过

表 3-5 的规定。

（2）混凝土拌和均匀性检测：

1）承包人应按监理机构指示，并会同监理机构对混凝土拌和均匀性进行检测。

2）定时在出机口对一盘混凝土按出料先后各取一个试样（每个试样不少于 30kg），以测量砂浆密度，其差值不应大于 30kg/m³。

（3）坍落度的检测。按施工图纸的规定和监理机构的指示，每班应进行现场混凝土坍落度的检测，出机口应检测 4 次，仓面应检测 2 次。混凝土的坍落度，由根据建筑物的性质、钢筋含量、混凝土的运输、浇筑方法和气候条件决定，尽可能采用小的坍落度。混凝土坍落度允许偏差值可参照表 3-6 的规定。

表 3-5　混凝土各组分称量的允许偏差

材料名称	允许偏差/%
水、水泥、混合料、外加剂等	±1
骨料	±2

表 3-6　混凝土坍落度允许偏差

坍落度/mm	允许偏差/mm
40	10
50～90	20
100 以上	30

（4）坍落度检测程序。用水湿润坍落度筒及其他用具，并将坍落度筒放在已准备好的刚性水平 600mm×600mm 的铁板上，用脚踩住两边的脚踏板，使坍落度筒在装料时保持在固定位置。

将按要求取得的混凝土试样用小铲分 3 层均匀地装入筒内，使捣实后每层高度为筒高的 1/3 左右。每层用捣棒沿螺旋方向由外向中心插捣 25 次，各次插捣应在截面上均匀分布。插捣筒边混凝土时，捣棒可以稍稍倾斜。插捣底层时，捣棒应贯穿整个深度，插捣第二层和顶层时，捣棒应插透本层至下层的表面。插捣顶层过程中，如混凝土沉落到低于筒口，则应随时添加，捣完后刮去多余的混凝土，并用抹刀抹平。

清除筒边底板上的混凝土后，垂直平稳地在 5～10s 内提起坍落度筒。从开始装料到提坍落度筒的整个过程应不间断地进行，并应在 150s 内完成。

提起坍落度筒，测量筒高与坍落后混凝土试体最高点之间的高度差，即为混凝土拌和物的坍落度值。坍落度筒提高后，如混凝土发生崩坍成一边剪坏现象，则应重新取样另行测定。如第二次试验仍出现上述现象，则表示该混凝土和易性不好，应予记录备查。

观察坍落后混凝土拌和物试体的黏聚性和保水性：用捣棒在已坍落的混凝土拌和物截锥体侧面轻轻敲打，如果截锥试体逐渐下沉（或保持原状），则表示黏聚性良好；如果出现倒坍、部分崩裂或离析现象，表示黏聚性不好。坍落度筒提起后，如有较多稀浆从底部析出，锥体部分的混凝土拌和物也因失浆而骨料外露，则表明其保水性能不好；如坍落度筒提起后无稀浆或仅有少量稀浆自底部析出，则表示其保水性能良好。

当混凝土拌和物的坍落度大于 220mm 时，用钢尺测量混凝土扩展后最终的最大直径和最小直径，当二者的差小于 50mm 时，用其算术平均值作为坍落扩展度值。最大、最小直径的差大于 50mm 时试验结果无效。如果粗骨料在中央集堆或边缘有水泥浆析出，表示此混凝土拌和物抗离析性不好，应予记录。

（5）综合评定和易性。坍落度值小，说明混凝土拌和物的流动性小。流动性小，会给施工带来不便，影响工程质量，甚至造成工程事故；坍落度过大，又易使混凝土拌和物分层，造成上下不均。混凝土拌和物坍落度以 mm 表示，精确至 5mm。

（四）混凝土的运输

混凝土出拌和机后，应迅速运达浇筑地点，运输中不应有分离、漏浆和严重泌水现象。混凝土入仓时，应防止离析，最大骨料粒径 150mm 的四级配混凝土自由下落的垂直落距不应大于 1.5m，骨料粒径小于 80mm 的三级配混凝土的垂直落距不应大于 2m。

混凝土运至浇筑地点，应符合浇筑时规定的坍落度，当有离析现象时，必须在浇筑前进行二次搅拌。混凝土在运输过程中，应尽量缩短运输时间及减少转运次数。因故停歇过久，混凝土产生初凝时，应作废料处理。在任何情况下，严禁中途加水后运入仓内。

（五）混凝土浇筑

任何部位混凝土开始浇筑前，承包人必须通知监理机构对浇筑部位的准备工作进行检查。检查内容包括：地基处理、已浇筑混凝土面的清理以及模板、钢筋、插筋、冷却系统、灌浆系统、预埋件、止水和观测仪器等设施埋设和安装等，经监理机构检验合格后，方可进行混凝土浇筑。任何部位混凝土开始浇筑前，承包人应将该部位的混凝土浇筑的配料单提交监理机构进行审核，经监理机构同意后，方可进行混凝土的浇筑。

1. 基础面混凝土浇筑

（1）建筑物建基面必须验收合格后，方可进行混凝土浇筑。

（2）岩基上的杂物、泥土及松动岩石均应清除，应冲洗干净并排干积水，如遇有承压水，承包人应指定引排措施和方法报监理机构批准，处理完毕，并经监理机构认可后，方可浇筑混凝土。清洗后的基础岩面在混凝土浇筑前应保持洁净和湿润。

（3）易风化的岩基及软基，在立模扎筋前应处理好地基临时保护层；在软基上进行操作时，应力求避免破坏或扰动原状土壤；当地基为湿陷性黄土时应按监理机构指示采取专门的处理措施。

（4）基岩面浇筑仓，在浇筑第一层混凝土前，必须先铺一层 2～3cm 的水泥砂浆，砂浆水灰比应与混凝土浇筑强度相适应，铺设施工工艺应保证混凝土与基岩结合良好。

2. 混凝土浇筑层厚度

混凝土的浇筑层厚度，应根据拌和能力、运输距离、浇筑速度、气温及振捣器的性能等因素确定。一般情况下，浇筑层的允许最大厚度，不应超过表 3-7 规定的数值；如采用低流态混凝土及大型强力振捣设备时，其浇筑层厚度应根据试验确定。

表 3-7　　　　　　　　　　　　混凝土浇筑层的允许最大厚度

项次	振捣器类别		浇筑层的允许最大厚度
1	插入式振捣器	电动、风动振捣器	振捣器工作长度的 0.8 倍
		软轴振捣器	振捣器头长度的 1.25 倍
2	表面振捣器	在无筋和单层钢筋结构中	250mm
		在双层钢筋结构中	120mm

3. 浇筑层施工缝面的处理

在浇筑分层的上层混凝土层浇筑前，应对下层混凝土的施工缝面，按监理机构批准的方法进行冲毛或凿毛处理。

4. 混凝土浇仓

浇入仓内的混凝土应随浇随平仓，不得堆积仓内若有粗骨料堆叠时，应均匀地分布于砂浆较多处，但不得用水泥砂浆覆盖，以免造成内部蜂窝。不合格的混凝土严禁入仓，已入仓的不合格混凝土必须清除，并按规定弃置在指定地点。浇筑混凝土时，严禁在仓内加水。

5. 混凝土裂缝防止的主要措施是施工中严格进行温度控制

要防止大体积混凝土结构中产生裂缝，就要降低混凝土的温度应力，这就必须减少浇筑后混凝土的内外温差。为此应优先选用水化热低的水泥，掺入适量的粉煤灰，降低浇筑速度和减少浇筑厚度，浇筑后宜进行测温，采用一定的降温措施，控制内外温差不超过25℃，必要时，经过计算和取得设计单位同意后可留施工缝分层浇筑。

6. 施工缝留设

混凝土结构多要求整体浇筑，如因技术或组织上的问题不能连续浇筑时，且停留时间有可能超过混凝土的初凝时间，则应事先确定在适当的位置设置施工缝。由于混凝土的抗拉强度约为其抗压强度的 1/10，因而施工缝是结构中的薄弱环节，宜设置在结构剪力较小而且施工方便的部位。

7. 混凝土的浇筑振捣

混凝土浇筑振捣应遵守下列规定：

（1）混凝土浇筑应先平仓后振捣，严禁以振捣代替平仓。振捣时间以混凝土粗骨料不再显著下沉，并开始泛浆为准，应避免欠振、过振或漏振。

（2）振捣棒组应垂直插入混凝土中，如略有倾斜，则倾斜方向应保持一致，以免漏振，振捣完应慢慢拔出，振捣棒头应插入下层混凝土 5～10cm。

（3）严禁振捣器直接碰撞模板、钢筋及预埋件。

（4）混凝土浇筑过程中，严禁在仓内加水，混凝土和易性较差时，必须采取加强振捣等措施；仓内的泌水必须及时排除；应避免外来水进入仓内，严禁在模板上开孔赶水，带走灰浆；应随时清除黏附在模板、钢筋和预埋件表面的砂浆；应有专人做好模板维护，防止模板位移、变形。

（5）在预埋件特别是止水片、止浆片周围，应细心振捣，必要时辅以人工捣固密实。

8. 混凝土养护基本要求

（1）混凝土浇筑完毕后，养护前宜避免太阳光曝晒。

（2）塑性混凝土应在浇筑完毕后应根据环境因素确定浇筑后的养护时间，正常情况下应在浇筑完毕后 6～18 小时内开始洒水养护；低塑性混凝土宜在浇筑完毕后立即喷雾养护，并及早开始洒水养护。

（3）混凝土应连续养护，养护期内始终使混凝土表面保持湿润。

（4）混凝土养护应有专人负责，并做好养护记录。

（六）混凝土质量取样和检验

普通混凝土物理力学性能包括抗压强度、抗拉强度、抗折强度、握裹强度、疲劳强度、静力受压弹性模量、收缩、徐变等。这里仅介绍普通混凝土立方体抗压强度试验方法。

1. 试件制作与养护

试件用 150mm×150mm×150mm 的试模，也可用 200mm×200mm×200mm 或 100mm×100mm×100mm 的试模在混凝土浇筑地点，随机取样，三个试件为一组。成型后覆盖表面，在温度为 20℃±5℃、相对湿度不大于 50% 室内静置 1～2 天。然后，编号拆模后立即放入温度为 20℃±2℃、湿度 95% 以上（或在温度为 20℃±2℃ 的不流动氢氧化钙饱和溶液中）的标准养护室中养护。

2. 试验步骤

（1）混凝土立方体抗压强度以 150mm×150mm×150mm 试件为标准，也可采用 200mm×200mm×200mm 试件。当骨料粒径较小时，也可用 100mm×100mm×100mm 试件。以三个试件为一组。

（2）试件从养护地点取出后应及时进行试验，以免试件的温度和湿度发生显著变化。

（3）试件在试压前应先擦拭干净，测量尺寸并检查其外观。试件尺寸测量精确至 1mm，并据此计算试件的承压面积值 A。

（4）将试件安放在试验机下压板中心。试件的承压面应与成型时的顶面垂直。开动试验机，当上压板与试件接近时调整球座，使接触均衡。

（5）开动试验机连续而均匀地加荷。当试件接近破坏而开始迅速变形时，应停止调整试验机油门，直至试件破坏，然后记录破坏荷载 P。

3. 试验结果计算

混凝土立方体试件抗压强度按下式计算：

$$f_{cu} = \frac{P}{A}$$

式中　f_{cu}——混凝土立方体试件抗压强度，MPa；

　　　P——破坏荷载，N；

　　　A——试件承压面积，mm²。

（1）取三个试件测值的算术平均值作为该组试件的抗压强度值。三个测值中的最大值或最小值中如有一个与中间值的差值超过中间值的 15% 时，则将最大及最小值一并舍除，取中间值为该组抗压强度值。如有两个测值与中间值的差值均超过中间值的 15%，则该组试件的试验结果无效。

（2）取 150mm×150mm×150mm 试件的抗压强度值为标准值。用其他尺寸试件测得的强度值均应乘以尺寸换算系数，其值对 200mm×200mm×200mm 试件为 1.05；对 100mm×100mm×100mm 试件为 0.95。

二、土石方开挖质量控制

（一）土石方明挖

土方是指人工填土、表土、黄土、砂土、淤泥、黏土、砾质土、砂砾石、松散的坍塌体及软弱的全风化岩石，以及小于或等于 $0.7m^3$ 的孤石和岩块等，无需采用爆破技术而可直接使用手工工具或土方机械开挖的全部材料。

在水利工程施工中，明挖主要是建筑物基础、导流渠道、溢洪道和引航道（枢纽工程具有通航功时），地下建筑物的进、出口等部位的露天开挖，为开挖工程的主体。明挖的施工部署也关系着工程全局，极为重要。依据工程地形特征，明挖的施工部署大体可考虑分为两种类型：①工程规模大而开挖场面宽广，地形相对平坦，适宜于大型机械化施工，可以达到较高的强度，如葛洲坝工程和长江三峡工程；②工程规模虽不很大，而工程处于高山峡谷之中，不利于机械作业，只能依靠提高施工技术，才能克服困难，顺利完成。

1. 施工方法选择应注意问题

土石方工程施工方案的选择必须依据施工条件、施工要求和经济效果等进行综合考虑，具体因素有如下几个方面。

（1）土质情况。必须弄清土质类别，是黏性土、非黏性土或岩石，以及密实程度、块体大小、岩石坚硬性、风化破碎情况。

（2）施工地区的地势地形情况和气候条件，距重要建筑物或居民区的远近。

（3）工程情况。工程规模大小、工程数量和施工强度、工作场面大小、施工期长短等。

（4）道路交通条件。修建道路的难易程度、运输距离远近。

（5）工程质量要求。主要决定于施工对象，如坝、电站厂房及其他重要建筑物的基础开挖、填筑应严格控制质量。通航建筑物的引航道应控制边坡不被破坏，不引起塌方或滑坡。对一般场地平整的挖填有时是无质量要求的。

（6）机械设备。主要指设备供应或取得的难易、机械运转的可靠程度、维修条件与能力。对大中型工程，应该采用技术性能好的机械设备，提高生产率，保证工程顺利进行。

（7）经济指标。当几个方案或施工方法均能满足工程施工要求时，一般应以完成工程施工所花费用低者为最好。有时，为了争取提前发电，经过经济比较后，也可选用工期短、费用较高的施工方案。

2. 开挖中应注意的问题

（1）土方明挖。监理机构应对开挖过程进行连续的监督检查，对开挖质量进行控制，在开挖过程中应注意以下问题：

1）除另有规定外，所有主体工程建筑物的基础开挖均应在旱地进行；在雨季施工时，应有保证基础工程质量和安全施工的技术措施，有效防止雨水冲刷边坡和侵蚀地基土壤。

2）监理机构有权随时抽验开挖平面位置、水平标高、开挖坡度等是否符合施工图纸的要求，或与承包人联合进行核测。

3）主体工程临时边坡的开挖，应按施工图纸所示或监理机构的指示进行开挖；对承包人自行确定边坡坡度、且时间保留较长的临时边坡，经监理机构检查认为存在不安全因素时，承包人应进行补充开挖或采取保护措施。但承包人不得因此要求增加额外费用。

（2）石方明挖。

1）边坡开挖。边坡开挖前，承包人应详细调查边坡岩石的稳定性，包括设计开挖线外对施工有影响的坡面和岸坡等；设计开挖线以内有不安全因素的边坡，必须进行处理和采取相应的防护措施，山坡上所有危石及不稳定岩体均应撬挖排除，如少量岩块撬挖确有困难，经监理机构同意可用浅孔微量炸药爆破。

开挖应自上而下进行，高度较大的边坡，应分梯段开挖，河床部位开挖深度较大时，应采用分层开挖方法，梯段（或分层）的高度应根据爆破方式（如预裂爆破或光面爆破）、施工机械性能及开挖区布置等因素确定。垂直边坡梯段高度一般不大于 10m，严禁采取自下而上的开挖方式。

随着开挖高程下降，应及时对坡面进行测量检查以防止偏离设计开挖线，避免在形成高边坡后再进行处理。

对于边坡开挖出露的软弱岩层及破碎带等不稳定岩体的处理质量，必须按施工图纸和监理机构的指示进行处理，并采取排水或堵水等措施，经监理机构复查确认安全后，才能继续向下开挖。

2）基础开挖。除经监理机构专门批准的特殊部位开挖外，永久建筑物的基础开挖均应在旱地中施工。

承包人必须采取措施避免基础岩石面出现爆破裂隙，或使原有构造裂隙和岩体的自然状态产生不应有的恶化。

邻近水平建基面，应预留岩体保护层，其保护层的厚度应由现场爆破试验确定，并应采用小炮分层爆破的开挖方法。若采用其他开挖方法，必须通过试验证明可行，并经监理机构批准。基础开挖后表面因爆破震松（裂）的岩石，表面呈薄片状和尖角状突出的岩石，以及裂隙发育或具有水平裂隙的岩石均需采用人工清理，如单块过大，亦可用单孔小炮和火雷管爆破。

开挖后的岩石表面应干净、粗糙。岩石中的断层、裂隙、软弱夹层应被清除到施工图纸规定的深度。岩石表面应无积水或流水，所有松散岩石均应予以清除。建基面岩石的完整性和力学强度应满足施工图纸的规定。

基础开挖后，如基岩表面发现原设计未勘察（测）到的基础缺陷，则承包人必须按监理机构的指示进行处理，包括（但不限于）增加开挖、回填混凝土塞、或埋设灌浆管等，监理机构认为有必要时，可要求承包人进行基础的补充勘探工作。进行上述额外工作所增加的费用由发包人承担。

建基面上不得有反坡、倒悬坡、陡坎尖角；结构面上的泥土、锈斑、钙膜、破碎和松动岩块以及不符合质量要求的岩体等均必须采用人工清除或处理。

坝基不允许欠挖，开挖面应严格控制平整度。为确保坝体的稳定，坝基不允许开挖成向下游倾斜的顺坡。

在工程实施过程中，依据基础石方开挖揭示的地质特性，需要对施工图纸作必要的修改时，承包人应按监理机构签发的设计修改图执行，涉及变更应按合同相关规定办理。

3. 开挖质量的检查和验收

（1）土方开挖质量的检查和验收。土方明挖工程完成后，承包人应会同监理机构进行以下各项的质量检查和验收：

1）地基无树根、草皮、乱石；坟墓，水井泉眼已处理，地质符合设计要求。

2）取样检测基础土的物理性能指标，要符合设计要求。

3）岸坡的清理坡度符合设计要求。

4）坑（槽）的长或宽，底部标高，垂直或斜面平整度满足设计要求，在允许偏差范围内。

（2）石方明挖的质量检查和验收。

1）边坡质量检查和验收。对于岩石边坡开挖后，应进行以下项目的检查：保护层的开挖，布孔是否是浅孔、密孔，少药量、火炮爆破；岸坡平均坡度应小于或等于设计坡度；开挖坡面应稳定，无松动岩块。

2）岩石基础检查和验收。承包人应会同监理机构进行以下各款所列项目的质量检查和验收：保护层的开挖，布孔是否是浅孔、密孔，少药量、火炮爆破；建基面无松动岩块，无爆破影响裂隙；断层及裂隙密集带，按规定挖槽。槽深为宽度的 1～1.5 倍。规模较大时，按设计要求处理。多组切割的不稳定岩体和岩溶洞穴，按设计要求处理。对于软弱夹层，厚度大于 5cm 者，挖至新鲜岩层或设计规定的深度。对于夹泥裂隙，挖 1～1.5 倍断层宽度，清除夹泥，或按设计要求进行处理。坑（槽）长、宽，底部标高，垂直或斜面平整度应满足设计要求，在允许偏差范围内。

（二）地下洞室开挖

地下洞室开挖的内容包括隧洞、斜井、竖井、大跨度洞室等地下工程的开挖，以及已建地下洞室的扩大开挖等。这里主要介绍钻爆法开挖，承包人应全面掌握本工程地下洞室地质条件，按施工图纸、监理机构指示和技术条款规定进行地下洞室的开挖施工。其开挖工作内容包括准备工作、洞线测量、施工期排水、照明和通风、钻孔爆破、围岩监测、塌方处理、完工验收前的维护，以及将开挖石渣运至指定地区堆存和废渣处理等工作。

1. 准备工作

在地下工程开挖前，承包人应根据施工图纸和技术条款的规定，提交施工措施计划、钻孔和爆破作业计划，报监理机构审批。地下洞室开挖前，承包人应会同监理机构进行地下洞室测量放样成果的检查，并对地下洞室洞口边坡的安全清理质量进行检查和验收。

2. 钻孔爆破的设计和试验

（1）地下洞室的爆破应进行专门的钻孔爆破设计。

（2）地下洞室的开挖应采用光面爆破和预裂爆破技术，其爆破的主要参数应通过试验确定，光面爆破和预裂爆破试验采用的参数可参照有关规范选用。

（3）承包人应选用岩类相似的试验洞段进行光面爆破和预裂爆破试验，以选择爆破材料和爆破参数，并将试验成果报送监理机构。

3. 开挖

（1）洞口开挖。洞口掘进前，应仔细勘察山坡岩石的稳定性，并按监理机构的指示，对危险部位进行处理和支护。

洞口削坡应自上而下进行，严禁上下垂直作业。同时应做好危石清理、坡面加固、马道开挖及排水等工作。

进洞前，须对洞脸岩体进行鉴定，确认稳定或采取措施后，方可开挖洞口。洞口一般应设置防护棚，必要时，尚应在洞脸上部加设挡石拦栅。

（2）平洞开挖。平洞开挖的方法应在保证安全和质量的前提下，根据围岩类别、断面尺寸、支护方式、工期要求、施工机械化程度和施工技术水平等因素选定。有条件时，应优先采用全断面开挖方法。

根据围岩情况、断面大小和钻孔机械、辅助工种配合情况等条件，选择最优循环进尺。

（3）竖井和斜井的开挖。竖井与斜井的开挖方法，可根据其断面尺寸、深度、倾角、围岩特性及施工设备等条件选定。

竖井的一般开挖方法有：自上而下全断面开挖方法和贯通导井后，自上而下进行扩大开挖方法。在Ⅰ类、Ⅱ类围岩中开挖小断面的竖井，挖通导井后亦可采用留渣法蹬渣作业，自下而上扩大开挖。最后随出渣随锚固井壁。

4. 支护

需要支护的地段，应根据地质条件、洞室结构、断面尺寸、开挖方法、围岩暴露时间等因素，做出支护设计。除特殊地段外，应优先采用喷锚支护。采用喷锚支护时，应检查锚杆、钢筋网和喷射混凝土质量。

（1）锚杆材质和砂浆标号符合设计要求；砂浆锚杆抗拔力、预应力锚杆张拉力符合设计和规范要求；锚孔无岩粉和积水，孔位偏差、孔深偏差和孔轴方向符合要求。钢筋材质、规格和尺寸符合设计要求；钢筋网和基岩面距离满足质量要求；钢筋绑扎牢固。

（2）喷射混凝土抗压强度保证率在85%及以上；喷混凝土性能符合设计要求；喷混凝土厚度满足质量要求；喷层均匀性、整体性、密实情况要满足质量要求；喷层养护满足质量要求。

（3）贯通误差。对于地下洞室的开挖，其贯通测量容许极限误差应满足表3-8的要求。

表 3-8 贯通测量容许极限误差值

相向开挖长度 L/km		$L<5$	$5{\leqslant}L<10$	$10{\leqslant}L<15$	$15{\leqslant}L<20$	$20{\leqslant}L<25$	$25{\leqslant}L<30$
极限贯通误差 /mm	横向	±100	±150	±220	±300	±400	±500
	纵向	±100	±150	±220	±300	±400	±500
	竖向	±40	±56	±76	±100	±124	±150

5. 质量检查及验收

承包人应按合同的有关规定，做好地下工程施工现场的粉尘、噪声和有害气体的安全防护工作，以及定时定点进行相应的监测，并及时向监理机构报告监测数据。工作场地内的有害成分含量必须符合国家劳动保护法规的有关规定。

承包人应对地下洞室开挖的施工安全负责。在开挖过程中应按施工图纸和合同规定，做好围岩稳定的安全保护工作，防止洞（井）口及洞室发生塌方、掉块危及人员安全。开挖过程中，由于施工措施不当而发生山坡、洞口或洞室内塌方，引起工程量增加或工期延误，以及造成人员伤亡和财产损失，均应由承包人负责。

隧洞开挖过程中，承包人应会同监理机构定期检测隧洞中心线的定线误差。

隧洞开挖完毕后，对于开挖质量应进行以下各项的检查：

（1）开挖岩面无松动岩块、小块悬挂体。

（2）如有地质弱面，对其处理符合设计要求。

（3）洞室轴线符合规范要求。

（4）底部标高、径向、侧墙、开挖面平整度在设计允许偏差范围内。

三、土石方回填质量控制

在水利水电工程中，土石方填筑主要包括基础和岸坡处理、土石料以及填筑的质量控制。这里所指的土石方填筑施工图纸所示的碾压式的土坝（堤）、土石坝、堆石坝等的坝体，以及土石围堰堰体和其他填筑工程的施工。

（一）坝基与岸坡处理

坝基与岸坡处理属隐蔽工程，直接影响坝的安全。一旦发生事故，较难补救。因此，必须按设计要求认真施工。承包人应根据设计要求，充分研究工程地质和水文地质资料，借以制定有关技术措施。对于缺少或遗漏的部分，应会同设计单位补充勘探和试验。坝基和岸坡处理过程中，如发现新的地质问题或检验结果与勘探有较大出入时，勘测设计单位应补充勘探，并提出新的设计，与承包人共同研究处理措施。对于重大的设计修改，应按程序报请上级单位批准后执行。

进行坝基及岸坡处理时，主要进行以下检查及检验。

1. 坝基及岸坡清理工序

（1）检查树木、草皮、树根、乱石、坟墓以及各种建筑物是否已全部清除；水井、泉眼、地道、洞穴等是否已经按设计处理。

（2）检查粉土、细砂、淤泥、腐殖土、泥炭是否已全部清除，对风化岩石、坡积物、残积物、滑坡体等是否已按设计要求处理。

（3）地质探孔、竖井、平洞、试坑的处理是否符合设计要求。

（4）长、宽是否在允许偏差范围内；清理边坡应不陡于设计边坡。

2. 坝基及岸坡地质构造处理

（1）岩石节理、裂隙、断层或构造破碎带是否已按设计要求进行处理。

（2）地质构造处理的灌浆工程符合设计要求和《水工建筑物水泥灌浆施工技术规范》（SL 62—2014）的规定。

（3）岩石裂隙与节理处理方法符合设计，节理、裂隙内的充填物冲洗干净，回填水泥浆、水泥砂浆、混凝土饱满密实。

（4）进行断层或破碎带的处理，开挖宽度、深度符合设计要求，边坡稳定，回填混凝土密实，无深层裂缝，蜂窝麻面面积占比不大于 0.5%，蜂窝进行处理。

3. 坝基及岸坡渗水处理

（1）渗水已妥善排堵，基坑中无积水。

（2）经过处理的坝基及岸坡渗水，在回填土或浇筑混凝土范围内水源基本切断，无积水，无明流。

（二）填筑材料

1. 料场复查与规划

（1）承包人应根据工程所需各种土石料的使用要求，对合同指定的土石料场进行复勘核查，其复查内容包括：

1）土石坝坝体等填筑体采用的各种土料和石料的开采范围和数量。

2）土料场开采区表土开挖厚度及有效开采层厚度；石料场的剥离层厚度、有效开采层厚度和软弱夹层分布情况。

3）根据施工图纸要求对土石料进行物理力学性能复核试验。

4）土石料场的开采、加工、储存和装运。

（2）承包人应根据合同提供的和承包人在料场复查中获得的料场地形、地质、水文气象、交通道路、开采条件和料场特性等各项资料以及监理机构批准的施工措施计划，对各种用料进行统一规划，并提出料场规划报告报送监理机构审批。料场规划报告的内容应包括以下内容：

1）开采工作面的划分，以及开采区的供电系统、排水系统、堆料场、各种用料加工场、运输线路、装料站、弃渣场以及备用料源开采区等的布置设计。

2）上述各系统和场站所需各项设备和设施的配置。

3）料场的分期用地计划（包括用地数量和使用时间）。

（3）料场规划应遵循下列原则：

1）料场可开采量（自然方）与坝体填筑量的比值：堆石料为 1.1～1.4；砂砾石料，水上为 1.5～2.0，水下为 2.0～2.5。

2）爆破工作面规划应与料场道路规划结合进行，并应满足不同施工时段填筑强度需要。

3）主堆石坝料的开采，宜选择运距较短、储量较大和便于高强度开采的料场，以保证坝体填筑的高峰用量。

4）充分利用枢纽建筑物的开挖料。开挖时宜采用控制爆破方法，以获得满足设计级配要求的坝料，并做到"计划开挖、分类堆存"。

2. 开采

承包人必须按监理机构批准的料场开采范围和开采方法进行开采；土料开采应采用立采（或平采）的开采方法；石料应采用台阶法钻孔爆破分层开采的施工方法。

（1）土料的开采应注意以下问题：

1）风化料开采过程中，应使表层坡残积土与其下层的土状和碎块状全风化岩石均匀混合，并使风化岩块通过开采过程得到初步破碎。

2）除专为心墙、斜墙的基础接触带开采的纯黏土外，在风化土料开采过程中，不应将土料和风化岩石分别堆放。

3）用于坝体反滤层、垫层、过渡层、混凝土和灌浆工程中的砂砾料，应按不同使用要求，进行开挖、筛分、冲洗和分类堆存。

（2）石料开采时应注意以下问题：

1）石料开采前，应按批准的料场开采规划和作业措施，进行表土和作业措施，进行表土和覆盖层的剥离至可用石层为止。剥离的表层有机土壤和废土应按规定运往指定地点堆放。

2）在开采过程中，遇有比较集中的软弱带时，应按监理机构的指示予以清除，严禁在可利用料内混杂废渣料。可利用料和废渣料均应分别运至指定的存料场堆放。

3）开采出的石料，颗粒级配必须符合施工图纸和技术条款的要求，超径部分应进行二次破碎处理。

4）堆料场的石料应分层存放，分层取用，严防颗粒分离。如已发生分离现象，承包人应重新将其混合均匀，且不得向发包人另行要求增加费用。

3. 制备和加工

承包人应按批准的施工措施以及现场生产性试验确定的参数进行坝料制备和加工。

4. 运输

（1）土料运输应与料场开采、装料和坝面卸料、铺料等工序持续和连贯进行，以免周转过多而导致含水量的过大变化。

（2）反滤料运输及卸料过程中，承包人应采取措施防止颗粒分离。运输过程中反滤料应保持湿润，卸料高度应加以限制。

（3）监理机构认为不合格的土料、反滤料（含垫层料、过渡料）或堆石料，一律不得上坝。

5. 填筑材料的质量检查

料场质量控制应按设计要求与规范有关规定进行，主要内容包括：

（1）是否在规定的料区范围内开采，是否已将草皮、覆盖层等清除干净。

（2）开采、坝料加工方法是否符合有关规定。

（3）排水系统、防雨措施、负温下施工措施是否完善。

（4）坝料性质、含水量（指黏性土料、砾质土）是否符合规定。

设计单位应对各种填筑材料提出一些易于现场鉴别的控制指标与项目，具体见表3-9。其每班试验次数可根据现场情况确定。试验方法应以目测、手试为主，并取一定数量的代表样进行试验。

表3-9　　　　　　　　　　填筑材料控制指标

坝料类别	控制项目与指标	备　注
黏性土	含水量上、下限值	
	黏粒含量下限值	
砾质土	允许最大粒径	
	含水量上、下限值；砾石含量上、下限值	
反滤料	级配；含泥量上限值；风化软弱颗粒含量	

续表

坝料类别	控制项目与指标	备 注
过渡料	允许最大粒径；含泥量	
坝壳砾质土	小于 5mm 含量的上、下限值；含水量的上、下限值	
坝壳砂砾料	含泥量及砾石含量	
堆石	允许最大块径；小于 5mm 粒径含量；风化软弱颗粒含量	

（三）填筑

施工过程中承包人应会同监理机构定期进行以下各项目的检查。

1. 土料填筑

在施工过程中，进行土料填筑时，主要检验和检查项目如下：

（1）土料铺筑，含水率适中，无不合格土，铺土均匀，铺土厚度满足设计要求，表面平整，无土块，无粗料集中，铺料边线整齐。

（2）上、下层铺土之间的结合处理，砂砾及其他杂物清除干净，表面刨毛，保持湿润。

（3）土料碾压，无漏压、欠压，表面平整，无弹簧土、起皮、脱空或剪力破坏现象，压实指标满足设计压实度的要求。

（4）接合面处理，进行削坡、湿润、刨毛处理，搭接无界。

2. 堆石体填筑

进行堆石体填筑时，主要检验和检查项目如下：

（1）填筑材料符合规范和设计要求。

（2）每层填筑应在前一填筑层验收合格后进行。

（3）按选定的碾压参数进行施工；铺筑厚度不得超厚；含泥量、洒水量符合规范和设计要求。

（4）材料的纵横向结合部位符合规范和设计要求；与岸坡结合处的料物不得分离、架空，对边角加强压实。

（5）填筑层铺料厚度、压实后的厚度满足要求。

（6）堆石填筑层面基本平整，分区能基本均衡上升，大粒径料无较大面积集中现象。

（7）分层压实的干密度合格率满足要求（检测点的合格率不小于 90%，不合格率不得小于设计干密度的 98%）。

思 考 题

3－1 施工阶段质量控制的依据有哪些？

3－2 施工阶段质量控制的方法有哪些？

3－3 简述合同项目质量控制程序。

3－4 分别简述合同项目和分部工程开工条件审查的主要内容。

3－5 现场工艺试验有哪些规定？

第四章　验收和缺陷责任期的质量控制

第一节　工程质量评定

工程质量评定是依据某一质量评定的标准和方法，对照施工质量的具体情况，确定质量等级的过程。为了提高水利水电工程的施工质量水平，保证工程质量符合设计和合同条款的规定，同时也是为了衡量承包人的施工质量水平，全面评价工程的施工质量，为水利水电工程评优和创优打下基础。在工程移交和正式验收前，应按照合同要求和国家有关的工程质量评定标准和规定，对工程质量进行评定，以鉴定工程质量是否达到合同要求，能否进行验收，以及作为评优的依据。

一、工程质量评定的依据

(一) 国家及水利水电行业有关施工规程、规范及技术标准

为了加强水利水电工程的质量管理，开展质量评定和评优工作，使有关的规程、规范和有关的技术标准得到有效的贯彻落实，提高水利水电建设工程质量，制定了相应的评定标准。

1988 年，水利电力部颁发了《水利水电基本建设工程单元工程质量等级评定标准（一）》［编号为（SDJ 249—88）和《水工建筑工程》（SDJ 249.1—88）］；1988 年 12 月，水利部、能源部联合颁发了《金属结构及启闭机械安装工程》（SDJ 249.2—88）、《水轮发电机组安装工程》（SDJ 249.3—88）、《水力机械辅助设备安装工程》（SDJ 249.4—88）、《发电电气设备安装工程》（SDJ 249.5—88）、《升压变电电气设备安装工程》（SDJ 249.6—88）等几个水利水电基本建设工程单元工程质量等级评定标准；1992 年水利部颁发了《碾压式土石坝和浆砌石坝工程》（SL 38—92）。

1995 年水利部建设司、水利部水利工程质量监督总站联合颁发了《水利水电工程施工质量评定表》，将其内容进行了表格化，便于执行，增强了《水利水电基本建设工程单元工程质量等级评定标准》的可操作性。

1996 年 9 月，水利部颁发了《水利水电工程施工质量评定规程（试行）》（SL 176—1996）。

1999 年水利部针对 1998 年大水后堤防工程建设任务重的紧迫形势，专门下发了《堤防工程施工质量评定与验收规程（试行）》（SL 239—1999），进一步规范了水利水电工程施工质量评定和检验工作。

2002 年水利部颁发了《水利水电工程施工质量评定表填表说明与示例（试行）》，它

不仅涵盖了《水利水电工程施工质量评定表》的所有内容及表格，还包括《堤防工程施工质量评定与验收规程（试行）》（SL 239—1999）中的评定表格和新补充的表格内容。

2007年，为了更进一步规范参建各方质量行为，促进施工质量检验与评定工作标准化、规范化，水利部对《水利水电工程施工质量评定规程（试行）》（SL 176—1996）进行了修订，颁布了《水利水电工程施工质量检验与评定规程》（SL 176—2007）。

2012年，为了加强水利水电工程施工质量管理，规范单元工程验收评定工作，水利部发布了《水利水电工程单元工程施工质量验收评定标准》（SL 631～637—2012）；2013年，水利部发布了《水利水电工程单元工程施工质量验收评定标准》（SL 638～639—2013）：

（1）《水利水电工程单元工程施工质量验收评定标准——土石方工程》（SL 631—2012），以下简称《评定标准（一）》，替代 SDJ 249.1—88、SL 38—92，适用于大中型水利水电工程的土石方工程的单元工程施工质量验收评定。小型水利水电工程可参照执行。

（2）《水利水电工程单元工程施工质量验收评定标准——混凝土工程》（SL 632—2012），以下简称《评定标准（二）》，替代 SDJ 249.1—88、SL 38—92，本标准适用于大中型水利水电工程的混凝土工程的单元工程施工质量验收评定。小型水利水电工程可参照执行。

（3）《水利水电工程单元工程施工质量验收评定标准——地基处理与基础工程》（SL 633—2012），以下简称《评定标准（三）》，替代 SDJ 249.1—88，适用于大中型水利水电工程的地基处理与基础工程的单元工程施工质量验收评定。小型水利水电工程可参照执行。

（4）《水利水电工程单元工程施工质量验收评定标准——堤防工程》（SL 634—2012），以下简称《评定标准（四）》，替代 SL 239—1999，适用于1级、2级、3级堤防工程的单元工程施工质量验收评定，4级、5级堤防工程可参照执行。

（5）《水利水电工程单元工程施工质量验收评定标准——水工金属结构工程》（SL 635—2012），以下简称《评定标准（五）》，替代 SDJ 249.2—88，适用于大中型水利水电工程的水工金属结构单元工程安装质量验收评定。小型水利水电工程可参照执行。

（6）《水利水电工程单元工程施工质量验收评定标准——水轮发电机组安装工程》（SL 636—2012），以下简称《评定标准（六）》，替代 SDJ 249.3—88，适用于水利水电工程中符合下列条件之一的水轮发电机组安装工程的单元工程施工质量验收评定：单机容量 15MW 及以上；冲击式水轮机，转轮名义直径 1.5m 及以上；反击式水轮机中的混流式水轮机，转轮名义直径 2.0m 及以上；轴流式、斜流式、贯流式水轮机，转轮名义直径 3.0m 及以上。单机容量和水轮机转轮名义直径小于上述规定的机组也可参照执行。

（7）《水利水电工程单元工程施工质量验收评定标准——水力机械辅助设备系统安装工程》（SL 637—2012），以下简称《评定标准（七）》，替代 SDJ 249.4—88，适用于符合条件的水轮发电机组的水力机械辅助设备系统安装工程的单元工程施工质量验收评定。

（8）《水利水电工程单元工程施工质量验收评定标准——发电电气设备安装工程》（SL 638—2013），以下简称《评定标准（八）》，替代 SDJ 249.5—1998，适用于大中型水电站发电电气设备安装工程中，下列电气设备安装工程单元工程质量验收评定：额定电压为26kV及以下电压等级的发电电气一次设备安装工程；发电电气、升压变电电气二次设备安装工程；水电站通信系统安装工程。小型水电站同类设备安装工程的质量验收评定可参照执行。

（9）《水利水电工程单元工程施工质量验收评定标准——升压变电电气设备安装工程》（SL 639—2013），以下简称《评定标准（九）》，替代SDJ 249.6—88，本标准适用于大中型水电站升压变电电气设备安装工程中，下列电气设备安装工程单元工程的质量验收评定：额定电压为35～500kV的主变压器安装工程；额定电压为35～500kV的高压电气设备及装置安装工程。小型水电站同类设备安装工程的质量验收评定可参照执行。

2015年水利部颁布了《水利水电工程单元工程施工质量验收评定表及填表说明》（上、下册）（以下简称《质评表》），它不仅涵盖了《评定标准》（一）～（九）的所有内容及表格，还逐表编写了填表要求，便于广大水利水电工程技术人员更好地理解评定标准和实际工作中使用，进一步规范单元工程施工质量验收评定工作。

《质评表》为通用表式，在工程项目中，如有《评定标准》（一）～（九）中未涉及的单元工程，参建单位可根据设计要求和设备生产厂商的技术说明书，制定相应的施工、安装质量验收评定标准，并按照《质评表》中的统一格式（表头、表身、表尾）制定相应质量验收评定、质量检查表格，报相应的质量监督机构核备。永久性房屋、专用公路、铁路等非水利工程建设项目的施工质量验收评定按相关行业标准执行。《水利水电工程施工质量检验与评定规程》（SL 176—2007）的适用范围，限于大中型水利水电工程、小型水利水电工程可参照执行。

水利水电建设工程施工质量的质量检验和评定标准的法规体系已基本形成，为加强水利水电工程施工质量管理，搞好工程质量控制，提高工程质量奠定了良好的基础。

（二）其他相关技术文件和标准

（1）经批准的设计文件、施工图纸、金属结构设计图样与技术条件、设计修改通知书、设备供应单位提供的设备安装说明书及有关技术文件。

（2）工程合同文件中采用的技术标准。

（3）工程试运行期的试验及观测分析成果。

二、项目划分

一项水利水电工程的建成，由施工准备工作开始到竣工交付使用，要经过若干工序、若干工种的配合施工。而工程质量的形成不仅取决于原材料、配件、产品的质量，同时也取决于各工种、工序的作业质量。因此，为了实现对工程全方位、全过程的质量控制和检验评定，按照工程的形成过程，考虑设计布局、施工布置等因素，将水利水电工程依次划为单位工程、分部工程和单元（工序）工程。单元（工序）工程是进行日常考核和质量评定的基本单位。水利水电工程项目划分应结合工程结构特点、施工部署及施工合同要求进行，划分结果应有利于保证施工质量以及施工质量管理，见附录一。

（一）项目划分程序

（1）由项目法人组织监理、设计及施工等单位进行工程项目划分，并确定主要单位工程、主要分部工程、重要隐蔽单元工程和关键部位单元工程。项目法人在主体工程开工前将项目划分表及说明书面报相应工程质量监督机构确认。

（2）工程质量监督机构收到项目划分书面报告后，应在 14 个工作日内对项目划分进行确认并将确认结果书面通知项目法人。

（3）工程实施过程中，需对单元工程、主要分部工程、重要隐蔽单元工程和关键部位单元工程的项目划分进行调整时，项目法人应重新报送工程质量监督机构确认。

（二）单位工程划分

单位工程，指具有独立发挥作用或独立施工条件的建筑物。单位工程通常可以是一项独立的工程，也可以是独立工程的一部分，一般按设计及施工部署划分，一般应遵循以下原则：

（1）枢纽工程一般以每座独立的建筑物为一个单位工程。当工程规模大时，也可将一个建筑物中具有独立施工条件的一部分划为一个单位工程。

（2）堤防工程按招标标段或工程结构划分单位工程。规模较大的交叉联结建筑物及管理设施以每座独立的建筑物为一个单位工程，如堤身工程、堤岸防护工程等。

（3）引水（渠道）工程按招标标段或工程结构划分单位工程，大、中型引水（渠道）建筑物以每座独立的建筑物为一个单位工程。大型渠道建筑物也可以每座独立的建筑物为一个单位工程，如进水闸、分水闸、隧洞。

（4）除险加固工程，按招标标段或加固内容，并结合工程量划分单位工程。

（三）分部工程划分

分部工程指在一个建筑物内能组合发挥一种功能的建筑安装工程，是组成单位工程的部分。对单位工程安全、功能或效益起决定性作用的分部工程称为主要分部工程。

分部工程的划分应遵循以下原则：

（1）枢纽工程。土建部分按设计的主要组成部分划分；金属结构及启闭机安装工程和机电设备安装工程按组合功能划分。

（2）堤防工程，按长度或功能划分。

（3）引水（渠道）工程中的河（渠）道按施工部署或长度划分。大、中型建筑物按工程结构主要组成部分划分。

（4）除险加固工程，按加固内容或部位划分。

（5）同一单位工程中，同类型的各个分部工程的工程量（或投资）不宜相差太大，每个单位工程中的分部工程数目，不宜少于五个。

（四）单元工程划分

单元工程是在分部工程中由几个工序（或工种）施工完成的最小综合体，是日常考核工程质量的基本单位。单元工程按《水利水电工程单元工程施工质量验收评定标准》（以下简称《评定标准》）规定进行划分。

水利水电工程中的单元工程一般划分为：划分工序的单元工程、不分工序的单元工程。如：钢筋混凝土单元工程可以分为基础面或施工缝处理、模板制作及安装、钢筋制作及安装、预埋件（止水、伸缩缝等）制作及安装、混凝土浇筑（含养护、脱模）、外观质量检查六个工序；岩石洞室开挖单元工程只有一个工序，分为光面爆破和预裂爆破效果、洞、井轴线、不良地质处理、爆破控制、洞室壁面清撬、岩石壁面局部超、欠挖及平整度检查等几个检查项目。

水利水电工程单元工程是依据设计结构、施工部署或质量考核要求，把建筑物划分为若干个层、块、段来确定单元工程。如：

（1）岩石岸坡开挖工程。按设计或施工检查验收的区、段划分，每一个区、段为一个单元工程。

（2）岩石地基开挖工程。按施工检查验收的区、段划分，每一个区、段为一个单元工程。

（3）岩石洞室开挖工程。平洞开挖工程以施工检查验收的区、段或混凝土衬砌的设计分缝确定的块划分，每一个检查验收的区、段或一个浇筑块为一个单元工程；竖井（斜井）开挖工程以施工检查验收段每5～15m划分为一个单元工程。

（4）土方开挖工程。按设计结构或施工检查验收区、段划分，每一区、段为一个单元工程。

（5）混凝土工程。按混凝土浇筑仓号或一次检查验收范围划分。对混凝土浇筑仓号，按每一仓号为一个单元工程；对排架、梁、板、柱等构件，按一次检查验收的范围分为一个单元工程。

（6）钢筋混凝土预制构件安装工程。按每一次检查验收的根、组、批划分，或按安装的桩号、高程划分，每一根、组、批或某桩号、高程之间的预制构件安装划分为一个单元工程。

（7）混凝土坝坝体接缝灌浆工程。按设计或施工确定的灌浆区、段划分，每一灌浆区、段为一个单元工程。

（8）岩石地基水泥灌浆工程。帷幕灌浆以一个坝段（块）或相邻的10～20个孔为一单元工程，对于3排以上帷幕，沿轴线相邻不超过30个孔划分为一个单元工程；固结灌浆按混凝土浇筑块、段划分，每一块、段的固结灌浆为一个单元工程。

（9）地基排水工程。按排水工程施工质量检查验收的区、段划分，每一区、段为一个单元工程。

（10）锚喷支护工程。按每一施工区、段划分，每一区、段为一个单元工程。

（11）振冲法地基加固工程。按一个独立基础、一个坝段或不同要求地基区、段划分为一个单元工程。按不同要求地基区、段划分时，如面积太大、单元内桩数较多，可根据实际情况划分为几个单元工程。

（12）混凝土防渗墙工程。按每一槽孔为一个单元工程。

（13）钻孔灌注桩基础工程。按柱（墩）基础划分，每一柱（墩）下的灌注桩基础为一个单元工程。

（14）河道疏浚工程。按设计或施工控制质量要求的段划分，每一疏浚河段为一个单元工程。当设计无特殊要求时，河道疏浚施工按200～500m疏浚段划分为一个单元工程。

（15）堤防工程。对不同的堤防工程按不同的原则划分单元工程。如：土方填筑按层、段划分。新堤填筑按施工段 100～500m 划分为一个单元工程；老堤加培按工程量 500～2000m³ 划分为一个单元工程；吹填工程按围堰区段（仓）划分或按堤轴线施工段长 100～500m 划分为一个单元工程；防护工程按施工段划分，每 60～80m 或每个丁坝、垛的护脚划分为一个单元工程等。

不要将单元工程与国标中的分项工程相混淆。国标中的分项工程完成后不一定形成工程实物量，或者形成未就位安装零部件及结构件，如模板分项工程、钢筋焊接、钢筋绑扎分项工程、钢结构件焊接制作分项工程等。

三、工程质量评定

质量评定时，应从低层到高层的顺序依次进行，这样可以从微观上按照施工工序和有关规定，在施工过程中把好质量关，由低层到高层逐级进行工程质量控制和质量检验。其评定的顺序是：单元工程、分部工程、单位工程、工程项目。

（一）工序施工质量验收评定

单元工程中的工序分为主要工序和一般工序。其划分原则及质量评定标准按《评定标准》（一）～（九）规定执行，工序施工质量评定分为合格和优良两个等级。

（1）工序。指按施工的先后顺序将单元工程划分成的若干个具体施工过程或施工步骤。对单元工程质量影响较大的工序称为主要工序。

（2）主控项目。指对单元工程功能起决定性作用或对工程安全、卫生、环境保护有重大影响的检验项目。

（3）一般项目。指除主控项目以外的检验项目。

（二）单元工程质量评定标准

单元工程质量分为合格和优良两个等级。

单元工程质量等级标准是进行工程质量等级评定的基本尺度。由于工程类别不一样，单元工程质量评定标准的内容、合格率标准等也不一样。单元（工序）工程施工质量合格标准应按照《评定标准》（一）～（九）或合同约定的合格标准执行。当达不到合格标准时，应及时处理，处理后的质量等级按以列规定重新确定。

（1）全部返工重做的，可重新评定质量等级。

（2）经加固补强并经设计和监理单位鉴定能达到设计要求，其质量评为合格。

（3）处理后的工程部分质量指标仍达不到设计要求时，经设计复核，项目法人及监理单位确认能满足安全和使用功能要求，可不再进行处理；或经加固补强后，改变了外形尺寸或造成工程永久性缺陷的，经项目法人、监理及设计单位确认能基本满足设计要求，其质量可定为合格，但应按规定进行质量缺陷备案。

（三）分部工程质量评定等级标准

（1）分部工程施工质量同时满足下列标准时，其质量评为合格。

1）所含单元工程的质量全部合格。质量事故及质量缺陷已按要求处理，并经检验合格。

2）原材料、中间产品及混凝土（砂浆）试件质量全部合格，金属结构及启闭机制造质量合格，机电产品质量合格。

（2）分部工程施工质量同时满足下列标准时，其质量评为优良。

1）所含单元工程质量全部合格，其中 70% 以上达到优良，重要隐蔽单元工程和关键部位单元工程质量优良率达 90% 以上，且未发生过质量事故。

2）中间产品质量全部合格，混凝土（砂浆）试件质量达到优良（当试件组数小于 30 时，试件质量合格）。原材料质量、金属结构及启闭机制造质量合格，机电产品质量合格。

重要隐蔽单元工程：指主要建筑物的地基开挖、地下洞室开挖、地基防渗、加固处理和排水等重要隐蔽工程中，对工程安全或功能有严重影响的单元工程。

关键部位单元工程：指对工程安全性、或效益、或功能有显著影响的单元工程。

中间产品：指工程施工中使用的砂石骨料、石料、混凝土拌和物、砂浆拌和物、混凝土预制构件等土建类工程的成品及半成品。

（四）水利水电工程项目优良率的计算

1. 单元工程优良率

$$单元工程优良率 = \frac{单元工程优良个数}{单元工程总数} \times 100\%$$

2. 分部工程优良率

$$分部工程优良率 = \frac{分部工程优良个数}{分部工程总数} \times 100\%$$

3. 单位工程优良率

$$单位工程优良率 = \frac{单位工程优良个数}{单位工程总数} \times 100\%$$

（五）单位工程质量评定标准

（1）单位工程施工质量同时满足下列标准时，其质量评为合格。

1）所含分部工程质量全部合格。

2）质量事故已按要求进行处理。

3）工程外观质量得分率达到 70% 以上。

4）单位工程施工质量检验与评定资料基本齐全。

5）工程施工期及试运行期，单位工程观测资料分析结果符合国家和行业技术标准以及合同约定的标准要求。

（2）单位工程施工质量同时满足下列标准时，其质量评为优良。

1）所含分部工程质量全部合格，其中 70% 以上达到优良等级，主要分部工程质量全部优良，且施工中未发生过较大质量事故。

2）质量事故已按要求进行处理。

3）外观质量得分率达到 85% 以上。

4）单位工程施工质量检验与评定资料齐全。

5）工程施工期及试运行期，单位工程观测资料分析结果符合国家和行业技术标准以及合同约定的标准要求。

主要分部工程：对单位工程安全性、使用功能或效益起决定性的作用的分部工程称为主要分部工程。

（六）单位工程外观质量评定

外观质量是通过检查和必要的量测所反映的工程外表质量。

水利水电工程外观质量评定办法，按工程类型分为枢纽工程、堤防工程、引水（渠道）工程、其他工程四类。

项目法人应在主体工程开工初期，组织监理、设计、施工等单位，根据工程特点（工程等级及使用情况）和相关技术标准，提出表4-1所列各项目的质量标准，报工程质量监督机构确认。

单位工程完工后，项目法人应组织监理、设计、施工及工程运行管理等单位组成工程外观质量评定组，现场进行工程外观质量检验评定，并将评定结论报工程质量监督机构核备。参加工程外观质量评定的人员应具有工程师以上技术职称或相应执业资格。评定组人数应不少于5人，大型工程不宜少于7人。

工程外观质量评定结果由项目法人报工程质量监督机构核备。

水工建筑物单位工程外观质量评定见表4-1。评定程序如下：

表4-1　　　　　　　　　水工建筑物单位工程外观质量评定表

单位工程名称				施工单位			
主要工程量				评定日期		年　月　日	
项次	项　　目	标准分/分	评定得分/分				备注
			一级 100%	二级 90%	三级 70%	四级 0	
1	建筑物外部尺寸	12					
2	轮廓线	10					
3	表面平整度	10					
4	立面垂直度	10					
5	大角方正	5					
6	曲面与平面联结	9					
7	扭面与平面联结	9					
8	马道及排水沟	3（4）					
9	梯步	2（3）					
10	栏杆	2（3）					
11	扶梯	2					
12	闸坝灯饰	2					
13	混凝土表面缺陷情况	10					
14	表面钢筋割除	2（4）					

续表

单位工程名称				施工单位			
主要工程量				评定日期	年 月 日		

项次	项 目		标准分 /分	评定得分/分				备注
				一级 100%	二级 90%	三级 70%	四级 0	
15	砌体 勾缝	宽度均匀、平整	4					
16		竖、横缝平直	4					
17	浆砌卵石露头情况		8					
18	变形缝		3（4）					
19	启闭平台梁、柱、排架		5					
20	建筑物表面		10					
21	升压变电工程围墙（栏栅）、杆、架、塔、柱		5					
22	水工金属结构外表面		6（7）					
23	电站盘柜		7					
24	电缆线路敷设		4（5）					
25	电站油气、水、管路		3（4）					
26	厂区道路及排水沟		4					
27	厂区绿化		8					
合 计				应得___分，实得___分，得分率___%				

	单 位	单位名称	职 称	签 名
外观质量评定组成员	项目法人			
	监 理			
	设 计			
	施 工			
	运行管理			

工程质量监督机构	核定意见： 核定人：（签名）加盖公章 年 月 日

注 量大时，标准分采用括号内数值。

（1）检查、检测项目经工程外观质量评定组全面检查后抽检 25%，且各项不少于 10 点。

（2）评定等级标准。测点中符合质量标准的点数占总测点数的百分率为 100%，评为一级。合格率为 90%～99.9% 时，评为二级。合格率 70%～89.9% 时，评为三级。合格率小于 70% 时，评为四级。每项评分得分按下式计算：

各项评定得分＝该项标准分×该项得分百分率

（3）检查项目（如表 4-1 中项次 6、7、12、17～27）由工程外观质量评定组根据现场检查结果共同讨论决定其质量等级。

（4）外观质量评定表由工程外观质量评定组根据现场检查、检测结果填写。

（5）表尾由各单位参加工程外观质量评定的人员签名（施工单位 1 人，如本工程由分包单位施工，则由总包单位、分包单位各派 1 人参加；项目法人、监理机构、设计各派 1～2 人；工程运行管理单位 1 人）。

（七）工程项目质量评定标准

（1）工程项目施工质量同时满足以下标准时，其质量评为合格。

1）单位工程质量全部合格。

2）工程施工期及试运行期，各单位工程观测资料分析结果均符合国家和行业技术标准以及合同约定的标准要求。

（2）工程项目施工质量同时满足下列标准时，其质量评为优良。

1）单位工程质量全部合格，其中 70% 以上单位工程质量达到优良等级，且主要单位工程质量全部优良。

2）工程施工期及试运行期，各单位工程观测资料分析结果均符合国家和行业技术标准以及合同约定的标准要求。

（八）质量评定工作的组织与管理

（1）单元（工序）工程质量在施工单位自评合格后，报监理单位复核，由监理工程师核定质量等级并签证认可。

（2）重要隐蔽单元工程及关键部位单元工程质量经施工单位自评合格、监理单位抽检后，由项目法人（或委托监理）、监理、设计、施工、工程运行管理（施工阶段已经有时）等单位组成联合小组，共同检查核定其质量等级并填写签证表，报工程质量监督机构核备。

（3）分部工程质量，在施工单位自评合格后，由监理单位复核，项目法人认定。分部工程验收的质量结论由项目法人报工程质量监督机构核备。大型枢纽工程主要建筑物的分部工程验收的质量结论由项目法人报工程质量监督机构核备。

（4）单位工程质量，在施工单位自评合格后，由监理单位复核，项目法人认定。单位工程验收的质量结论由项目法人报工程质量监督机构核备。

（5）工程项目质量，在单位工程质量评定合格后，由监理单位进行统计并评定工程项目质量等级，经项目法人认定后，报工程质量监督机构核备。

（6）阶段验收前，工程质量监督机构应提交工程质量评价意见。

（7）工程质量监督机构应按有关规定在工程竣工验收前提交工程质量监督报告，工程质量监督报告应有工程质量是否合格的明确结论。

四、混凝土强度的检验评定

（一）普通混凝土试块试验数据统计方法

（1）同一标号（或强度等级）混凝土试块 28 天龄期抗压强度的组数 $n \geqslant 30$ 时，应符合表 4-2 的要求。

表 4-2   混凝土试块 28 天龄期抗压强度质量标准

项　　目		质　量　标　准	
		优　良	合　格
任何一组试块抗压强度最低不得低于设计值的百分数/%		90	85
无筋（或少筋）混凝土强度保证率/%		85	80
配筋混凝土强度保证率/%		95	90
混凝土抗压强度的离差系数	$<20MPa$	<0.18	<0.22
	$\geqslant20MPa$	<0.14	<0.18

（2）同一标号（或强度等级）混凝土试块 28 天龄期抗压强度的组数 $30>n\geqslant5$ 时，混凝土试块强度应同时满足下列要求：

$$R_n-0.7S_n>R_标 \tag{4-1}$$

$$R_n-1.60S_n\geqslant0.83R_标（当 R_标\geqslant20） \tag{4-2}$$

$$或 \geqslant0.80R_标（当 R_标<20） \tag{4-3}$$

其中

$$S_n=\sqrt{\frac{\sum_{i=1}^{n}(R_i-R_n)^2}{n-1}}$$

式中　S_n——n 组试件强度的标准差，MPa。当统计得到的 $S_n<2.0$（或 1.5）MPa 时，应取 $S_n=2.0$MPa（$R_标\geqslant20$MPa）；$S_n=1.5$MPa（$R_标<20$MPa）；

R_n——n 组试件强度的平均值，MPa；

R_i——单组试件强度，MPa；

$R_标$——设计 28 天龄期抗压强度值，MPa；

n——样本容量。

混凝土抗压强度的离差系数计算：

$$C_v=\frac{S_n}{R_n} \tag{4-4}$$

式中　C_v——混凝土抗压强度的离差系数；

S_n——混凝土强度的标准差；

R_n——统计周期内 n 组试件强度的平均值。

（3）同一标号（或强度等级）混凝土试块 28 天龄期抗压强度的组数 $5>n\geqslant2$ 时，混凝土试块强度应同时满足下列要求：

$$\overline{R_n}\geqslant1.15R_标 \tag{4-5}$$

$$R_{min}\geqslant0.95R_标 \tag{4-6}$$

式中　$\overline{R_n}$——n 组试块强度的平均值，MPa；

$R_标$——设计 28 天龄期抗压强度值，MPa；

R_{min}——n 组试块中强度最小一组的值，MPa。

（4）同一标号（或强度等级）混凝土试块 28 天龄期抗压强度的组数只有一组时，混凝土试块强度应满足下式要求：

$$R \geqslant 1.15R_标 \qquad\qquad (4-7)$$

式中　R——试块强度实测值，MPa；

　　　$R_标$——设计 28 天龄期抗压强度值，MPa。

（二）砂浆、砌筑用混凝土强度检验评定标准

（1）同一标号（或强度等级）试块组数 $n \geqslant 30$ 组时，28 天龄期的试块抗压强度应同时满足以下标准：

1）强度保证率不小于 80%。

2）任意一组试块强度不低于设计强度的 85%。

3）设计 28 天龄期抗压强度小于 20.0MPa 时，试块抗压强度的离差系数不大于 0.22；设计 28 天龄期抗压强度大于或等于 20.0MPa 时，试块抗压强度的离差系数小于 0.18。

（2）同一标号（或强度等级）试块组数 $n < 30$ 组时，28 天龄期的试块抗压强度应同时满足以下标准：

1）各组试块的平均强度不低于设计强度。

2）任意一组试块强度不低于设计强度的 80%。

（三）混凝土（砂浆）试块强度评定表

混凝土试块强度、砂浆与砌筑用混凝土试块强度评定，见表 4-3 和表 4-4。

表 4-3　　　　　　　　　　　混凝土试块强度评定表

单位工程名称		水闸工程	分部工程名称		闸室段
施工单位		×××水电公司	施工日期		×年×月×日—×年×月×日
项次		检验项目	质量标准		统计结果	评定情况
			合格	优良		
1		抗压强度保证率/%	无筋（或少筋）混凝土	$P \geqslant 80$	$P \geqslant 85$	—	优良
2			配筋混凝土	$P \geqslant 90$	$P \geqslant 95$	100%	
3	$n > 30$	混凝土强度最低值/MPa	$\leqslant$C20	$\geqslant$0.85 设计龄期强度标准值		—	优良
4			>C20	$\geqslant$0.90 设计龄期强度标准值		100%	
5		抗压强度标准差/MPa（设计 30MPa）	$\leqslant$C20	$\leqslant$4.5	$\leqslant$3.5	—	优良
6			C20~C35	$\leqslant$5.0	$\leqslant$4.0	0.46	
7			>C35	$\leqslant$5.5	$\leqslant$4.5		
8		设计龄期抗冻性合格率/%		80	100	100%	优良
9		设计龄期抗渗性		满足设计要求（W6）		检验 3 组，抗渗性均大于 0.6MPa	优良

续表

单位工程名称		水闸工程	分部工程名称		闸室段
施工单位		×××水电公司	施工日期		×年×月×日—×年×月×日
项次		检验项目	质量标准		统计结果	评定情况
			合格	优良		

项次		检验项目	质量标准		统计结果	评定情况
			合格	优良		
10		设计龄期抗拉强度/MPa（30MPa）	满足设计要求		试块最低强度33MPa；满足设计要求	优良
11	30>n≥5	试块强度同时满足/MPa	$R_n-0.7S_n>R_标$（$R_标=25$MPa）		29.5	合格
12			$R_n-1.60S_n≥0.83R_标$（当$R_标≥20$）		26.3	
13			$R_n-1.60S_n≥0.80R_标$（当$R_标<20$）		—	
14	5>n≥2	试块强度/MPa	$R_n≥1.15R_标$		—	—
			$R_{min}≥0.95R_标$		—	
15	n=1	试块强度/MPa	$R≥1.15R_标$		—	

施工单位自评意见	报验资料情况：齐全、准确、清晰。 自评结果：优良 评定人：×××（质检员） 项目质量（技术）负责人：××× （加盖公章） ×年×月×日
监理单位复核意见	平行检验结果及备查资料名称、编号：（混凝土试块检测报告编号） 复核结论：优良 监理工程师：××× （加盖公章） ×年×月×日

注　R_n 为 n 组试件强度的平均值；S_n 为 n 组试件强度的标准差；$R_标$ 为设计龄期抗压强度值；R_{min} 为 n 组试件中强度最小的一组值。

表 4-4　　　　　　　　砂浆与砌筑用混凝土试块强度评定表

单位工程名称		水闸工程		分部工程名称	上游连接段
施工单位		×××水电公司		施工日期	×年×月×日—×年×月×日
项次		检验项目	质量标准（合格）	统计结果	评定情况
1		强度保证率	≥80%	98.7%	合格
2		任意一组试块强度/MPa	≥85%	90.0%	
3	n≥30	离差系数	抗压强度<20.0MPa　≤0.22	0.17	
			抗压强度≥20.0MPa　<0.18	—	

续表

单位工程名称	水闸工程		分部工程名称	上游连接段
施工单位	×××水电公司		施工日期	×年×月×日—×年×月×日
项次	检验项目	质量标准（合格）	统计结果	评定情况
4	$n<30$ 试块强度 /MPa	平均强度不低于设计强度	—	—
		任意一组试块强度 不低于设计强度的80%	—	
施工单位 自评意见	报验资料情况：齐全、准确、清晰。 自评结果：合格 评定人：×××（质检员） 项目质量（技术）负责人：××× （加盖公章） ×年×月×日			
监理单位 复核意见	平行检验结果及备查资料名称、编号：（砂浆试块检测报告标号） 复核结论：合格 监理工程师：××× （加盖公章） ×年×月×日			

第二节 工 程 验 收

一、工程验收意义和依据

工程验收是工程建设进入到某一阶段的程序，借以全面考核该阶段工程是否符合批准的设计文件要求，以确定工程能否继续进入到下一阶段施工或投入运行，并履行相关的签证和交接验收手续。

水利工程建设项目验收的依据是：国家有关法律、法规、规章和技术标准；有关主管部门的规定；经批准的工程立项文件、初步设计文件、调整概算文件；经批准的设计文件及相应的工程变更文件；施工图纸及主要设备技术说明书等。法人验收还应当以施工合同为验收依据。

通过对工程验收工作可以检查工程是否按照批准的设计进行建设；检查已完工程在设计、施工、设备制造安装等方面的质量，并对验收遗留问题提出处理要求；检查工程投资控制和资金使用情况；检查工程是否具备运行或进行下一阶段建设的条件；总结工程建设中的经验教训，并对工程做出评价；及时移交工程，尽早发挥投资效益。

二、工程验收

为加强水利工程建设项目验收管理，明确验收责任，规范验收行为，结合水利工程建设项目的特点，水利部于 2006 年 12 月 18 日颁布《水利工程建设项目验收管理规定》（2006 年水利部令第 30 号），并于 2007 年 4 月 1 号起施行，为适应水利工程验收的工作，水利部对《水利工程建设项目验收管理规定》进行了三次修订（2014 年 8 月 19 日水利部令第 46 号、2016 年 8 月 1 日水利部令第 48 号及 2017 年 12 月 22 日水利部令第 49 号）。

为加强水利水电建设工程验收管理，使水利水电建设工程验收制度化、规范化，保证工程验收质量，水利部于 2008 年 3 月 3 日发布《水利水电建设工程验收规程》（SL 223—2008），自 2008 年 6 月 3 日实施。该规程适用于由中央、地方财政全部投资或部分投资建设的大中型水利水电建设工程（含 1 级、2 级、3 级堤防工程）的验收，其他水利水电建设工程的验收可参照执行。

水利工程建设项目验收，按验收主持单位性质不同分为法人验收和政府验收两类。法人验收是指在项目建设过程中由项目法人组织进行的验收。法人验收是政府验收的基础。政府验收是指由有关人民政府、水行政主管部门或者其他有关部门组织进行的验收，包括专项验收、阶段验收和竣工验收。

（一）项目法人验收

工程建设完成分部工程、单位工程、单项合同工程，或者中间机组启动前，应当组织法人验收。项目法人可以根据工程建设的需要增设法人验收的环节。

（1）项目法人应当自工程开工之日起 60 个工作日内，制定法人验收工作计划，报法人验收监督管理机关和竣工验收主持单位备案。

（2）施工单位在完成相应工程后，应当向项目法人提出验收申请。项目法人经检查认为建设项目具备相应的验收条件的，应当及时组织验收。

（3）法人验收由项目法人主持。验收工作组由项目法人、设计、施工、监理等单位的代表组成；必要时可以邀请工程运行管理单位等参建单位以外的代表及专家参加。项目法人可以委托监理单位主持分部工程验收，有关委托权限应当在监理合同或者委托书中明确。

（4）分部工程具备验收条件时，施工单位应向项目法人提交验收申请报告，项目法人应在验收申请报告之日起 10 个工作日内决定是否同意进行验收。分部工程验收通过后，项目法人向施工单位发送分部工程验收鉴定书。施工单位应及时完成分部工程验收鉴定书载明应由施工单位处理的遗留问题。

（5）单位工程完工并具备验收条件时，施工单位应向项目法人提出验收申请报告。项目法人应在收到验收申请报告之日起 10 个工作日内决定是否同意进行验收。项目法人组织单位工程验收时，应提前通知质量和安全监督机构。主要建筑物单位工程验收应通知法人验收监督管理机关。法人验收监督管理机关可视情况决定是否列席验收会议，质量和安全监督机构应派员列席验收会议。单位工程验收通过后，项目法人向施工单位发送单位工程验收鉴定书。施工单位应及时完成单位工程验收鉴定书载明应由施工单位处理的遗留问题。需提前投入使用的单位工程在专用合同条款中明确。单位工程投入使用验收和单项合同工程完工验收通过后，项目法人应当与施工单位办理工程的有关交接手续。

（6）合同工程具备验收条件时，施工单位应向项目法人提出验收申请报告。项目法人应在收到验收申请报告之日起 20 个工作日内决定是否同意进行验收。合同工程完工验收通过后，项目法人向施工单位发送合同工程完工验收鉴定书。施工单位应及时完成合同工程完工验收鉴定书载明应由施工单位处理的遗留问题。

合同工程完工验收通过后，项目法人应当与施工单位办理工程的有关交接工作。工程缺陷责任期从通过单项合同工程完工验收之日算起，缺陷责任期限按合同约定执行。

项目法人应当自法人验收通过之日起 30 个工作日内，制作法人验收鉴定书，发送参加验收单位并报送法人验收监督管理机关备案。

（二）政府验收

1. 验收主持单位

（1）阶段验收、竣工验收由竣工验收主持单位主持。竣工验收主持单位可以根据工作需要委托其他单位主持阶段验收。专项验收依照国家有关规定执行。

（2）国家重点水利工程建设项目，竣工验收主持单位依照国家有关规定确定。

除前款规定以外，在国家确定的重要江河、湖泊建设的流域控制性工程、流域重大骨干工程建设项目，竣工验收主持单位为水利部。

除前两款规定以外的其他水利工程建设项目，竣工验收主持单位按照以下原则确定：

1）水利部或者流域管理机构负责初步设计审批的中央项目，竣工验收主持单位为水利部或者流域管理机构。

2）水利部负责初步设计审批的地方项目，以中央投资为主的，竣工验收主持单位为水利部或者流域管理机构；以地方投资为主的，竣工验收主持单位为省级人民政府（或者其委托的单位）或者省级人民政府水行政主管部门（或者其委托的单位）。

3）地方负责初步设计审批的项目，竣工验收主持单位为省级人民政府水行政主管部门（或者其委托的单位）。

竣工验收主持单位为水利部或者流域管理机构的，可以根据工程实际情况，会同省级人民政府或者有关部门共同主持。

竣工验收主持单位应当在工程初步设计的批准文件中明确。

2. 专项验收

枢纽工程导（截）流、水库下闸蓄水等阶段验收前，涉及移民安置的，应当完成相应的移民安置专项验收。

工程竣工验收前，应当按照国家有关规定，进行环境保护、水土保持、移民安置以及工程档案等专项验收。经有关部门同意，专项验收可以与竣工验收一并进行。

专项验收主持单位依照国家有关规定执行。

项目法人应当自收到专项验收成果文件之日起 10 个工作日内，将专项验收成果文件报送竣工验收主持单位备案。专项验收成果文件是阶段验收或者竣工验收成果文件的组成部分。

3. 阶段验收

工程建设进入枢纽工程导（截）流、水库下闸蓄水、引（调）排水工程通水、首（末）台机组启动等关键阶段，应当组织进行阶段验收。

竣工验收主持单位根据工程建设的实际需要，可以增设阶段验收的环节。

阶段验收的验收委员会由验收主持单位、该项目的质量监督机构和安全监督机构、运行管理单位的代表以及有关专家组成；必要时，应当邀请项目所在地的地方人民政府以及有关部门参加。工程参建单位是被验收单位，应当派代表参加阶段验收工作。

大型水利工程在进行阶段验收前，可以根据需要进行技术预验收，有关竣工技术预验收的规定进行；水库下闸蓄水验收前，项目法人应当按照有关规定完成蓄水安全鉴定。

验收主持单位应当自阶段验收通过之日起 30 个工作日内，制作阶段验收鉴定书，发送参加验收的单位并报送竣工验收主持单位备案。阶段验收鉴定书是竣工验收的备查资料。

4. 竣工验收

竣工验收应当在工程建设项目全部完成并满足一定运行条件后 1 年内进行。不能按期进行竣工验收的，经竣工验收主持单位同意，可以适当延长期限，但最长不得超过 6 个月。逾期仍不能进行竣工验收的，项目法人应当向竣工验收主持单位作出专题报告。

竣工财务决算应当由竣工验收主持单位组织审查和审计。竣工财务决算审计通过 15 日后，方可进行竣工验收。

工程具备竣工验收条件的，项目法人应当提出竣工验收申请，经法人验收监督管理机关审查后报竣工验收主持单位。竣工验收主持单位应当自收到竣工验收申请之日起 20 个工作日内决定是否同意进行竣工验收。

竣工验收原则上按照经批准的初步设计所确定的标准和内容进行。项目有总体初步设计又有单项工程初步设计的，原则上按照总体初步设计的标准和内容进行，也可以先进行单项工程竣工验收，最后按照总体初步设计进行总体竣工验收。项目有总体可行性研究但没有总体初步设计而有单项工程初步设计的，原则上按照单项工程初步设计的标准和内容进行竣工验收。建设周期长或者因故无法继续实施的项目，对已完成的部分工程可以按单项工程或者分期进行竣工验收。

竣工验收分为竣工技术预验收和竣工验收两个阶段。

大型水利工程在竣工技术预验收前，项目法人应当按照有关规定对工程建设情况进行竣工验收技术鉴定。中型水利工程在竣工技术预验收前，竣工验收主持单位可以根据需要决定是否进行竣工验收技术鉴定。

竣工技术预验收由竣工验收主持单位以及有关专家组成的技术预验收专家组负责。

工程参建单位的代表应当参加技术预验收，汇报并解答有关问题。

竣工验收的验收委员会由竣工验收主持单位、有关水行政主管部门和流域管理机构、有关地方人民政府和部门、该项目的质量监督机构和安全监督机构、工程运行管理单位的代表以及有关专家组成。工程投资方代表可以参加竣工验收委员会。

竣工验收主持单位可以根据竣工验收的需要，委托具有相应资质的工程质量检测机构对工程质量进行检测。所需费用由项目法人承担，但因施工单位原因造成质量不合格的除外。

项目法人全面负责竣工验收前的各项准备工作，设计、施工、监理等工程参建单位应当做好有关验收准备和配合工作，派代表出席竣工验收会议，负责解答验收委员会提出的问题，并作为被验收单位在竣工验收鉴定书上签字。

竣工验收主持单位应当自竣工验收通过之日起 30 个工作日内，制作竣工验收鉴定书，并发送有关单位。竣工验收鉴定书是项目法人完成工程建设任务的凭据。

5. 验收遗留问题处理与工程移交

项目法人和其他有关单位应当按照竣工验收鉴定书的要求妥善处理竣工验收遗留问题和完成尾工。验收遗留问题处理完毕和尾工完成并通过验收后，项目法人应当将处理情况和验收成果报送竣工验收主持单位。

项目法人与工程运行管理单位是不同的，工程通过竣工验收后，应当及时办理移交手续。工程移交后，项目法人以及其他参建单位应当按照法律法规的规定和合同约定，承担后续的相关质量责任。项目法人已经撤销的，由撤销该项目法人的部门承接相关的责任。

第三节　缺陷责任期质量控制

一、缺陷责任期

缺陷责任期除施工合同另有约定外，一般从工程通过合同工程完工验收之日起，或部分工程通过投入使用验收之日起开始计算，至有关规定或施工合同约定的缺陷责任终止的时段。

在合同工程完工验收前，已经发包人提前验收的单位工程或部分工程，若未投入使用，其缺陷责任期亦从工程通过合同工程完工验收后开始计算；若已投入使用，其缺陷责任期从通过单位工程或部分工程投入使用验收后开始计算。缺陷责任期的期限在专用合同条款中约定。同一合同中的不同项目可有多个不同的缺陷责任期。

由于承包人原因造成某项缺陷或损坏使某项工程或工程设备不能按原定目标使用而需要再次检查、检验和修复的，发包人有权要求承包人相应延长缺陷责任期，但缺陷责任期最长不超过 2 年。

二、缺陷责任期承包人的质量责任

（1）承包人应在缺陷责任期内对已交付使用的工程承担缺陷责任。

（2）缺陷责任期内，发包人对已接收使用的工程负责日常维护工作。发包人在使用过程中，发现已接收的工程存在新的缺陷或已修复的缺陷部位或部件又遭损坏的，承包人应负责修复，直至检验合格为止。

（3）监理机构和承包人应共同查清缺陷和（或）损坏的原因。经查明属承包人原因造成的，应由承包人承担修复和查验的费用。经查验属发包人原因造成的，发包人应承担修复和查验的费用，并支付承包人合理利润。

（4）承包人不能在合理时间内修复缺陷的，发包人可自行修复或委托其他人修复，所需费用和利润的承担，按第（3）项办理。

三、缺陷责任期的监理机构质量控制任务

（1）监理机构应监督承包人按计划完成尾工项目，协助发包人验收尾工项目，并按合同约定办理付款签证。

（2）监理机构应监督承包人对已完工程项目中所存在的施工质量缺陷进行修复。在承包人未能执行监理机构的指示或未能在合理时间内完成修复工作时，监理机构可建议发包人雇用他人完成施工质量缺陷修复工作，按合同约定确定责任及费用的分担。

（3）根据工程需要，监理机构在缺陷责任期可适时调整人员和设施，除保留必要的外，其他人员和设施应撤离，或按照合同约定将设施移交发包人。

四、缺陷责任期终止证书

缺陷责任期或缺陷责任期延长期满，承包人提出缺陷责任期终止申请后，监理机构在检查承包人已经按照施工合同约定完成全部其应完成的工作，且经检验合格后，应审核承包人提交的缺陷责任终止申请，满足合同约定条件的，提请发包人签发缺陷责任期终止证书。

缺陷责任期满后 30 个工作日内，发包人应向承包人颁发工程质量缺陷责任终止证书，并退还剩余的质量保证金，但缺陷责任范围内的质量缺陷未处理完成的应除外。

思 考 题

4-1 工程质量评定的依据有哪些？

4-2 单位工程项目划分的原则有哪些？分部工程的划分应遵循哪些原则？

4-3 单位工程质量评定合格标准和优良标准分别是什么？

4-4 工程验收的依据有哪些？进行工程验收的意义是什么？

4-5 进行完工验收的条件是什么？进行竣工验收的条件是什么？

4-6 缺陷责任期承包人的质量责任是什么？监理机构的质量责任有哪些？

第五章 工程质量检验

第一节 概　述

一、检验的含义

在 GB/T 19000—2016 中，检验的定义是：对符合规定要求的确定。在检验过程中，可以将"符合性"理解为满足要求。

由此可以看出，质量检验活动主要包括以下几个方面：

（1）明确并掌握对检验对象的质量要求。即明确并掌握产品的技术标准，明确检验的项目和指标要求；明确抽样方案，检验方法及检验程序；明确产品合格判定原则等。

（2）测试。即用规定的手段按规定的方法在规定的环境条件下，测试产品的质量特性值。

（3）比较。即将测试所得的结果与质量要求相比较，确定其是否符合质量要求。

（4）评价。根据比较的结果，对产品质量的合格与否作出评价。

（5）处理。出具检验报告，反馈质量信息，对产品进行处理。具体讲包括以下内容：

1）对合格的产品或产品批作出合格标记，填写检验报告，签发合格证，放行产品。

2）对不合格的产品或产品批填写检验报告与有关单据，说明质量问题，提出处理意见，并在产品上作出不合格标记，根据不合格品管理规定予以隔离。

3）将质量检验信息及时汇总分析，并反馈到有关部门，促使其改进质量。

施工过程中，施工单位是否按照设计图纸、技术操作规程、质量标准的要求实施，将直接影响到工程产品的质量。为此，监理单位必须进行各种必要的检验，避免出现工程缺陷和不合格品。

二、质量检验的目的和作用

（一）质量检验的目的

质量检验的目的主要包括两个方面：一是决定工程产品（或原材料）的质量特性是否符合规定的要求；二是判断工序是否正常。具体就施工阶段而言，质量检验的目的包括：

（1）判断工程产品、建筑原材料质量是否符合规定要求或设计标准。

（2）判定工序是否正常，测定工序能力，进而对工序实行质量控制。

（3）记录所取得的各种检验数据，以作为对检验对象评价和质量评定的依据。如通过对水电站水轮发电机组安装质量检验，得到检验数据，将其和质量评定等级标准比较，进而评定出机组安装质量的等级。

（4）评定质量检验人员（包括操作者自我检查）的工作准确性程度。

（5）对不符合质量要求的问题及时向施工单位提出，并研究补救和处理措施。

（6）通过质量检验可以督促施工单位提高质量，使之达到设计要求和既定标准。

（二）质量检验的作用

要保证和提高建设项目的施工质量，监理单位除了检查施工技术和组织措施外，还要采用质量检验的方法，来检查施工单位的工作质量。归纳起来，工程质量检验有以下作用：

（1）质量检验是保证工程质量的重要工作内容。只有通过质量检验，才能得到工程产品的质量特征值，才有可能和质量标准相比较，进而得到合格与否的判断。

（2）质量检验为工程质量控制提供了数据，而这些数据正是施工工序质量控制的依据。

（3）通过对进场器材、外协件及建筑材料实行全面的质量检验，可保证这些器材和原质量，从而促使施工单位使用合格的器材和建筑材料，避免因器材或建筑材料质量而导致建设项目质量事故的发生。

三、质量检验的必备条件

监理单位对施工单位实施有效的质量监理，是建立在开展质量检验基础上的。而进行质量检验，必须具备一定的条件，否则会导致检验工作质量低下（如误判、漏检等现象），致使对施工单位的质量控制成为一句空话。

监理单位质量检验必备的条件一般包括以下方面：

（1）要具有一定的检验技术力量。监理单位要根据工程实际需要，来配齐各类质量检验人员。在这些质量检验人员中，应配有一定比例的、具有一定理论水平和实践经验或经专业考核获取检验资格的骨干人员。

（2）要建立一套严密的科学管理制度。监理单位为保证有条不紊地对施工单位的施工质量进行检验，并保证质量检验工作的质量，以提供准确的质量信息，必须建立一套完整的管理制度。这些制度包括质量检验人员岗位责任制、检验工程质量责任制、检验人员技术考核和培训、检验设备管理制度、检验资料管理制度、检验报告编写及管理等。

（3）要求施工单位建立完善的质量检验制度和相应的机构。监理单位的质量检验，是在施工单位"三检"（初检、复检、终检）基础上进行的。施工单位质量检验的制度、机构、手段和条件，不具备、不完善或"三检"不严，会使施工单位自检的质量低下，相对地把施工单位自检的工作，转嫁到监理单位身上，增加监理单位质量监督的负担，最后使工程质量得不到保证。在施工单位"三检"制度不健全或质量不高的情况下，监理单位有权拒绝检查、验收和签证，直到"三检"工作符合要求为止。

（4）要配备符合标准并满足检验工作要求的检验手段。监理单位只有配备了符合标准并满足检验工作要求的检验手段，才能直接、准确地获得第一手资料，切切实实做到对工程质量心中有数，进行有效的质量控制。

检验手段包括除去感觉性检验以外的其他检验所需要的一切量具、测具、工具、无损检测设备、理化试验设备等，如土工试验仪器、压力机等。

（5）要有适宜的检验条件。监理单位质量检验工作的条件包括：

1）进行质量检验的工作条件，如试验室、场地、作业面和保证安全的手段等。

2）保证检验质量的技术条件，如照明、空气温度、湿度、防尘、防震等。

3）质量检验评价条件，主要是指合同中写明的、进行质量检验和评价所依据的技术标准，包括两类：第一类是现有的技术标准，如国标、部标及地方标准；第二类是目前尚无确定、需要自定的技术标准。对于第二类情况，监理单位可首先要求施工单位提出施工规范和检查验收标准，在报监理单位审批同意后，即作为实施的标准。当监理单位不熟悉这种技术标准的业务时，或对审批这种标准把握不大时，也可委托有关单位进行审查，或向有关单位或部门咨询后再审查。这类情况常见于新型水轮发电机组安装工程质量检验技术标准等。

四、质量检验计划

由于工程质量检验工作的分散性和复杂性，为了使检验人员明确工作内容、方法、评价标准和要求，以保证质量检验工作的顺利进行，监理工程师应制订质量检验计划，计划的内容包括以下几点：

（1）工程项目的名称（单位工程、分部工程）及检验的部位。

（2）检验项目名称，即检验哪些质量性能特征。

（3）检验方法，即是视觉检验、量测检验、无损检测，还是理化试验。

（4）检验依据。质量检验是依据技术标准、规程、合同、设计文件中的哪一款，或者是哪些具体评价标准。

（5）确定质量性能特征的重要性级别。

（6）检验程度。即是免检、抽检，还是全数检验。

（7）评价和判断合格与否的条件或标准。

（8）检验样本（样品）的抽样方法。

（9）检验程序，即检验工作开展的顺序或步骤。

（10）检验合格与否的处理意见。

（11）检验记录或检验报告的编号和格式。

五、质量检验种类

（一）按质量检验实施者分类

按质量检验的实施单位来分，质量检验可分为以下三种形式。

1. 项目法人/监理单位的质量检验

项目法人/监理单位的质量检验是项目法人/监理单位在工程施工过程中以及工程完工时所进行的检验。这种检验是站在项目法人的立场上，以满足合同要求为目的而进行的一种检验，它是对施工单位的施工活动及工程质量实行监督、控制的一种形式。

监理单位的质量检验人员应具有一定的工程理论知识和施工实践经验，熟悉有关标准、规定和合同要求，认真按技术标准进行检验，做出独立、公正的评价。

监理单位进行质量检验的主要任务包括以下几点：

（1）对工程质量进行检验，并记录检验数据。

（2）参与工程中所使用的新材料、新结构、新设备和新技术的检验和技术审定。

（3）对工程中所使用的重要材料进行检验和技术审定。

（4）参与质量事故的分析处理。

（5）校验施工单位所用的检验设备和其检验方法。

2. 第三方质量检验

第三方质量检验也称第三方质量监督检验。它是站在第三方公正立场，依据国家的技术标准、规程以及设计文件、质量监督条例等，对工程质量及有关各方实行的质量监督检验，是强制性执行技术标准，是确保工程质量，确保国家和人民利益，维护生命财产安全的重要手段。

3. 施工单位的质量检验

施工单位的质量检验是施工单位内部进行的质量检验，包括从原材料进货直至交工的全过程中的全部质量检验工作，它是项目法人/监理单位及政府第三方质量控制、监督检验的基础，是质量把关的关键。

施工单位在工程建设施工中必须健全质量保证体系，认真执行初检、复检和终检的施工质量"三检制"，在施工中对工程质量进行全过程的控制。初检是搞好施工质量的基础，每道工序完成后，应由班组质检员填写初检记录，班组长复核签字。一道工序由几个班组连续施工时，要做好班组交接记录，由完成该道工序的最后一个班填写初检记录。复检是考核、评定施工班组工作质量的依据，要努力工作提高一次检查合格率，由施工队的质检员与施工技术人员一起搞好复检工作，并填表写复检意见。终检是保证工程质量的关键，必须由专业监理工程师和施工单位的专职质检员进行终检，对分工序施工的单元工程，如果上一道工序未经终检或终检不合格，不得进行下一道工序的施工。

施工单位应建立检验制度，制定检验计划。质量检验用的检测器具应定期检定、校核；工地使用的衡器、量具也应定期检定、校准。对于从事关键工序操作和重要设备安装的工人，要经过严格的技术考核，达不到规定技术等级的不得顶岗操作。

通过严格执行上述有关施工单位施工质量自检的规定，以加强施工企业内部的质量保证体系，推行全面质量管理。

（二）按检验内容和方式分类

按质量检验的内容及方式，质量检验可分为以下五种。

1. 施工预先检验

施工预先检验是指工程在正式施工前所进行的质量检验。这种检验是防止工程发生差错、造成缺陷和不合格品出现的有力措施。例如，监理单位对原始基准点、基准线和参考标高的复核，对预埋件留设位置的检验；对预制构件安装中构件位置、型号、支承长度和标高的检验等。

2. 工序交接质量检验

工序交接质量检验主要指工序施工中或上道工序完工即将转入下道工序时所进行的质

量检验，它是对工程质量实行控制，进而确保工程质量的一种重要检验，只有做到一环扣一环，环环不放松，整个施工过程的质量就能得到有力的保障。一般说来，它的工作量最大。其主要作用为：评价施工单位的工序施工质量；防止质量问题积累或松懈；检验施工技术措施、工艺方案及其实施的正确性；为工序能力研究和质量控制提供数据。因此，监理单位应在施工单位内部自检、互检的基础上进行工序质量交接检验，坚持上道工序不合格就不能转入下道工序的原则。例如，在混凝土进行浇筑之前，要对模板的安装、钢筋的架立绑扎等进行检查。

3. 原材料、中间产品和工程设备质量确认检验

原材料、中间产品和工程设备质量确认检验是指监理单位根据合同规定及质量保证文件的要求，对所有用于工程项目的器材的可信性及合格性作出有根据的判断，从而决定其是否可以投用。原材料、中间产品和工程设备质量确认检验的主要目的是判定用于工程项目的原材料、中间产品和工程设备是否符合合同中规定的状态，同时，通过原材料、中间产品和工程设备质量确认检验，能及时发现施工单位质量检验工作中存在的问题，反馈质量信息。如对进场的原材料（砂、石、骨料、钢筋、水泥等）、中间产品（混凝土预制件、混凝土拌和物等）、工程设备（闸门、水轮机等）的质量检验。

4. 隐蔽工程验收检验

隐蔽工程验收检验是指将被其他工序施工所隐蔽的工序、分部工程，在隐蔽前所进行的验收检验。如基础施工前对地基质量的检验，混凝土浇筑前对钢筋、模板工程的质量检验，大型钢筋混凝土基础、结构浇筑前对钢筋、预埋件、预留孔、保护层、仓面清理情况的检验等。实践证明，坚持隐蔽工程验收检验，是防止质量隐患，确保工程质量的重要措施。隐蔽工程验收检验后，要办理隐蔽工程检验签证手续，列入工程档案。施工单位要认真处理监理单位在隐蔽工程检验中发现的问题。处理完毕后，还需经监理单位复核，并写明处理情况。未经检验或检验不合格的隐蔽工程，不能进行下道工序施工。

5. 完工验收检验

完工验收检验是指工程项目完工验收前对工程质量水平所进行的质量检验。它是对工程产品的整体性能进行全方位的一种检验。监理单位在施工单位检验合格的基础上，对所有有关施工的质量技术资料（特别是重点部位）进行核查，并进行有关方面的试验。完工验收检验是进行正式完工验收的前提条件。

（三）按工程质量检验深度分类

按工程质量检验工作深度分，可将质量检验分为全数检验、抽样检验和免检三类。

1. 全数检验

全数检验也称普遍检验，是对工程产品逐个、逐项或逐段的全面检验。在建设项目施工中，全数检验主要用于关键工序及隐蔽工程的验收。

关键工序及隐蔽工程施工质量的好坏，将直接关系到工程的质量，有时会直接关系到工程的使用功能及效益。因此项目法人（监理单位）有必要对隐蔽工程的关键工序进行全数检验。如在水库混凝土大坝的施工中，监理单位在每仓混凝土开仓之前，应对每一仓位进行质量检验，即进行全数检验。

当监理单位发现施工单位某一工种施工工序能力差，或是第一次（初次）施工较为重要的施工项目（或内容），不采取全数检验不能保证工程质量时，均要采取全数检验。

归纳起来，遇到下列情况应采取全数检验：

（1）质量十分不稳定的工序。

（2）质量性能指标对工程项目的安全性、可靠性起决定性作用的项目。

（3）质量水平要求高，对下道工序有较大影响的项目（包括原材料、中间产品和工程设备）等。

2. 抽样检验

在施工过程中进行质量检验，由于工程产品（或原材料）的数量相当大，人们不得不进行抽样检验，即从工程产品（或原材料）中抽取少量样品（即样组），进行仔细检验，借以判断工程产品或原材料批的质量情况。

常用在下列几种情况：

（1）检验是破坏性的，如对钢筋的试验。

（2）检验的对象是连续体，如对混凝土拌和物的检验等。

（3）质量检验对象数量多，如对砂、石骨料的检验。

（4）对工序进行质量检验。

3. 免检

免检是指对符合规定条件的产品，在其免检有效期内，免于国家、省（自治区、直辖市）、县（市）各级政府监管部门实施的常规性质量监督检查。企业要申请免检，除具备独立法人资格，能保证稳定生产以外，执行的产品质量自定标准还必须达到或严于国家标准、行业标准的要求，此外其产品必须在省以上质监部门监督抽查中连续三次合格等。

为保证质量，质监部门对免检企业和免检产品实行严格的后续监管。国家质检总局会不定期对免检产品进行国家监督抽查，出现不合格的督促企业整改；严重不合格的，撤销免检资格。在免检期，免检企业还必须每年提供产品检验报告。免检企业到期，需重新申请的，质检部门还要再次核查免检产品质量是否持续符合免检要求，对不符合的，不再给予免检资格。

六、水利工程质量检验有关规定

根据水利水电工程施工质量检验与验收相关规定，有关质量检验规定如下：

（1）承担工程检验业务的检测机构应具有水行政主管部门颁发的资质证书。其设备和人员的配备应与所承担的任务相适应，有健全的管理制度。

（2）工程施工质量检验中使用的计量器具、试验仪器仪表及设备应定期进行检定，并具备有效的检定证书。国家规定需强制检定的计量器具应经县级以上计量行政部门认定的计量检定机构或其授权设置的计量检定机构进行检定。

（3）检测人员应熟悉检测业务，了解被检测对象性质和所用仪器设备性能，经考核合格后，持证上岗。参与中间产品及混凝土（砂浆）试件质量资料复核的人员应具有工程师以上工程系列技术职称，并从事过相关试验工作。

（4）项目法人、监理、设计、施工和工程质量监督等单位根据工程建设需要，可委托具有相应资质等级的水利工程质量检测机构进行工程质量检测。施工单位自检性质的委托检测项目及数量，按水利水电工程施工质量验收标准及施工合同约定执行。对已建工程质量有重大分歧时，由项目法人委托第三方具有相应资质等级的质量检测机构进行检测，检测数量视需要确定，检测费用由责任方承担。

（5）对涉及工程结构安全的试块、试件及有关材料，应实行见证取样。见证取样资料由施工单位制备，记录应真实齐全，参与见证取样人员应在相关文件上签字。

（6）工程中出现检验不合格的项目时，按以下规定进行处理：

1）原材料、中间产品一次抽样检验不合格时，应及时对同一取样批次另取两倍数量进行检验，如仍不合格，则该批次原材料或中间产品应定为不合格，不得使用。

2）单元（工序）工程质量不合格时，应按合同要求进行处理或返工重作，并经重新检验且合格后方可进行后续工程施工。

3）混凝土（砂浆）试件抽样检验不合格时，应委托具有相应资质等级的质量检测单位对相应工程部位进行检验。如仍不合格，由项目法人组织有关单位进行研究，并提出处理意见。

（7）工程完工后的质量抽检不合格，或其他检验不合格的工程，应按有关规定进行处理，合格后才能进行验收或后续工程施工。

第二节　抽样检验原理

一、抽样检验的基本概念

（一）抽样检验的定义

质量检验按检验数量通常分为全数检验、抽样检验和免检。全数检验是对每一件产品都进行检验，以判断其是否合格。全数检验常用在非破坏性检验，批量小、检查费用少或稍有一点缺陷就会带来巨大损失的场合等。但对很多产品来讲，全数检验是不可能往往也是不必要的，在很多情况下常常采用抽样检验。

图 5-1　抽样检验原理

抽样检验是按数理统计的方法，抽样检验是利用从批或过程中随机抽取的样本，对批或过程的质量进行检验，见图 5-1。

（二）抽样检验的分类

抽样检验按照不同的方式进行分类，可以分成不同的类型。

1. **按统计抽样检验的目的分类**

按统计抽样检验的目的可分为预防性抽样检验、验收性抽样检验和监督抽样检验三种类型。

（1）预防性抽样检验。这种检验是在生产过程中，通过对产品进行检验，来判断生产过程是否稳定和正常。这种检验主要是为了预测、控制工序（过程）质量而进行的检验。

（2）验收性抽样检验。这种检验是从一批产品中随机的抽取部分产品（称为样本），检验后根据样本质量的好坏，来判断这批产品的好坏，从而决定接收还是拒收。

（3）监督抽样检验。第三方、政府主管部门、行业主管部门如质量技术监督局的检验，主要是为了监督各生产部门。

2. 按单位产品的质量特征分类

按单位产品的质量特征可分为计数抽样检验和计量抽样检验两种类型。

（1）计数抽样检验。所谓计数抽样检验，是指在判定一批产品是否合格时，只用到样本中不合格数目或缺陷数，而不管样本中各单位产品的特征测定值如何的检验判断方法。

1）计件：用来表达某些属性的件数，如不合格品数。

2）计点：一般适用产品外观，如混凝土的蜂窝、麻面数。

（2）计量抽样检验。所谓计量抽样检验，是指定量地检验从批中随机抽取的样本，利用样品中各单位产品的特征值来判定这批产品是否合格的检验判断方法。

计数抽样检验与计量抽样检验的根本区别在于，前者是以样本中所含不合格品（或缺陷）个数为依据；后者是以样本中各单位产品的特征值为依据。

3. 按抽取样本的次数分类

按抽取样本的次数可分为一次、二次、多次和序贯抽样检验。

（1）一次抽样检验。仅需从批中抽取一个大小为 n 样本，便可判断该批接受与否。

（2）二次抽样检验。抽样可能要进行两次，对第一个样本检验后，可能有三种结果：接受、拒收、继续抽样。若得出"继续抽样"的结论，抽取第二个样本进行检验，最终做出接受还是拒收的判断。

在采用二次抽样检验时，需事先规定两组判定数，即第一次抽样检验时的合格判定数 c_1 和不合格判定数 r_1，以及第二次检验时的合格判定数 c_2；然后从批 N 中先抽取一个较小 n_1，并对 n_1 进行检验，确定 n_1 中的不合格品数 d_1，若 $d_1 \leqslant c_1$ 则判定为批合格；若 $d_1 \geqslant r_1$ 则判定为批不合格；若 $c_1 < d_1 < r_1$，则需抽取第二个样组 n_2，并对 n_2 进行检验，检验得样组中的不合格品数 d_2，若 $d_1 + d_2 > c_2$，则判定批为不合格；若 $d_1 + d_2 \leqslant c_2$，则判定批为合格，其检验程序见图 5-2。

（3）多次抽样检验。可能需要抽取两个以上具有同等大小样本，最终才能对批做出接受与否判定。是否需要第 i 次抽样要根据前次 $(i-1)$ 抽样结果而定。多次抽样操作复杂，需做专门训练。因此，通常采用一次或二次抽样方案。

（4）序贯抽样检验。事先不规定抽样次数，每次只抽一个单位产品，即样本量为 1，据累积不

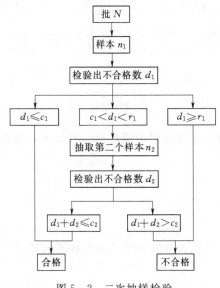

图 5-2 二次抽样检验

合格品数判定批合格/不合格还是继续抽样时适用。针对价格昂贵、件数少的产品可使用。

4. 按抽样方案的制定原理分类

按抽样方案的制定原理可分为标准型、挑选型、调整型抽样方案。

（1）标准型抽样方案。该方案是为保护生产方利益，同时保护使用方利益，预先限制生产方风险 a 的大小而制定的抽样方案。

（2）挑选型抽样方案。所谓挑选型方案是指，对经检验判为合格的批，只要替换样本中的不合格品；而对于经检验判为拒收的批，必须全检，并将所有不合格全替换成合格品。即事先规定一个合格判定数 c，然后对样本按正常抽样检验方案进行检验，通过检验若样本中的不合格品数为 d，则当 $d \leqslant c$ 时，该批为合格；若 $d > c$，则对该批进行全数检验。这种抽样检验适用于不能选择供应厂家的产品（如工程材料、半成品等）检验及工序非破坏性检验。

（3）调整型抽样方案。该类方案由一组方案（正常方案、加严方案和放宽方案）和一套转移规则组成，根据过去的检验资料及时调整方案的宽严。该类方案适用于连续批产品。

例如：1√，2√，3×，4√，5×,6√，7×，8×，9√，10×，11×，12√，13×，

加严检验

暂停检验13√，15×，16√，17√，18√，19√，20√，21√ 正常

正常检验　　　　　　加严检验

"√"代表是合格的批，"×"代表不合格的批。

（三）抽样方法

在进行抽取样本时，样本必须代表批，为了取样可靠，以随机抽样为原则，随机抽样不等于随便抽样，它是保证在抽取样本过程中，排除一切主观意向，使批中的每个单位产品都有同等被抽取的机会的一种抽样方法。也就是说取样要能反映群体的各处情况，群体中的个体，取样的机会要均等。按以下方法执行，能大致符合随机抽样的原则。

1. 简单的随机抽样

就是按照规定的样本量 n 从批中抽取样本时，使批中含有 n 个单位产品所有可能的组合，都是同等的被抽取的机会的一种抽样方法。主要抽样方法有随机数表法、随机骰子法等。

（1）随机数表法。利用随机数表抽样的方法如下：

1）将要抽取样本的一批（N）工程产品从 I 到 N 顺序编号。

2）确定随机数表的页码（表的编号）。掷六面体的骰子，骰子给出的数字即为采用的随机数表的编号［即选用第几张（页）］随机数表。

3）确定起始点数字的行数和列数。在表中任意指一处，所得的两位数即为行数（所得的两位数如为 50 以内的数，就直接取为行数。如大于 50，则用该数减去 50 后作为行数）。再用同样的方法可以确定列数（所得的两位数如为 25 以内的数，就直接取为列数；如大于 25，则用该数减去 25 以后作为列数）。

4）从所确定的该页随机数表上按上述行、列所列出的数字作为所选取的第一个样本

· 117 ·

的号码，依次从左到右选取 n 个小于批量 N 的数字，作为所选取的样本编号，一行结束后，从下一行开始继续选取。如所得数字超过批量 N，则应舍弃。

（2）随机骰子法。骰子法是将要抽取样本的一批（N）工程产品从 I 到 N 顺序编号，然后用掷骰子法来确定取样号。所用骰子有正六面体和正二十面体两种。在一般工程施中，采用正六面体骰子。

抽样时，先根据批的数量将批分为六大组（采用正六面体骰子抽样时），每个大组再分为六个小组，分组的级数决定子批的数量，每个小组中个体的数量不超过 6 个。分组后再对各组级中的每个组和每个小组中的个体都编上从 1～6 的号码，然后通过掷骰子来决定抽取哪一个个体作为样本，第一次掷得的号码确定六个大组中从哪一个大组抽取样本，第二次掷得的号码确定该大组中六个小组中从哪个小组中抽取样本，第三次掷得的号码确定从该小组中抽取哪个个体作为样本。

2. 分层随机抽样

当批是由不同因素的个体组成时，为了使所抽取的样本更具有代表性，即样本中包含有各种因素的个体，则可采用分层抽样法。

分层抽样是将总体（批）分成若干层次，尽量使层内均匀，层与层之间不均匀，这些层中选取样本。通常可按下列因素进行分层。

（1）操作人员。按现场分、按班次分、按操作人员的经验分。

（2）机械设备。按使用的机械设备分。

（3）材料。按材料的品种分、按材料进货的批次分。

（4）加工方法。按加工方法、安装方法分。

（5）时间。按生产时间（上午、下午、夜间）分。

（6）按气象情况分。

分层抽样多用于工程施工的工序质量检验中，以及散装材料（如砂、石、水泥等）的验收检验中。

3. 两级随机抽样

当许多产品装在箱中，且许多货箱又堆积在一起构成批量时，可以首先作为第一级对若干箱进行随机抽样，然后把挑选出的箱作为第二级，再分别从箱中对产品进行随机抽样。

4. 系统随机抽样

当对总体实行随机抽样有困难时，如连续作业时取样、产品为连续体时取样，可采用一定间隔进行抽取的抽样方法称为系统抽样。例如：现要求测定港区路基的下沉值，由于路基是连续体，可采取每米或几米测定一点（或两点）的办法，进行抽样测定。系统抽样还适合流水生产线上的取样，但应注意，当产品质量特性发生变化时会产生较大偏差。因此抽取样本的个数依抽检方案而定。

（四）抽样检验中的两类风险

由于抽样检验的随机性，就像进行测量总会存在误差一样，在进行抽样检验中，也会存在下列两种错误判断（风险）。

（1）第一类风险。即本来是合格的交验批，有可能被错判为不合格批，这对生产方是不利的，这类风险也可称为承包商风险或第一类错误判断。其风险大小用 α 表示。

（2）第二类风险。即将本来不合格的交验批，有可能错判为合格批，将对使用方产生不利。第二类风险又称用户风险或第二类错误判断。其风险大小用 β 表示。

二、计数型抽样检验

（一）计数型抽样检验中的几个基本概念

1. 一次抽样方案

一次抽样的抽样方案是一组特定的规则，用于对批进行检验、判定。它包括样本量 n 和判定数 c，见图 5－3。

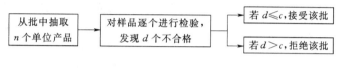

图 5－3　一次抽样方案

2. 接收概率

接收概率是根据规定的抽样检验方案将检验批判为合格而接受的概率。一个既定方案的接收概率是产品质量水平，即批不合格品率 p 的函数，用 $L(p)$ 表示。

检验批的不合格品率 p 越小，接收概率 $L(p)$ 就越大。对方案（n、c），若实际检验中，样本的不合格品数为 d，其接收概率计算公式为

$$L(p)=P(d\leqslant c) \tag{5-1}$$

式中　$P(d\leqslant c)$ ——样本中不合格品数为 $d\leqslant c$ 时的概率。

其中批不合格品率 p 是指批中不合格品数占整个批量的百分比，即

$$p=\frac{D}{N}\times 100\% \tag{5-2}$$

式中　D——不合格品数；

　　　N——批量数。

批不合格百分率是衡量一批产品质量水平的重要指标。

3. 接受上界 p_0 和拒收下界 p_1

（1）接受上界 p_0。在抽样检查中，认为可以接受的连续提交检查批的过程平均上限值，称为合格质量水平。设交验批的不合格率为 p，当 $p\leqslant p_0$ 时，交验批为合格批，可接受。

（2）拒收下界 p_1。在抽样检查中，认为不可接受的批质量下限值，称为不合格质量水平。设交验批的不合格率为 p，当 $p\geqslant p_1$ 时，交验批为不合格批，应拒受。

4. OC 曲线

（1）OC 曲线的概念。对于既定的抽样方案，对于这批产品的接收概率 $L(p)$ 是批不合格率 p 的函数，见图 5－4。每个抽样方案都有特定的 OC 曲线，OC 曲线 $L(p)$ 是随批质量 p 变化的曲线。形象地表示一个抽样方案对一个产品批质量的判别能力。其特点包括以下几点。

1) $0 \leqslant p \leqslant 1$，$0 \leqslant L(p) \leqslant 1$。

2) 曲线总是单调下降。

3) 抽样方案越严格，曲线越往下移。固定 c、n 越大，方案越严格；固定 n、c 越小时，方案越严格。

所以，当 N 增加，n、c 不变时，OC 曲线会趋向平缓，使用方风险增加。而当 N 不变，n 增加或 c 减少时，OC 曲线会急剧下降，生产方风险增加。

图 5-5、图 5-6 和图 5-7 分别反映了 N、n、c 对 OC 曲线的影响。

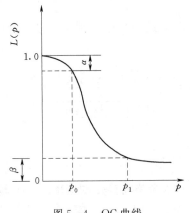

图 5-4 OC 曲线

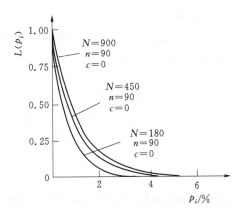

图 5-5 N 对 OC 曲线的影响

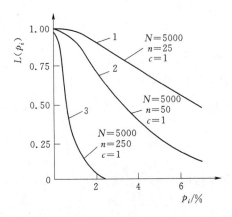

图 5-6 n 对 OC 曲线的影响

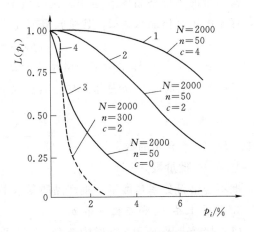

图 5-7 c 对 OC 曲线的影响

因此，人们在实践中可以采取以下措施：在稳定的生产状态下，可以增大产品的批量，以相对降低检验费用，而抽样检验的风险则几乎不变。

（2）OC 曲线的用途。

1) 曲线是选择和评价抽样方案的重要工具。由于 OC 曲线能形象地反映出抽样方案的特征，在选择抽样方案过程中，可以通过多个方案 OC 曲线的分析对比，择优使用。

2) 估计抽样检验的预期效果。通过 OC 曲线上的点可以估计连续提交批的给出过程平均不合格率和它的接收概率。

（二）计数型抽样检验方案的设计思想

一个合理的抽样方案，不可能要求它保证所接收的产品 100% 是合格品，但要求它对于不合格率达到规定标准的批以高概率接收；而对于合格率比规定标准差的批以高概率拒收。

计数型抽样检验方案设计是基于这样的思想，为了同时保障生产方和用户利益，预先限制两类风险 α 和 β 前提下制定的，所以制定抽样方案时要同时满足：① $p \leqslant p_0$ 时，$L(p) \geqslant 1 - \alpha$，也就是当样本抽样合格时，接受概率应该保证大于 $1 - \alpha$；② $p \geqslant p_1$ 时，$L(p) \leqslant \beta$，即当样本抽样不合格时，接受概率应该保证小于 β。

1. 确定 α 和 β 值

一个好的抽样方案，就是要同时兼顾生产者和用户的利益，严格控制两类错误判断概率。但是 α、β 不能规定过小，否则会造成样本容量 n 过大，以致无法操作。就一般工业产品而言，α 取 0.05 及 β 取 0.10 最为常见；在工程产品抽检中，α、β 规定多少才合适，目前尚无统一取值标准。但有一点可以肯定，工程产品抽检中，α、β 取值远比工业产品的取值要大，原因是工业产品的样本容量可以大些，而工程产品的样本容量要小些。

2. 确定 p_0 和 p_1

（1）确定 p_0。p_0 的水平受多种因素影响，如产品的检查费用、缺陷类别、对产品的质量要求等。一般通过生产者和用户协商，并辅以必要的计算来确定。它的确定分以下两种情况：

1）根据过去的资料，可以把 p_0 选在过去平均不合格率附近。

2）在缺乏过去资料的情况下，可结合工序能力调查来选择 p_0，$p_0 = p_U + p_L$。其中 p_U 是超上限不合格率，p_L 是超下限不合格率。

（2）确定 p_1。抽样检验方案中，p_1 的选取应与 p_0 拉开一定的距离，p_1/p_0 过小（如不大于 3），往往增加 n（抽样量），检验成本增加；p_1/p_0 过大，会导致放松对质量的要求，对使用方不利，对生产方也有压力。一般情况下，p_1/p_0 取值为 4～10。

3. 求 n 和 c 的值

根据 α 和 β、p_0 和 p_1 的值，可以通过查表、计算得出 n、c 的值。

至此，抽样方案即已确定。

三、计量型抽样检验方案

计量抽样检查适用于有较高要求的质量特征值，而它可用连续尺度度量，并服从于正态分布，或经数据处理后服从正态分布。

（一）计量型抽样检验中的几个基本概念

1. 规格限

规格限是指用以判断单位产品某计量质量特征是否合格的界限值。

规定的合格计量质量特征最大值为上规格限（U）；规定的合格计量质量特征最小值是下规格限（L）。

仅对上或下规格限规定了可接受质量水平的规格限称为单侧规格限；同时对上或下规格限规定了可接受质量水平的规格限是双侧规格限。

2. 上质量统计量、下质量统计量

上规格限、样本均值和样本标准差的函数是上质量统计量，符号为 Q_U。

$$Q_U = \frac{U - \overline{X}}{S} \tag{5-3}$$

式中　$\overline{X}$——样本均值；

　　　S——样本标准差。

下规格限、样本均值和样本标准差的函数是下质量统计量，符号为 Q_L。

$$Q_L = \frac{\overline{X} - L}{S} \tag{5-4}$$

3. 接收常数 (k)

由可接收质量水平和样本大小所确定的用于判断批接受与否的常数。它给出了可接收批的上质量统计量和（或）下质量统计量的最小值。符号分别为 k、k_Δ 和 K_c。

（二）计量型抽样检验方案的设计思想

计量抽样检验，对单位产品的质量特征，必须用某种与之对应的连续量（如时间、质量、长度等）实际测量，然后根据统计计算结果（如均值、标准差或其他统计量等）是否符合规定的接收判定值或接收准则，对批进行判定。

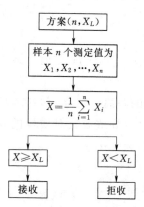

图 5-8　利用均值判定批

抽取大小为 n 的样本，测量其中每个单位产品的计量质量特性值 X，然后计算样本均值 $\overline{X}$ 和样本标准差 S。

（1）根据均值是否符合接收判定值，对批进行判定，见图 5-8。

（2）根据上、下质量统计是否符合接收判定值，对批进行判定。

对于单侧上规格限，计算上质量统计量。

$$Q_U = \frac{U - \overline{X}}{S} \tag{5-5}$$

若 $Q_U \geq k$，则接收该批；若 $Q_U < k$，则拒收该批。

对于单侧下规格限，计算下质量统计量。

$$Q_L = \frac{\overline{X} - L}{S} \tag{5-6}$$

若 $Q_L \geq k$，则接收该批；若 $Q_L < k$ 则拒收该批。

对于分立双侧规格限，同时计算上、下质量规格限。若 $Q_L \geq k_L$ 且 $Q_U \geq k_U$，则接收该批；若 $Q_L < k_L$ 或 $Q_U < k_U$，则拒收该批。

第三节　常见水利工程质量检验实例

一、常见原材料及中间产品的质量检验

在水利工程质量检验中，对原材料的质量检验是重要的检验内容之一，原材料质量的

好坏直接影响工程建设实体质量，保证原材料质量，是保证工程实体质量的基础环节。

施工单位按有关技术标准对原材料质量进行检验，并及时报监理单位复核。不合格产品，不得使用。原材料及中间产品检测见表 5-1。

表 5-1   原材料及中间产品检测

序号	材料名称	检测频次	取样数量	取样方法	检测项目与内容
1	水泥	按同一生产厂家、同一等级、同一品种、同一批号且连续进场的水泥，袋装不超过 200t 为一批，散装不超过 500t 为一批，每批抽样不少于一次	≥12kg	散装水泥：从 20 个以上不同部位取等量样品。袋装水泥：从抽取 20 袋水泥中取等量样品	水泥比表面积、细度、标准稠度、凝结时间、强度、三氧化硫、比重
2	粉煤灰	以连续供应的 200t 相同等级、相同种类的粉煤灰为一编号。不足 200t 按一编号计	≥3kg	取样应用代表性，可连续取，也可从 10 个以上不同部位取等量样品	相对密度、细度、需水量比、三氧化硫含量、烧失比
3	细骨料（进场检验）	以同产地、同规格 400m³ 或 600t 为一批	20kg	在料堆上取样时，取样部位应均匀分布。先将表层铲除，然后由各部位抽取大致相等的砂共 8 份，组成一组样品	颗粒级配、细度模数、含泥量、石料含量（人工砂）、坚固性、方母含量、相对密度、吸水率、轻物质含量、硫化物含量、有机质含量
4	细骨料（拌和前检验）	每次混凝土拌制前	—	—	细度模数、含水量、含泥量、超逊径
5	粗骨料（进场检验）	以同产地、同规格 400m³ 或 600t 为一批	60kg	在料堆上取样时，取样部位应均匀分布。先将表层铲除，然后从各部位抽取大致相等的石子共 15 份（在料堆的顶部、中部和底部各由均匀分布的 5 个不同部位取得）组成一组样品	含泥量、坚固性、压碎性指标、硫化物含量、相对密度、吸水率、有机质含量、密度、堆积密度、超逊径
6	粗骨料（拌和前检验）	每次混凝土拌制前	—	—	含泥量、含水量、超逊径
7	钢筋	同一牌号、同一炉（罐）号、同一规格的钢筋，不超过 60t 为一批	2 根冷弯（300mm）5 根称重（500mm）	任取 7 根钢筋，端头截去 500mm 后，各取拉伸、冷弯试件 1 根	尺寸偏差、重量偏差、屈服强度、抗拉强度、弯曲性能、反向弯曲、断后伸长率、最大力总延伸率
8	减水剂、引气剂	同一厂家生产、掺量 ≥1% 的同品种外加剂每一编号为 100t；掺量 <1% 的每一编号为 50t。不足 100t 或 50t 也按一批计	≥0.2t 水泥所需用的外加剂量	抽样应有代表性并混合均匀	含固量（液体）、含水率（粉状）、密度（液体）、细度（粉状）、pH 值、氯离子含量、硫酸钠含量、减水率、泌水率比、含气量、凝结时间之差、1 小时经时变化量（含气量、坍落度）、抗压强度比、收缩率比、相对耐久性、凝结时间、限制膨胀率、抗压强度

续表

序号	材料名称	检测频次	取样数量	取样方法	检测项目与内容
9	混凝土抗压强度	大体积混凝土 500m³ 取一组，非大体积混凝土 100m³ 取一组	3 个试块	用于检查结构构件混凝土强度的试件，应在混凝土的浇筑地点随机抽取	28d 抗压强度
10	砂浆抗压强度	不超过 250m³ 砌体的各种类型及强度等级的砌筑砂浆，每台搅拌机应至少抽检 1 次	同一类型、强度等级的砂浆不应少于 3 组	在砂浆搅拌机出料口随机取样，同盘砂浆只应制作 1 组试块	抗压强度
11	水	地表水每 6 个月 1 次；地下水每年 1 次；再生水每 3 个月 1 次，质量稳定 1 年后，每 6 个月 1 次；设备洗刷水每 3 个月 1 次，质量稳定 1 年后，每年 1 次	5L	采样容器应无污染，并用待采集水样冲洗 3 次。地表水在水域中部距水面 100mm 以下采集；地下水不得积存于地表后再采集；再生水应在取水管道终端接取；设备洗刷水应沉淀后，在池中距水面 100mm 以下采集	含气量、SO_4、Cl^-、pH 值
12	止水带	每进场一批检验一批	1～1.2m	随机抽样	抗拉强度、抗折及其他技术指标
13	钢筋焊接头（电弧焊、电渣压力焊）	以 300 个同牌号钢筋、同型式接头为一批	3 根接头	从工程结构中随机切取	拉伸试验
14	钢筋闪光对焊	同一焊工完成的 300 个同牌号、同直径接头为一批	6 根接头	从工程结构中随机切取	3 个拉伸（500mm）3 个弯曲（300mm）
15	钢筋机械连接头	同一施工条件下采用同一批材料的同等级、同型式、同规格接头 500 个为一批，不足 500 个也作为一批	3 根接头	在工程结构中随机截取接头试件	拉伸试验

二、土方填筑工程质量检验

土方填筑工程是水利工程最常见的工程之一，也是比较重要的工程。所以土方填筑工程质量控制和检验是重中之重。

土方填筑工程质量检验包括：土料的检验、土方填筑基础面的检验、土料摊铺的检验、碾压施工质量及压实度的检验。

（一）土料的检验

土料碾压填筑工程施工前，应在料场采集代表性土样复核填筑土料的土质，确定压实控制指标，并应符合下列规定：

（1）填筑土料的颗粒组成、液限、塑限和塑性指数等指标应符合设计要求。

（2）填筑土料为黏性土或少黏性土的，应通过轻型击实试验，定其最大于密度和最优含水率。

（3）填筑土料为无黏性土的，应通过相对密度试验，确定其大干密度和最小干密度。

（4）当填筑土料的土质发生变化或填筑量达到 3 万 m³ 及以上时，应重新进行上述试验，并及时调整相应控制指标。

（二）土方填筑基础面的检验

土方填筑基础面的检验分为基面清基和基面平整压实两个方面，其中基面平整压实为主要检验内容。

（1）基面清基的质量检验应符合表 5-2 要求。

表 5-2　　　　　　　　　　　　基面清基的质量要求

项次	检验项目	质 量 要 求	检验方法	检验数量
1	表层清理	堤基表层的淤泥、腐殖土、泥炭土、草皮、树根、建筑垃圾等应清理干净	观察	全面检查
2	基面内坑、槽、沟、穴等处理	按设计要求清理后回填、压实	土工试验	每处、每层、每层超过 400m² 时取样 1 个
3	结合部处理	清除结合部表面杂物，并将结合部挖成台阶状	观察	全面检查
4	清理范围	基面清理包括堤身戗台、铺盖、盖重、堤岸防护工程的基面，其边界应在设计边线外 0.3~0.5m	量测	按施工段轴线长 20~50m 量测 1 次

（2）基面平整压实的质量检验应符合表 5-3 要求。

表 5-3　　　　　　　　　　　　基面平整压实的质量要求

项次	检验项目	质 量 要 求	检验方法	检验数量
1	基面表面压实	基面清理后应按填筑要求压实，无松土、无弹簧土等	土工试验	每 400~800m² 取样 1 个
2	基面平整	表面应无明显凹凸	观察	全面检查

（三）土料摊铺的检验

（1）填筑作业应按水平层次铺填，不得顺坡填筑，分段作业面的最小长度，机械作业不应小于 100m，人工作业不应小于 50m，应分层统一铺土，统一碾压，严禁出现界沟。

（2）堤身土体必须分层填筑，铺料厚度和土块直径的限制尺寸应符合规范要求。

（3）铺料时应在设计边线外侧各超填一定余量，人工铺料宜大于 10cm，机械铺料宜大于 30cm。

土料摊铺施工、铺料厚度及土块限制直径应符合表 5-4、表 5-5 要求。

（四）碾压施工质量及压实度的检验

（1）碾压机械行走方向应平行于填筑面轴线。

（2）分段、分片碾压，相邻作业面的搭接碾压宽度，平行填筑面轴线方向不应小于 0.5m，垂直填筑面轴线方向不应小于 1.5m。

表 5－4   土料摊铺施工质量要求

项次	检验项目	质 量 要 求	检验方法	检验数量
1	土块直径	应符合规范要求	观察、量测	全数检查
2	铺土厚度	符合碾压试验或规范要求	量测	按作业面积 100～200m² 检测 1 个点
3	作业面分段长度	人工作业不应小于 50m；机械作业不应小于 100m	量测	全数检查
4	铺填边线超宽值	人工铺料宜大于 10cm，机械铺料宜大于 30cm	量测	按施工段轴线长 20～50m 量测 1 次
		防渗体：0～10cm		按填筑轴线方向每 20～30m 或按填筑面积每 100～400m² 检测 1 次
		包边盖顶：0～10cm		

表 5－5   铺料厚度和土块限制直径质量要求

压实功能类型	压实机具种类	铺料厚度/cm	土块限制直径/cm
轻型	人工夯、机械夯	15～20	≤5
	5～10t 平碾	20～25	≤8
中型	12～15t 平碾、斗容 2.5m³ 铲运机、5～8t 振动碾	25～30	≤10
重型	斗容 7m³ 铲运机、10～16t 振动碾、加载气胎碾	30～50	≤15

（3）拖拉机带碾磙或振动碾压实作业，宜采用进退错距法，碾迹搭压宽度应大于 10cm。铲运机兼作压实机械时，宜采用轮迹排压法，轮迹应搭压轮宽的 1/3。

（4）机械碾压时应控制行车速度，以不超过下列规定为宜，平碾为 2km/h，振动碾为 2km/h，铲运机为 2 挡。

（5）机械碾压不到的部位，应辅以夯具夯实。夯实时应采用连环套打法，夯迹双向套压，夯压夯 1/3，行压行 1/3；分段、分片夯实时，夯迹搭压宽度应不小于 1/3 夯径。

（6）压实质量检测的取样部位和压实度检验。

1）取样部位应有代表性，且应在面上均匀分布，不得随意挑选，特殊情况下取样须加注明。

2）应在压实层厚的下部 1/3 处取样，若下部 1/3 的厚度不足环刀高度时，以环刀底面达下层顶面时环刀取满土样为准，并记录压实层厚度。

土料碾压施工质量检验应符合表 5－6 要求。

表 5－6   土料碾压施工质量检验要求

项次	检验项目	质量要求	检验方法	检验数量
1	压实度或相对密度	符合设计要求	土工试验	按填筑轴线方向每 20～50m 或按填筑面积每 100～200m² 取样 1 个
2	搭接碾压宽度	平行填筑面轴线方向不应小于 0.5m，垂直填筑面轴线方向不应小于 1.5m	观察、量测	全数检查
3	碾压作业程序	应符合规范 SL 260 的规定	检查	每台班 2～3 次

3) 环刀取完土样后，使用修土刀削去环刀两端余土，用直尺检测修平为止，擦净环刀外壁。

4) 用天平称取环刀及土样合计质量和环刀质量，计算出湿土质量及湿土密度。

5) 根据《土工试验方法标准》（GB/T 50123—2019）规定，测定土样的含水率。

6) 计算出土样的干密度，土样的干密度与最大干密度的比值，即为土方压实度。

抽检后凡取样不合格的部位应补压或作局部处理，经复检至合格后方可继续下道工序。

施工单位根据上述内容认真完成施工自检，填写施工评定资料，报监理单位进行评定。

思 考 题

5-1 什么叫质量检验？质量检验的目的和作用是什么？

5-2 什么叫抽样检验？常用的抽样方法有哪几种？

5-3 计数型抽样检验方案的设计思想是什么？

5-4 计量型抽样检验方案的设计思想是什么？

第六章 工程质量事故的分析处理

工程建设中，原则上说是不允许出现质量事故的，但质量事故一般是很难完全避免的。通过施工单位的质量保证活动和监理单位的质量控制，通常可对质量事故的产生起到防范作用，控制事故后果的进一步恶化，将危害降低到最低限度。监理工作质量控制重点之一就是加强质量风险分析，及时制定对策和措施，重视工程质量事故的防范和处理，避免已发生质量缺陷或质量事故进一步恶化。对于工程建设中出现的质量事故，除非是由监理单位人员过失或失职所引起，否则监理单位并不为之承担责任。但是，监理单位应学会区分质量不合格、质量缺陷和质量事故。应该掌握处理质量事故的基本方法和程序，在工程质量事故处理中如何正确协调各方的关系，组织工程质量事故的处理和鉴定验收。

第一节 工程质量事故及其分类

一、工程质量事故

（一）工程质量事故的内涵

根据《水利工程质量事故处理暂行规定》（水利部第 9 号令），工程质量事故是指在水利工程建设过程中，由于建设管理、监理、勘测、设计、咨询、施工、材料、设备等原因造成工程质量不符合规程、规范和合同规定的质量标准，影响使用寿命和对工程安全运行造成隐患和危害的事件。

工程如发生质量事故，往往造成停工、返工，甚至影响正常使用，有的质量事故会不断发展恶化，导致建筑物倒塌，并造成重大人身伤亡事故。这些都会给国家和人民造成不应有的损失。

需要指出的是，不少事故开始时经常只被认为是一般的质量缺陷，容易被忽视。随着时间的推移，待认识到这些质量缺陷问题的严重性时，则往往处理困难，或无法补救，或导致建筑物失事。因此，除了明显地不会有严重后果的缺陷外，对其他的质量问题，均应认真分析，进行必要的处理，并作出明确的结论。

（二）工程质量事故特点

由于工程项目建设不同于一般的工业生产活动，其实施的一次性，生产组织特有的流动性、综合性，劳动的密集性及协作关系的复杂性，均导致工程质量事故更具有复杂性、严重性、可变性及多发性的特点。

1. 质量事故原因的复杂性

为了满足各种特定使用功能的需要，以及适应各种自然环境的需要，建设工程产品的种类繁多,特别是水利水电工程,可以说没有一个工程是相同的。此外,即使是同类型的工程,由于地区不同,施工条件不同,可引起诸多复杂的技术问题。尤其需要注意的是,造成质量事故的原因错综复杂,同一形态的质量事故,其原因有时截然不同,因此处理的原则和方法也不同。同时还要注意到,建筑物在使用中也存在各种问题。所有这些复杂的因素,必然导致工程质量事故的性质、危害和处理都很复杂。例如,大坝混凝土的裂缝,原因是很多的,可能是设计不良或计算错误,或温度控制不当,也可能是建筑材料的质量问题,也可能是施工质量低劣以及周围环境变化等多原因中的一个或几个造成的。

2. 质量事故的严重性

工程质量事故,有的会影响施工的顺利进行,有的会给工程留下隐患或缩短建筑物的使用年限,有的会影响安全甚至不能使用。在水利水电工程中,最为严重的是会使大坝崩溃,即垮坝,造成严重人员伤亡和巨大的经济损失。所以,对已发现的工程质量问题,决不能掉以轻心,务必及时进行分析,得出正确的结论,采取恰当的处理措施,以确保安全。

3. 质量事故的可变性

工程中的质量问题多数是随时间、环境、施工情况等而发展变化的。例如,大坝裂缝问题,其数量、宽度、深度和长度,会随着水库水位、气温、水温的变化而变化。又如,土石坝或水闸的渗透破坏问题,开始时一般仅下游出现混水或冒砂,当水头增大时,这种混水或冒砂量会增加,随着时间的推移,土坝坝体或地基,或闸底板下地基内的细颗粒逐步被淘走,形成管涌或流土,最终导致溃坝或水闸失稳破坏。因此,一旦发现工程的质量问题,就应及时调查、分析,对那些不断变化而可能发展成引起破坏的质量事故,要及时采取应急补救措施,对那些表面的质量问题,要进一步查清内部情况,确定问题性质是否会转化;对那些随着时间、水位和温度等条件变化的质量问题,要注意观测、记录,并及时分析,找出其变化特征或规律,必要时及时进行处理。

4. 质量事故的多发性

事故的多发性有两层意思:一是有些事故像"常见病""多发病"一样经常发生,而成为质量通病,例如混凝土、砂浆强度不足,混凝土的蜂窝、麻面等;二是有些同类事故一再重复发生,例如,在混凝土大坝施工中,裂缝的出现常会重复发生。

二、质量事故的分类

工程质量事故按直接经济损失的大小,检查、处理事故对工期的影响时间长短和对工程正常使用的影响,分为一般质量事故、较大质量事故、重大质量事故、特大质量事故。

(1) 一般质量事故指对工程造成一定经济损失,经处理后不影响正常使用且不影响使用寿命的事故。

(2) 较大质量事故指对工程造成较大经济损失或延误较短工期,经处理后不影响正常使用但对工程使用寿命有一定影响的事故。

(3) 重大质量事故指对工程造成重大经济损失或较长时间延误工期,经处理后不影响正常使用但对工程使用寿命有较大影响的事故。

（4）特大质量事故指对工程造成特大经济损失或长时间延误工期，经处理仍对正常使用和工程使用寿命有较大影响的事故。

小于一般质量事故的质量问题称为质量缺陷。

水利工程质量事故分类标准见表 6-1。

表 6-1　　　　　　　　　　　　水利工程质量事故分类标准

损 失 情 况		事 故 类 别			
		特大质量事故	重大质量事故	较大质量事故	一般质量事故
事故处理所需的物质、器材和设备、人工等直接损失费用/万元	大体积混凝土，金结制作和机电安装工程	>3000	>500，≤3000	>100，≤500	>20，≤100
	土石方工程、混凝土薄壁工程	>1000	>100，≤1000	>30，≤100	>10，≤30
事故处理所需合理工期/月		>6	>3，≤6	>1，≤3	≤1
事故处理后对工程功能和寿命影响		影响工程正常使用，需限制条件运行	不影响正常使用，但对工程寿命有较大影响	不影响正常使用，但对工程寿命有一定影响	不影响正常使用和工程寿命

注　1. 直接经济损失费用为必需条件，其余两项主要适用于大中型工程。
　　2. 在《水利工程建设重大质量与安全事故应急预案》（水建管〔2006〕202 号）中，关于水利工程质量与安全事故的分级是针对事故应急响应行动进行的分级。

第二节　工程质量事故原因分析

工程质量事故的分析处理，通常先要进行事故原因分析。在查明原因的基础上：一方面要寻找处理质量事故方法和提出防止类似质量事故发生的措施；另一方面要明确质量事故的责任者，从而明确由谁来承担处理质量事故的费用。

一、质量事故原因概述

（一）质量事故原因要素

质量事故的发生往往是由多种因素构成的，其中最基本的因素有：人、材料、机械、工艺和环境。人的最基本的问题是知识、技能、经验和行为特点等；材料和机械的因素更为复杂和繁多，例如建筑材料、施工机械等存在千差万别；事故的发生也总和工艺及环境紧密相关，如自然环境、施工工艺、施工条件、各级管理机构状况等。由于工程建设往往涉及设计、施工、监理和使用管理等许多单位或部门，因此分析质量事故时，必须对这些基本因素以及它们之间的关系，进行具体的分析探讨，找出引起事故的一个或几个具体原因。

（二）引起事故的直接与间接原因

引发质量事故的原因，常可分为直接原因和间接原因两类。

直接原因主要有人的行为不规范和材料、机械的不符合规定状态。例如，设计人员不遵照国家规范设计，施工人员违反规程作业等，都属人的行为不规范；又如水泥的一些指标不符合要求等，属材料不符合规定状态。

间接原因是指质量事故发生场所外的环境因素，如施工管理混乱、质量检查监督工作失责、规章制度缺乏等。事故的间接原因，将会导致直接原因的发生。

（三）质量事故链及其分析

工程质量事故，特别是重大质量事故，原因往往是多方面的，由单纯一种原因造成的事故很少。如果把各种原因与结果连起来，就形成一条链条，通常称之为事故链。由于原因与结果、原因与原因之间逻辑关系不同，则形成的事故链的形状也不同，主要有下列三种：

（1）多因致果集中型。各自独立的几个原因，共同导致事故发生，称为"集中型"。

（2）因果连锁型。某一原因促成下一要素的发生，这一要素又引发另一要素的出现，这些因果连锁发生而造成的事故，称为"连锁型"事故。

（3）复合型。从质量事故的调查中发现，单纯的集中型或单纯的连锁型均较少，常见的往往是某些因果连锁，又有一些原因集中，最终导致事故的发生，称为"复合型"。

在质量事故的调查与分析中，都涉及人（设计者、操作者等）和物（建筑物、材料、机具等），开始接触到的大多数是直接原因，如果不深入分析和进一步调查，就很难发现间接和更深层的原因，不能找出事故发生的本质原因，就难以避免同类事故的再次发生。因此对一些重大的质量事故，应采用逻辑推理法，通过事故链的分析，追寻事故的本质原因。

二、质量事故常见原因分析

造成工程质量事故的原因多种多样，但从整体上考虑，一般原因大致可以归纳为下列几个方面。

（一）违反基本建设程序

基本建设程序是建设项目建设活动的先后顺序，是客观规律的反映，是几十年工程建设正反两方面经验的总结，是工程建设活动必须遵循的先后次序。违反基本建设程序而直接造成工程质量事故的问题有以下几点：

（1）可行性研究不充分。依据资料不充分或不可靠，或根本不做可行性研究。

（2）违章承接建设项目。如越级设计工程和施工，由于技术素质差，管理水平达不到标准要求。

（二）工程地质勘察失误或地基处理失误

工程地质勘察失误或勘测精度不足，导致勘测报告不详细、不准确，甚至错误，不能准确反映地质的实际情况，因而导致严重质量事故。如广东省某水电工程，由于土石料场设计前，对料场的勘察粗糙，达不到精度要求，在工程开工后，料场剥离开挖到了一定程度，才发现该料场的土料不符合设计要求，必须重新选择料场，因而影响到工程的进度和造成了较大的经济损失。

（三）设计方案和设计计算失误

在设计过程中，忽略了该考虑的影响因素，或者设计计算错误，是导致质量重大事故的祸根。如云南省某水电工程，在高边坡处理时，设计者没有充分考虑到地质条件的影响，对明显的节理裂缝重视不够，没有考虑工程措施，以致在基坑开挖时，高边坡大滑坡，造成重大质量事故。致使该工程推迟一年多发电，花费质量事故处理费用上亿元。

（四）人的原因

施工人员的问题，有以下两方面：

（1）施工技术人员数量不足、技术业务素质不高或使用不当。

（2）施工操作人员培训不够，素质不高，对持证上岗的岗位控制不严，违章操作。

（五）建筑材料及制品不合格

不合格工程材料、半成品、构配件或建筑制品的使用，必然导致质量事故或留下质量隐患。常见建筑材料或制品不合格的现象包括以下几点：

（1）水泥：①安定性不合格；②强度不足；③水泥受潮或过期；④水泥标号用错或混用。

（2）钢材：①强度不合格；②化学成分不合格；③可焊性不合格。

（3）砂石料：①岩性不良；②粒径、级配与含泥量不合格；③有害杂质含量多。

（4）外加剂：①外加剂本身不合格；②混凝土和砂浆中掺用外加剂不当。

（六）施工方法

施工方法的问题主要有以下两点。

1. 不按图施工

这方面主要有以下表现：

（1）无图施工。

（2）图纸不经审查就施工。

（3）不熟悉图纸，仓促施工。

（4）不了解设计意图，盲目施工。

（5）未经设计或监理同意，擅自修改设计。

2. 施工方案和技术措施不当

这方面主要表现为以下内容：

（1）施工方案考虑不周。

（2）技术措施不当。

（3）缺少可行的季节性施工措施。

（4）不认真贯彻执行施工组织设计。

（七）环境因素影响

环境因素影响主要有以下内容：

（1）施工项目周期长、露天作业多，受自然条件影响大，地质、台风、暴雨等都能造成重大的质量事故，施工中应特别重视，采取有效措施予以预防。

（2）施工技术管理制度不完善，表现在以下方面：①没有建立完善的各级技术责任制；②主要技术工作无明确的管理制度；③技术交底不认真，又不作书面记录或交底不清。

三、成因分析方法

由于影响工程质量的因素众多，一个工程质量问题的实际发生，既可能因设计计算和施工图纸中存在错误，也可能因施工中出现不合格或质量问题，也可能因使用不当，或者由于设计、施工甚至使用、管理、社会体制等多种原因的复合作用。要分析究竟是哪种原因所引起，必须对质量问题的特征表现，以及其在施工中和使用中所处的实际情况和条件进行具体分析。分析方法很多，但其基本步骤和要领可概括如为以下内容。

（一）基本步骤

基本步骤如下：

（1）进行细致的现场调查研究，观察记录全部实况，充分了解与掌握引发质量问题的现象和特征。

（2）收集调查与质量问题有关的全部设计和施工资料，分析摸清工程在施工或使用过程中所处的环境及面临的各种条件和情况。

（3）找出可能产生质量问题的所有因素。

（4）分析、比较和判断，找出最可能造成质量问题的原因。

（5）进行必要的计算分析或模拟试验予以论证确认。

（二）分析要领

分析要领的方法是逻辑推理法，其基本原理包括以下内容：

（1）确定质量问题的初始点，即所谓原点，它是一系列独立原因集合起来形成的爆发点。因其反映出质量问题的直接原因，而在分析过程中具有关键性作用。

（2）围绕原点对现场各种现象和特征进行分析，区别导致同类质量问题的不同原因，逐步揭示质量问题萌生、发展和最终形成的过程。

（3）综合考虑原因复杂性，确定诱发质量问题的起源点即真正原因。工程质量问题原因分析是对一堆模糊不清的事物和现象客观属性和联系的反映，它的准确性和监理单位的能力学识、经验和态度有极大关系，其结果不单是简单的信息描述，而是逻辑推理的产物，其推理可用于工程质量的事前控制。

第三节　工程质量事故分析处理程序与方法

工程质量事故分析与处理的主要目的是：正确分析和妥善处理所发生的事故原因，创造正常的施工条件；保证建筑物、构筑物的安全使用，减少事故的损失；总结经验教训，预防事故发生，区分事故责任；了解结构的实际工作状态，为正确选择结构计算简图、构造设计，修订规范、规程和有关技术措施提供依据。

一、水利工程质量事故分析的重要性

质量事故分析的重要性表现为以下方面：

（1）防止事故的恶化。例如，在施工中发现现浇的混凝土梁强度不足，就应引起重视，如尚未拆模，则应考虑何时拆模，拆模时应采取何种补救措施。又如，在坝基开挖中，若发现钻孔已进入坝基保护层，此时就应注意到，若按照这种情况装药爆破对坝基质量的影响，同时及早采取适当的补救措施。

（2）创造正常的施工条件。如发现金属结构预埋件偏位较大，影响了后续工程的施工，必须及时分析与处理后，方可继续施工，以保证工程质量。

（3）排除隐患。如在坝基开挖中，由于保护层开挖方法不当，使设计开挖面岩层较破碎，给坝的稳定性留下隐患。发现这些问题后，应进行详细的分析，查明原因，并采取适当的措施，以及时排除这些隐患。

（4）总结经验教训，预防事故再次发生。如大体积混凝土施工，出现深层裂缝是较普遍的质量事故，因此应及时总结经验教训，杜绝这类事故的发生。

（5）减少损失。对质量事故进行及时的分析，可以防止事故的恶化，及时地创造正常的施工秩序，并排除隐患以减少损失。此外，正确分析事故，找准事故的原因，可为合理地处理事故提供依据，达到尽量减少事故损失的目的。

二、水利工程质量事故处理对项目法人和施工单位要求

质量事故处理对项目法人和施工单位要求有以下方面内容：

（1）项目法人负责组织参建单位制定本工程的质量与安全事故应急预案，建立质量与安全事故应急处理指挥部。

（2）施工单位应对施工现场易发生重大事故的部位、环节进行监控，配备救援器材、设备，并定期组织演练。

（3）工程开工前，施工单位应根据本工程的特点制定施工现场施工质量与安全事故应急预案，并报项目法人备案。

（4）施工过程中发生事故时，项目法人/施工单位应立即启动应急预案。

（5）事故调查处理由项目法人按相关规定履行手续。

三、工程质量事故分析处理程序

依据 1999 年水利部颁发的《水利工程质量事故处理暂行规定》（水利部第 9 号令），工程质量事故分析处理程序见图 6-1。

（一）下达暂停施工指示

事故发生（发现）后，总监理工程师首先向施工单位下达暂停施工指示。

事故发生后，施工单位要严格保护现场，

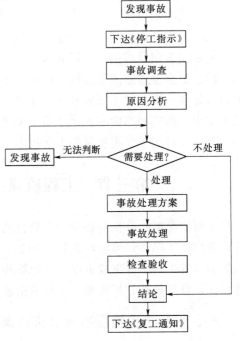

图 6-1 工程质量事故分析处理程序

采取有效措施抢救人员和财产，防止事故扩大。因抢救人员、疏导交通等原因需移动现场物件时，应当作出标志、绘制现场简图并作出书面记录，妥善保管现场重要痕迹、物证，并进行拍照或录像。

发生（发现）较大、重大和特大质量事故，事故单位要在 48 小时内向有关单位写出书面报告；突发性事故，事故单位要在 4 小时内电话向有关单位报告。

质量事故的报告制度：发生质量事故后，项目法人必须将事故的简要情况向项目主管部门报告。项目主管部门接到事故报告后，按照管理权限向上级水行政主管部门报告。一般质量事故向项目主管部门报告；较大质量事故逐级向省级水行政主管部门或流域机构报告；重大质量事故逐级向省级水行政主管部门或流域机构报告并抄报水利部。特大质量事故逐级向水利部和有关部门报告。

事故报告应当包括以下内容：

（1）工程名称、建设规模、建设地点、工期、项目法人、主管部门及负责人电话。

（2）事故发生的时间、地点、工程部位以及相应的参建单位名称。

（3）事故发生的简要经过、伤亡人数和直接经济损失的初步估计。

（4）事故发生原因初步分析。

（5）事故发生后采取的措施及事故控制情况。

（6）事故报告单位、负责人及联系方式。

有关单位接到事故报告后，必须采取有效措施，防止事故扩大，并立即按照管理权限向上级部门报告或组织事故调查。

（二）事故调查

发生质量事故，要按照规定的管理权限组织调查组进行调查，查明事故原因，提出处理意见，提交事故调查报告。

一般事故由项目法人组织设计、施工、监理等单位进行调查，调查结果报项目主管部门核备。

较大质量事故由项目主管部门组织调查组进行调查，调查结果报上级主管部门批准并报省级水行政主管部门核备。

重大质量事故由省级以上水行政主管部门组织调查组进行调查，调查结果报水利部核备。

特大质量事故由水利部组织调查。

事故调查组的主要任务包括以下内容：

（1）查明事故发生的原因、过程、财产损失情况和对后续工程的影响。

（2）组织专家进行技术鉴定。

（3）查明事故的责任单位和主要责任者应负的责任。

（4）提出工程处理和采取措施的建议。

（5）提出对责任单位和责任者的处理建议。

（6）提交事故调查报告。

事故调查组提交的调查报告经主持单位同意后，调查工作即告结束。

（三）事故处理

发生质量事故，必须针对事故原因提出工程处理方案，经有关单位审定后实施。

一般质量事故，由项目法人负责组织有关单位制定处理方案并实施，报上级主管部门备案。

较大质量事故，由项目法人负责组织有关单位制定处理方案，经上级主管部门审定后实施，报省级水行政主管部门或流域机构备案。

重大质量事故，由项目法人负责组织有关单位提出处理方案，征得事故调查组意见后，报省级水行政主管部门或流域机构审定后实施。

特大质量事故，由项目法人负责组织有关单位提出处理方案，征得事故调查组意见后，报省级水行政主管部门或流域机构审定后实施，并报水利部备案。

事故处理需要进行设计变更的，需原设计单位或有资质的单位提出设计变更方案。需要进行重大设计变更的，必须经原设计审批部门审定后实施。

（四）检查验收

事故部位处理完成后，必须按照管理权限经过质量评定与验收后，方可投入使用或进入下一阶段施工。

（五）下达《复工通知》

事故处理经过评定和验收后，总监理工程师下达《复工通知》。

（六）事故处罚

（1）对工程事故责任人和单位需进行行政处罚的，由县级以上水行政主管部门或经授权的流域机构按照规定的权限和《水行政处罚实施办法》进行处罚。特大质量事故和降低或吊销有关设计、施工、监理、咨询等单位资质的处罚，由水利部或水利部会同有关部门进行处罚。

（2）由于项目法人责任酿成质量事故，令其立即整改；造成较大以上质量事故的，进行通报批评，调整项目法人；对有关责任人处以行政处分；构成犯罪的，移送司机关依法处理。

（3）由于监理单位责任造成质量事故，令其立即整改并可处以罚款；造成较大以上质量事故的，处以罚款、通报批评、停业整顿、降低资质等级、直至吊销水利工程监理资质证书；对主要责任人处以行政处分、取消监理从业资格、注销监理工程师注册证书；构成犯罪的，移送司法机关依法处理。

（4）由于咨询、勘测、设计单位责任造成质量事故，令其立即整改并可处以罚款；造成较大以上质量事故的，处以通报批评、停业整顿、降低资质等级、吊销水利工程勘测、设计资格；对主要责任人处以行政处分、取消水利工程勘测、设计执业资格；构成犯罪的，移送司法机关依法处理。

（5）由于施工单位责任造成质量事故，令其立即自筹资金进行事故处理，并处以罚款；造成较大以上质量事故的，处以通报批评、停业整顿、降低资质等级、直至吊销资质证书；对主要责任人处以行政处分、取消水利工程施工执业资格；构成犯罪的，移送司法机关依法处理。

（6）由于设备、原材料等供应单位责任造成质量事故，对其进行通报批评、罚款；构成犯罪的，移送司法机关依法处理。

（7）对监督不到位或只收费不监督的质量监督单位处以通报批评、限期整顿、重新组建质量监督机构；对有关责任人处以行政处分、取消质量监督资格；构成犯罪的，移送司法机关依法处理。

（8）对隐情不报或阻碍调查组进行调查工作的单位或个人，由主管部门视情节给予行政处分；构成犯罪的移送司法机关依法处理。

（9）对不按规定进行事故的报告、调查和处理而造成事故进一步扩大或贻误处理时机的单位和个人，由上级水行政主管部门给予通报批评，情节严重的，追究其责任人的责任；构成犯罪的，移送司法机关依法处理。

（10）因设备质量引发的质量事故，按照《中华人民共和国产品质量法》的规定进行处理。

四、工程质量事故处理的依据和原则

（一）工程质量事故处理的依据

进行工程质量事故处理的主要依据有四个方面：

（1）质量事故的实况资料。

（2）具有法律效力的，得到有关当事各方认可的工程承包合同、设计委托合同、材料或设备购销合同以及监理合同或分包合同等的合同文件。

（3）有关的技术文件、档案。

（4）相关的建设法规。

在这四方面依据中，前三种是与特定的工程项目密切相关的具有特定性质的依据；第四种法规性依据，是具有很高权威性、约束性、通用性和普遍性的依据，因而它在质量事故的处理事务中，也具有极其重要的作用。

（二）工程质量事故处理原则

因质量事故造成人身伤亡的，还应遵从国家和水利部伤亡事故处理的有关规定。

发生质量事故，必须坚持"事故原因不查清楚不放过、主要事故责任者和职工未受到教育不放过、补救和防范措施不落实不放过"的原则，认真调查事故原因，研究处理措施，查明事故责任，做好事故处理工作。

由质量事故而造成的损失费用，坚持谁该承担事故责任，由谁负责的原则。质量事故的责任者大致为：施工单位、设计单位、监理单位和项目法人。施工质量事故若是施工单位的责任，则事故分析和处理中发生的费用完全由施工单位自己负责；施工质量事故责任者若非施工单位，则质量事故分析和处理中发生的费用不能由施工单位承担，而施工单位可向项目法人提出索赔。若是设计单位或监理单位的责任，应按照设计合同或监理委托合同的有关条款，对责任者按情况给予必要的处理。

事故调查费用暂由项目法人垫付，待查清责任后，由责任方偿还。

五、工程质量事故处理和分析实例

某水闸拆除重建工程坐落在砂质壤土地基上，采用桩基础，水闸闸孔净宽 5m，共布置 12 孔，总净宽 60m，两孔一联，胸墙式结构，中墩厚 1.2m，缝墩厚 1.0m，闸室总长 62.4m。闸底坎高程 5.00m，胸墙底板高程 10.00m，水闸顺水流向长 10m。上游布置钢筋混凝土护坦，长 15m，下游布置钢筋混凝土消力池，长 15m。岸墙采用空箱式结构。翼墙采用钢筋混凝土扶臂结构。闸墩混凝土强度为 C25。施工中发现 1 号、3 号闸墩拆模后混凝土存在严重的蜂窝、麻面、孔洞和漏筋现象，经过抽样检测，抽检结果发现混凝土强度达不到设计要求，经研究为确保水闸结构安全必须对闸墩全部返工，由此将造成直接经济损失 55 万元。

1. 问题

（1）质量事故处理的基本要求是什么？

（2）按照事故处理的程序，怎么进行处理该事故？

（3）根据水利部《水利工程质量事故处理暂行规定》，工程质量事故如何分类，此类质量事故属于哪一类事故？

2. 分析

（1）发生质量事故，必须坚持"事故原因不查清楚不放过、主要事故责任者和职工未受教育不放过、补救和防范措施不落实不放过"的原则，认真调查事故原因，研究处理措施，查明事故责任，做好事故处理工作。

（2）进行事故处理的程序为：①下达暂停施工指示。②进行事故调查；较大质量事故由项目主管部门组织调查组进行调查，调查结果报上级主管部门批准并报省级水行政主管部门核备。③原因分析。④事故处理和检查验收；由项目法人负责组织有关单位制定处理方案，经上级主管部门审定后实施，报省级水行政主管部门或流域机构备案。经监理工程师指示施工单位实施。最后经事故调查组进行检查验收，处理完毕之后由监理工程师进行检查验收。⑤总监理工程师下达复工指示。

（3）事故分类：①工程质量事故按直接经济损失的大小，检查、处理事故对工期的影响时间长短和对工程正常使用的影响进行分类。分为一般质量事故、较大质量事故、重大质量事故、特大质量事故四类。②根据水利工程质量事故分类标准中，以直接经济损失为必要条件，且当直接经济损失大于 30 万元时，就应定为较大质量事故，故此事故为较大质量事故。

第四节　工程质量事故处理方案的确定及鉴定验收

本节所指的工程质量事故处理方案是指技术处理方案，其目的是消除质量隐患，以达到建筑物的安全可靠和正常使用各项功能及寿命要求，并保证施工的正常进行。其一般处理原则是：正确确定事故性质是表面性还是实质性，是结构性还是一般性，是迫切性还是可缓性；正确确定处理范围，除直接发生部位，还应检查处理事故相邻影响作用范围的结构部位或构件。

事故处理要建立在原因分析的基础上，对有些事故一时认识不清时，只要事故不致产生严重的恶化，可以继续观察一段时间，做进一步的调查分析，不要急于求成，以免造成同一事故多次处理的不良后果。事故处理的基本要求是：安全可靠，不留隐患，满足建筑功能和使用要求，技术可行，经济合理，施工方便。在事故处理中，还必须加强质量检查和验收。对每一个质量事故，无论是否需要处理都要经过分析，做出明确的结论。

尽管对造成质量事故的技术处理方案多种多样，但根据质量事故的情况可归纳为修补处理、返工处理及不作处理三种类型的处理方案，监理单位应掌握从中选择最适用处理方案的方法，方能对相关单位上报的事故技术处理方案作出正确审核结论。

一、工程质量事故处理方案的确定

(一) 修补处理

这是最常用的一类处理方案。通常当工程的某个工序、单元工程或分部工程的质量虽未达到规定的规范、标准或设计要求，存在一定缺陷，但通过修补或更换器具、设备后还可达到要求的标准，又不影响使用功能和外观要求，在此情况下，可以进行修补处理。

属于修补处理这类具体方案很多，诸如封闭保护、复位纠偏、结构补强、表面处理等。某些混凝土结构表面的蜂窝、麻面，经调查分析，可进行剔凿、抹灰等表面处理，一般不会影响其使用和外观。

对较严重的质量问题，可能影响结构的安全性和使用功能，必须按一定的技术方案进行加固补强处理。这样往往会造成一些永久性缺陷，如改变结构外形尺寸，影响一些次要的使用功能等。

(二) 返工处理

当工程质量未达到规定的标准和要求，存在严重质量问题，对结构的使用和安全构成重大影响，且又无法通过修补处理的情况下，可对工序、单元、分部甚至整个工程返工处理。例如，某防洪堤坝填筑压实后，其压实土的干密度未达到规定值，经核算将影响土体的稳定且不满足抗渗能力要求，可挖除不合格土，重新填筑，进行返工处理。对某些存在严重质量缺陷，且无法采用加固补强等修补处理或修补处理费用比原工程造价还高的工程，应进行整体拆除，全面返工。

(三) 不作处理

施工项目的质量问题，并非都要处理，即使有些质量缺陷，虽已超出了国家标准及规范要求，但也可以针对工程的具体情况，经过分析、论证，作出无须处理的结论。总之，对质量问题的处理，也要实事求是，既不能掩饰，也不能扩大，以免造成不必要的经济损失和延误工期。

无须作处理的质量问题常有以下几种情况：

(1) 不影响结构安全，生产工艺和使用要求。例如，有的建筑物在施工中发生了错位，若要纠正，困难较大，或将造成重大的经济损失。经分析论证，只要不影响工艺和使用要求，可以不作处理。

(2) 检验中的质量问题，经论证后可不作处理。例如，混凝土试块强度偏低，而实际混凝土强度，经测试论证已到要求，就可不作处理。

(3) 某些轻微的质量缺陷，通过后续工序可以弥补的，可不处理。例如，混凝土出现了轻微的蜂窝、麻面，而该缺陷可通过后续工序抹灰、喷涂、刷白等进行弥补，则无须对墙板的缺陷进行处理。

（4）对出现的质量问题，经复核验算，仍能满足设计要求者，可不作处理。例如，结构断面被削弱后，仍能满足设计的承载能力，但这种做法实际上在挖设计的潜力，因此需要特别慎重。

二、质量问题处理的鉴定

质量问题处理是否达到预期的目的，是否留有隐患，需要通过检查验收来作出结论。

事故处理质量检查验收，必须严格按施工验收规范中有关规定进行；必要时，还要通过实测、实量、荷载试验、取样试压、仪表检测等方法来获取可靠的数据。这样，才可能对事故作出明确的处理结论。

事故处理结论的内容有以下几种：

（1）事故已排除，可以继续施工。

（2）隐患已经消除，结构安全可靠。

（3）经修补处理后，完全满足使用要求。

（4）基本满足使用要求，但附有限制条件如限制使用荷载，限制使用条件等。

（5）对耐久性影响的结论。

（6）对建筑外观影响的结论。

（7）对事故责任的结论等。

此外，对一时难以作出结论的事故，还应进一步提出观测检查的要求。

事故处理后，还必须提交完整的事故处理报告，其内容包括：事故调查的原始资料、测试数据；事故的原因分析、论证；事故处理的依据；事故处理方案、方法及技术措施；检查验收记录；事故无须处理的论证；以及事故处理结论等。

思 考 题

6-1 工程质量事故的特点有哪些？

6-2 工程质量事故是如何分类的？依据是什么？

6-3 造成质量事故的一般原因有哪些？

6-4 简述工程质量事故分析处理的程序。

6-5 工程质量事故处理的原则、方法是什么？

第七章 工程质量控制的统计分析方法

数据反映了产品的质量状况及其变化，是进行质量控制的重要依据。"一切用数据说话"是全面质量管理的观点之一。为了将收集的数据变为有用的质量信息，就必须把收集来的数据进行整理，经过统计分析，找出规律，发现存在的质量问题，进一步分析影响的原因，以便采取相应的对策与措施，使工程质量处于受控状态。质量管理统计分析方法的工作程序见图 7-1。

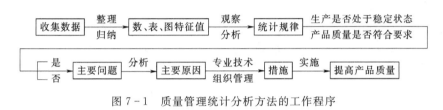

图 7-1 质量管理统计分析方法的工作程序

第一节 质量控制统计分析的基本知识

一、质量数据的分类

质量数据是指对工程（或产品）进行某种质量特性的检查、试验、化验等所得到的量化结果，这些数据向人们提供了工程（或产品）的质量评价和质量信息。

（一）按质量数据的特征分类

按质量数据的本身特征分类可分为计量值数据和计数值数据两种。

1. 计量值数据

计量值数据是指可以连续取值的数据，属于连续型变量。如长度、时间、质量、强度等。这些数据都可以用测量工具进行测量，这类数据的特点是在任何两个数值之间都可以取得精度较高的数值。

2. 计数值数据

计数值数据是指只能计数、不能连续取值的数据。如废品的个数、合格的单元工程数、出勤的人数等。此外，凡是由计数值数据衍生出来的量，也属于计数值数据。如合格率、缺勤率等虽都是百分数，但由于它们的分子是计数值，所以它们都是计数值数据。同理，由计量值数据衍生出来的量，也属于计量值数据。

（二）按质量数据收集的目的不同分类

按质量数据收集的目的不同分类，可以分为控制性数据和验收性数据两种。

1. 控制性数据

控制性数据是指以工序质量作为研究对象、定期随机抽样检验所获得的质量数据。它用来分析、预测施工（生产）过程是否处于稳定状态。

2. 验收性数据

验收性数据是以工程产品（或原材料）的最终质量为研究对象，分析、判断其质量是否达到技术标准或用户的要求，而采用随机抽样检验而获取的质量数据。

二、质量数据的整理

1. 数据的修约

过去对数据采取四舍五入的修约规则，但因多次反复使用，将使总值偏大。因此，在质量管理中，建议采用"四舍六入五单双法"修约，即：四舍六入，五后非零时进一，五后皆零时视五前奇偶，五前为偶应舍去，五前为奇则进一（零视为偶数）。此外，不能对一个数进行连续修约。

例如，将下列数字修约为保留一位小数时，分别为：① $14.263 \rightarrow 14.3$；② $14.3 \rightarrow 14.3$；③ $14.2501 \rightarrow 14.3$；④ $14.1500 \rightarrow 14.2$；⑤ $14.2500 \rightarrow 14.2$。

2. 总体算术平均数 μ

$$\mu = \frac{1}{N}(X_1 + X_2 + \cdots + X_n) = \frac{1}{N}\sum_{i=1}^{N} X_i \qquad (7-1)$$

式中　N——总体中个体数；

　　　X_i——总体中第 i 个的个体质量特性值。

3. 样本算术平均数 $\overline{x}$

$$\overline{x} = \frac{1}{n}(x_1 + x_2 + \cdots + x_n) = \frac{1}{n}\sum_{i=1}^{n} x_i \qquad (7-2)$$

式中　n——样本容量；

　　　x_i——样本中第 i 个样品的质量特性值。

4. 样本中位数

中位数又称中数。样本中位数就是将样本数据按数值大小有序排列后，位置居中的数值。

当 n 为奇数时

$$\widetilde{X} = x_{\frac{n+1}{2}} \qquad (7-3)$$

当 n 为偶数时

$$\widetilde{X} = \frac{1}{2}\left(x_{\frac{n}{2}} + x_{\frac{n+1}{2}}\right) \qquad (7-4)$$

5. 极差 R

极差是数据中最大值与最小值之差，是用数据变动的幅度来反映分散状况的特征值。极差计算简单、使用方便，但比较粗略，数值仅受两个极端值的影响，损失的质量信息多，不能反映中间数据的分布和波动规律，仅适用于小样本。其计算公式为

$$R = x_{\max} - x_{\min} \qquad (7-5)$$

6. 标准偏差

用极差只反映数据分散程度，虽然计算简便，但不够精确。因此，对计算精度要求较高时，需要用标准偏差来表征数据的分散程度。标准偏差简称标准差或均方差。总体的标准差用 σ 表示，样本的标准差用 S 表示。标准差值小说明分布集中程度高，离散程度小，均值对总体的代表性好；标准差的平方是方差，有鲜明的数理统计特征，能确切说明数据分布的离散程度和波动规律，是最常采用的反映数据变异程度的特征值。其计算公式如下。

（1）总体的标准偏差 σ：

$$\sigma = \sqrt{\frac{\sum_{i=1}^{n}(x_i - \mu)^2}{N}} \tag{7-6}$$

（2）样本的标准偏差 S：

$$S = \sqrt{\frac{\sum_{i=1}^{n}(x_i - \overline{x})^2}{n-1}} \tag{7-7}$$

当样本量（$n \geq 50$）足够大时，样本标准偏差 S 接近于总体标准差 σ，式（7-7）中的分母（$n-1$）可简化为 n。

$\overline{x}$ 和 S 分别作为 μ 和 σ 的估计值。

7. 变异系数（离差系数）

标准偏差是反映样本数据的绝对波动状况，当测量较大的量值时，绝对误差一般较大；测量较小的量值时，绝对误差一般较小。因此，用相对波动的大小，即变异系数更能反映样本数据的波动性。变异系数用 C_V 表示，是标准偏差 S 与算术平均值 $\overline{X}$ 的比值，即

$$C_V = \frac{S}{\overline{X}} \tag{7-8}$$

三、质量数据的分布规律

在实际质量检测中，发现即使在生产过程是稳定正常的情况下，同一总体（样本）的个体产品的质量特性值也是互不相同的。个体间表现形式上的差异性，反映在质量数据上即为个体数值的波动性、随机性，然而当运用统计方法对这些大量丰富的个体质量数值进行加工、整理和分析后，又会发现这些产品质量特性值（以计量值数据为例）大多都分布在数值变动范围的中部区域，即有向分布中心靠拢的倾向，表现为数值的集中趋势；还有一部分质量特性值在中心的两侧分布，随着逐渐远离中心，数值的个数变少，表现为数值的离散趋势。质量数据的集中趋势和离散趋势反映了总体（样本）质量变化的内在规律性。质量数据具有个体数值的波动性和总体（样本）分布的规律性。

（一）质量数据波动的原因

在生产实践中，常可看到设备、原材料、工艺及操作人员相同的条件下，生产的同一

种产品的质量不同，反映在质量数据上，即具有波动性，亦称为变异性。究其波动的原因，有来自生产过程和检测过程的，但不管哪一个过程的原因，均可归纳为下列五个方面因素的变化：①人的状况，如精神、技术、身体和质量意识等；②机械设备、工具等的精度及维护保养状况；③材料的成分、性能；④方法、工艺、测试方法等；⑤环境，如温度和湿度等。

根据造成质量波动的原因，以及对工程质量的影响程度和消除的可能性，将质量数据的波动分为两大类，即正常波动和异常波动。质量特性值的变化在质量标准允许范围内波动称之为正常波动，是由偶然性因素引起的；若是超越了质量标准允许范围的波动则称之为异常波动，是由系统性因素引起的。

1. 偶然性因素

它是由偶然性、不可避免的因素造成的。影响因素的微小变化具有随机发生的特点，是不可避免、难以测量和控制的，或者是在经济上不值得消除，或者难以从技术上消除。如原材料中的微小差异、设备正常磨损或轻微振动、检验误差等。它们大量存在但对质量的影响很小，属于允许偏差、允许位移范畴，引起的是正常波动，一般不会因此造成废品，生产过程正常稳定。通常把4M1E因素的这类微小变化归为影响质量的偶然性原因、不可避免原因或正常原因。

2. 系统性因素

当影响质量的4M1E因素发生了较大变化，如工人未遵守操作规程、机械设备发生故障或过度磨损、原材料质量规格有显著差异等情况发生时，没有及时排除，生产过程在不正常，产品质量数据就会离散过大或与质量标准有较大偏离，表现为异常波动，次品、废品产生。这就是产生质量问题的系统性原因或异常原因。由于异常波动特征明显，容易识别和避免，特别是对质量的负面影响不可忽视，生产中应该随时监控，及时识别和处理。

（二）质量数据分布的规律性

上面已述及，在正常生产条件下，质量数据仍具有波动性，即变异性。概率数理统计在对大量统计数据研究中，归纳总结出许多分布类型。一般来说，计量连续的数据是属于正态分布，计件值数据服从二项分布，计点值数据服从泊松分布。正态分布规律是各种频率分布中用得最广的一种，在水利工程施工质量管理中，量测误差、土质含水量、填土干密度、混凝土坍落度、混凝土强度等质量数据的频数分布一般认为服从正态分布。

正态分布概率密度曲线见图 7-2。从图 7-2 中可知：

（1）分布曲线关于均值 μ 是对称的。

（2）标准差 σ 大小表达曲线宽窄的程度，σ 越大，曲线越宽，数据越分散；σ 越小，曲线越窄，数据越集中。

（3）由概率论中的概率和正态分布的概

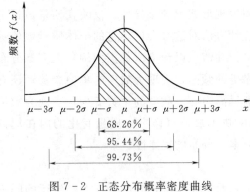

图 7-2 正态分布概率密度曲线

念，查正态分布表可算出：曲线与横坐标轴所围成的面积为 1；正态分布总体样本落在 $(\mu-\sigma, \mu+\sigma)$ 区间的概率为 68.26%；落在 $(\mu-2\sigma, \mu+2\sigma)$ 区间的概率为 95.44%，落在 $(\mu-3\sigma, \mu+3\sigma)$ 区间的概率为 99.73%。也就是说，在测试 1000 件产品质量特性值中，就可能有 997 件以上的产品质量特性值落在区间 $(\mu-3\sigma, \mu+3\sigma)$ 内，而出现在这个区间以外的只有不足 3 件。这在质量控制中称为"千分之三"原则或者"3σ 原则"。这个原则是在统计管理中作任何控制时的理论根据，也是国际上公认的统计原则。

第二节　常用的质量分析方法

利用质量分析方法控制工序或工程产品质量，主要通过数据整理和分析，研究其质量误差的现状和内在的发展规律，据以推断质量现状和将要发生的问题，为质量控制提供依据和信息。所以，质量分析方法本身，仅是一种工具，通过它只能反映质量问题，提供决策依据。真正要控制质量，还是要依靠针对问题所采取的措施。

用于质量分析的工具很多，常用的有直方图法、控制图法、排列图法、分层法、因果分析图法、相关图法和调查表法。

一、直方图法

（一）直方图法的用途

直方图法即频数分布直方图法，它是将收集到的质量数据进行分组整理，绘制成频数分布直方图，通过频数分布分析研究数据的集中程度和波动范围的统计方法。通过直方图的观察与分析，可了解生产过程是否正常，估计工序不合格品率的高低，判断工序能力是否满足，评价施工管理水平等。

其优点是：计算、绘图方便、易掌握，且直观、确切地反映出质量分布规律。其缺点是：不能反映质量数据随时间的变化；要求收集的数据较多，一般要 50 个以上，否则难以体现其规律。

（二）直方图的绘制方法

1. 收集整理数据

【例 7-1】　某工程浇筑混凝土时，先后取得混凝土抗压强度数据，见表 7-1。

表 7-1　　　　　　　　　　　　混凝土抗压强度数据表　　　　　　　　　　单位：MPa

行　次	试　块　抗　压　强　度						最大值	最小值
1	39.7	31.3	35.9	32.4	37.1	30.9	39.7	30.9
2	28.9	23.5	30.6	32.0	28.0	28.2	32.0	23.5
3	29.0	25.7	29.1	30.0	20.3	28.6	30.0	20.3
4	20.4	25.0	25.6	26.5	26.9	28.6	28.6	20.4
5	31.2	28.2	30.5	32.0	30.7	31.1	32.0	28.2
6	29.7	30.3	23.3	27.0	23.3	20.9	30.3	20.9

续表

行　次	试 块 抗 压 强 度						最大值	最小值
7	25.7	36.1	37.6	24.8	27.2	30.1	37.6	24.8
8	26.6	24.6	24.6	25.9	31.1	27.9	31.1	24.6
9	29.0	24.0	28.5	34.3	27.1	35.8	35.8	24.0
10	32.5	35.8	27.4	27.1	28.1	29.7	35.8	27.1
X_{max}，X_{min}							39.7	20.3

2. 计算极差 R

找出全部数据中的最大值与最小值，计算出极差。

本例中：$X_{max}=39.7$MPa，$X_{min}=20.3$MPa，极差 $R=19.4$MPa。

3. 确定组数和组距

(1) 确定组数 k。确定组数的原则是分组的结果能正确地反映数据的分布规律。组数应根据数据多少来确定。组数过少，会掩盖数据的分布规律；组数过多，使数据过于零乱分散，也不能显示出质量分布状况。一般可由经验数值确定，50～100 个数据时，可分为6～10 组；100～250 个数据时，可分为 7～12 组；数据 250 个以上时，可分为 10～20 组；本例中取组数 $k=7$。

(2) 确定组距 h。组距是组与组之间的间隔，也即一个组的范围。各组距应相等，即

$$组距＝极差/组数$$

本例中组距 $h=19.4/7=2.77$，为了计算方便，这里取 $h=2.78$。

其中，组中值按下式计算：

$$某组组中值＝\frac{某组下界限值＋某组上界限值}{2}$$

4. 确定组界值

确定组界值就是确定各组区间的上、下界值。为了避免 X_{min} 落在第一组的界限上，第一组的下界值应比 X_{min} 小；同理，最后一组的上界值应比 X_{max} 大。此外，为保证所有数据全部落在相应的组内，各组的组界值应当是连续的；而且组界值要比原数据的精度提高一级。

一般以数据的最小值开始分组。第一组上、下界值按下式计算：

第一组下界限值：　$X_{min}-\dfrac{h}{2}=20.3-\dfrac{2.78}{2}=18.91$（MPa）

第一组上界限值：　$X_{min}+\dfrac{h}{2}=20.3+\dfrac{2.78}{2}=21.69$（MPa）

第一组的上界限值就是第二组的下界限值；第二组的上界限值等于下界限值加组距 h，其余类推。

5. 编制数据频数统计表

编制数据频数统计表，见表 7-2。

6. 绘制频数分布直方图

以频率为纵坐标，以组中值为横坐标，画直方图，见图 7-3。

表 7-2   计　算　表

组　号	组区间值	组中值	频数统计	频数	频率/%
1	18.91～21.69	20.3	下	3	5
2	21.69～24.47	23.8	正 丁	7	11.7
3	24.47～27.25	25.85	正 正 下	13	21.7
4	27.25～30.03	28.63	正 正 正 正 一	21	35
5	30.03～32.81	31.41	正 正	9	15
6	32.81～35.59	34.19	正	5	8.3
7	35.59～38.37	36.97	丁	2	3.3
总　计				60	

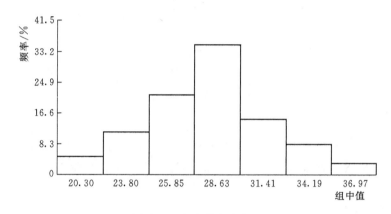

图 7-3　频率分布直方图

(三) 直方图的判断和分析

通过用直方图分布和公差比较判断工序质量，如发现异常，应及时采取措施预防产生不合格品。

1. 理想直方图

它是左右基本对称的单峰型。直方图的分布中心 $\bar{x}$ 与公差中心 μ 重合；直方图位于公差范围之内，即直方图宽度 B 小于公差 T。可以取 $T \approx 6S$，见图 7-4 (a)。其中 S 为检测数据的标准差。

对于 [例 7-1]，直方图是左右基本对称的单峰型；$S=4.2$，$B=19.4$。$B<6S$；所以是正常型的直方图。说明混凝土的生产过程正常。

2. 非正常型直方图

出现非正常型直方图时，表明生产过程或收集数据作图有问题。这就要求进一步分析判断找出原因，从而采取措施加以纠正。凡属非正常型直方图，其图形分布有各种不同缺陷，归纳起来一般有五种类型。

(1) 折齿型。是由于分组过多或组距太细所致，见图 7-4 (b)。

(2) 孤岛型。是由于原材料或操作方法的显著变化所致，见图 7-4 (c)。

(3) 双峰型。是由于将来自两个总体的数据（如两种不同材料、两台机器或不同操作方法）混在一起所致，见图7-4（d）。

（4）缓坡型。图形向左或向右呈缓坡状，即平均值$\overline{X}$又过于偏左或偏右，这是由于工序施工过程中的上控制界限或下控制界限控制太严所造成的，见图7-4（e）。

（5）绝壁型。是由于收集数据不当，或是人为剔除了下限以下的数据造成的，见图7-4（f）。

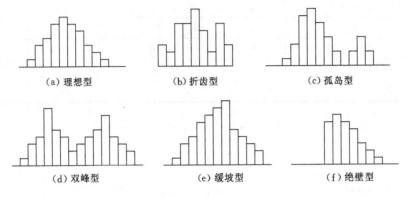

| (a) 理想型 | (b) 折齿型 | (c) 孤岛型 |
| (d) 双峰型 | (e) 缓坡型 | (f) 绝壁型 |

图7-4 直方图的类型

（四）废品率的计算

由于计量连续的数据一般是服从正态分布的，所以根据标准公差上限T_U、标准公差下限T_L和平均值$\overline{X}$、标准偏差S可以推断产品的废品率，见图7-5所示。计算方法如下。

1. 超上限废品率P_U的计算

先求出超越上限的偏移系数：

$$K_{P_U} = \frac{|T_U - \overline{X}|}{S} \qquad (7-9)$$

然后根据它查正态分布表，求得超上限的废品率P_U。

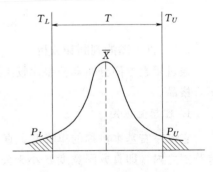

2. 超下限废品率P_L的计算

先求出超越下限的偏移系数：

$$K_{P_L} = \frac{|T_L - \overline{X}|}{S} \qquad (7-10)$$

图7-5 正态分布曲线

再依据它查正态分布表，得出超下限的废品率P_L。

3. 总废品率

$$P = P_U + P_L \qquad (7-11)$$

【例7-2】 资料数据同［例7-1］，若设计要求标号为C20（强度为20.0MPa），其下限值按施工规范不得低于设计值的15%，即$T_L = 20.0 \times (1-0.15) = 17.0$MPa。求废品率。

解： 由于混凝土强度不存在超上限废品率的问题，由［例7-1］可知：$\overline{X} = 28.8$，$S = 4.13$。

因此：$K_{P_L} = \dfrac{|T_L - \overline{X}|}{S} = \dfrac{|17 - 28.8|}{4.13} = 2.86$。

查正态分布表，$P_L = 0.2\%$。所以总废品率 $P = 0.2\%$。

（五）工序能力指数 C_p

工序能力能否满足客观的技术要求，需要进行比较度量，工序能力指数就是表示工序能力满足产品质量标准的程度的评价指标。所谓产品质量标准，通常指产品规格、工艺规范、公差等。工序能力指数一般用符号 C_p 表示，则将正常型直方图与质量标准进行比较，即可判断实际生产施工能力。

1. 工序能力分析

作出直方图后，除了观察直方图形状，分析质量分布状态外，再将正常直方图与质量标准相比较，从而对工序能力进行分析，一般有如图 7-6 所示六种情况。

为了方便分析，用 T 表示质量标准要求的界限，用 B 代表实际质量特性值分布范围。

比较结果一般有以下几种情况：

（1）B 在 T 中间，两边各有一定余地，这是理想的控制状态，见图 7-6（a）。

（2）B 虽在 T 之内，但偏向一侧，有可能出现超上限或超下限不合格品，要采取纠正措施，提高工序能力，见图 7-6（b）。

（3）B 与 T 重合，实际分布太宽，极易产生超上限与超下限的不合格品，要采取措施，提高工序能力，见图 7-6（c）。

（4）B 过分小于 T，说明工序能力过大，不经济，见图 7-6（d）。

（5）B 过分偏离了的中心，已经产生超上限或超下限的不合格品，需要调整，见图 7-6（e）。

（6）B 大于 T，已经产生大量超上限与超下限的不合格品，说明工序能力不能满足技术要求，见图 7-6（f）。

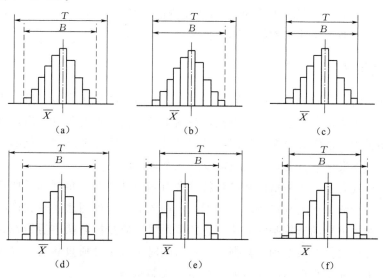

图 7-6　工序能力分析图

2. 工序能力指数 C_p 的计算

（1）对双侧限而言，当数据的实际分布中心与要求的标准中心一致时，即无偏的工序能力指数为

$$C_p = \frac{T_U - T_L}{6S} \tag{7-12}$$

当数据的实际分布中心与要求的标准中心不一致时，即有偏的工序能力指数为

$$C_{pk} = C_p(1 - K) = \frac{T}{6S}(1 - K) \tag{7-13}$$

$$K = \frac{a}{T/2} = \frac{|2a|}{T}, \quad a = \frac{T_U + T_L}{2} - \overline{X}$$

式中　T——标准公差；

　T_U、T_L——标准公差上限及下限；

　　a——偏移量；

　　K——偏移系数。

（2）对于单侧限，即只存在 T_U 或 T_L 时，工序能力指数 C_p 的计算公式应作如下修改。

　　若仅存在 T_L，则 $\qquad\qquad C_p = \frac{\mu - T_L}{3S}$ $\qquad\qquad\qquad$ $(7-14)$

　　若仅存在 T_U，则 $\qquad\qquad C_p = \frac{T_U - \mu}{3S}$ $\qquad\qquad\qquad$ $(7-15)$

式中　μ——标准（设计）中心值。

当数据的实际中心与要求的中心不一致时，同样应该用偏移系数 K 对 C_p 进行修正，得到单侧限有偏的工序能力指数 C_{pk}。

值得注意的是，不论是双侧限还是单侧限情况，仅当偏移量较小时，所得 C_{pk} 才合理。

一般而言，当 $1.33 < C_p < 1.67$ 时，说明工程能力良好；当 $C_p = 1.33$ 时，说明工程能力勉强；当 $C_p < 1$ 时，说明工程能力不足。

二、控制图法

前述直方图法，它所表示的都是质量在某一段时间里的静止状态。但在生产工艺过程中，产品质量的形成是个动态过程。因此，控制生产工艺过程的质量状态，就成了控制工程质量的重要手段。这就必须在产品制造过程中及时了解质量随时间变化的状况，使之处于稳定状态，而不发生异常变化，这就需要利用管理图法。

管理图又称控制图，它是指以某质量特性和时间为轴，在直角坐标系所描的点，依时间为序所连成的折线，加上判定线以后，所画成的图形。管理图法是研究产品质量随着时间变化，如何对其进行动态控制的方法。它的使用可使质量控制从事后检查转变为事前控制。借助于管理图提供的质量动态数据，人们可随时了解工序质量状态，发现问题，分析原因，采取对策，使工程产品的质量处于稳定的控制状态。

控制图一般有三条线：上面的一条线为控制上限，用符号 UCL 表示；中间的一条叫

中心线，用符号 CL 表示；下面的一条叫控制下限，用符号 LCL 表示，见图 7-7。

在生产过程中，按规定取样，测定其特性值，将其统计量作为一个点画在控制图上，然后连接各点成一条折线，即表示质量波动情况。

应该指出，这里的控制上下限和前述的标准公差上下限是两个不同的概念，不应混淆。控制界限是概率界限，而公差界限是一个技术界限。控制界限用于判断工序是否正常。控制界限是根据生产过程处于控制状态下，所取得的数据计算出来的；而公差界限是根据工程的设计标准而事先规定好的技术要求。

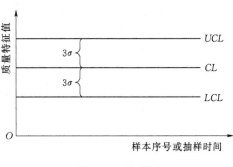

图 7-7 控制图

(一) 控制图的种类

按照控制对象，可将双侧控制图分为计量双侧控制图和计数双侧控制图两种。

计量双侧控制图包括：平均值-极差双侧控制图（$\overline{X}-R$ 图），中位数-极差双侧控制图（$\widetilde{X}-R$ 图），单值-移动极差双侧控制图（$\overline{X}-R_s$ 图）。

计数双侧控制图包括：不合格品数双侧控制图（P_n 图），不合格品率双侧控制图（P 图），缺陷数双侧控制图（C 图），单位缺陷数双侧控制图（μ 图）。

这里只介绍平均值-极差双侧控制图（$\overline{X}-R$ 图）。$\overline{X}$ 管理图是控制其平均值，极差 R 尺管理图是控制其均方差。通常这两张图一起用。

(二) 控制图的绘制

原材料质量基本稳定的条件下，混凝土强度主要取决于水灰比，因此可以通过控制水灰比来间接的控制强度。为说明管理图的控制方法，以设计水灰比取 0.50 为例，绘制水灰比的 $\overline{X}-R$ 管理图。

(1) 收集预备数据。在生产条件基本正常的条件下，分盘取样，测定水灰比，每班取得 $n=3\sim5$ 个数据（一个数据为两次试验的平均值）作为一组，抽取的组数 $t=20\sim30$ 组，见表 7-3。本例收集 25 组数据。

表 7-3　　　　　　　　　　$\overline{X}-R$ 双侧控制图数据表

组号	日　期	X_1	X_2	X_3	X_4	$\sum X_i$	$\overline{X}$	R
1	9月5日	0.51	0.46	0.50	0.54	2.01	0.502	0.080
2	9月6日	0.45	0.54	0.50	0.52	2.01	0.502	0.090
3	9月7日	0.51	0.54	0.53	0.47	2.05	0.512	0.070
4	9月8日	0.53	0.45	0.49	0.46	1.93	0.482	0.070
5	9月9日	0.55	0.50	0.46	0.50	2.01	0.502	0.090
6	9月10日	0.47	0.52	0.47	0.48	1.94	0.485	0.050
7	9月11日	0.54	0.48	0.50	0.50	2.02	0.505	0.060

组号	日 期	X_1	X_2	X_3	X_4	$\sum X_i$	$\overline{X}$	R
8	9 月 12 日	0.53	0.51	0.53	0.46	2.03	0.508	0.070
9	9 月 13 日	0.46	0.54	0.47	0.49	1.96	0.490	0.080
10	9 月 14 日	0.52	0.55	0.46	0.51	2.04	0.510	0.090
11	9 月 15 日	0.47	0.54	0.47	0.47	1.95	0.488	0.070
12	9 月 16 日	0.53	0.51	0.46	0.52	2.02	0.505	0.070
13	9 月 17 日	0.48	0.51	0.51	0.48	1.98	0.495	0.030
14	9 月 18 日	0.45	0.47	0.50	0.53	1.95	0.488	0.080
15	9 月 19 日	0.51	0.52	0.53	0.54	2.10	0.525	0.030
16	9 月 20 日	0.46	0.52	0.48	0.49	1.95	0.488	0.060
17	9 月 21 日	0.49	0.46	0.50	0.53	1.98	0.495	0.070
18	9 月 22 日	0.53	0.49	0.51	0.52	2.05	0.512	0.040
19	9 月 23 日	0.48	0.47	0.48	0.49	1.92	0.480	0.020
20	9 月 24 日	0.45	0.49	0.50	0.55	I.99	0.498	0.100
21	9 月 25 日	0.47	0.51	0.51	0.53	2.02	0.505	0.060
22	9 月 26 日	0.54	0.50	0.46	0.49	1.99	0.498	0.080
23	9 月 27 日	0.46	0.50	0.51	0.53	2.00	0.500	0.070
24	9 月 28 日	0.55	0.47	0.48	0.49	1.99	0.498	0.080
25	9 月 29 日	0.52	0.47	0.56	0.50	2.05	0.512	0.090

（2）计算各组平均值 $\overline{X}$ 和极差 R，计算结果记在右侧两栏。

（3）计算管理图的中心线，即 $\overline{X}$ 的平均值 $\overline{\overline{X}}$；计算 R 管理图的中心线，即 R 的平均值 $\overline{R}$。

$$\overline{\overline{X}} = \frac{\sum \overline{X}_i}{t}, \quad \overline{R} = \frac{\sum R_i}{t} \tag{7-16}$$

本例中，$\overline{\overline{X}} = 0.499$，$\overline{R} = 0.068$。

（4）计算管理界限。

$\overline{X}$ 管理图：

中心线 $CL = \overline{\overline{X}}$ (7-17)

上管理界限 $UCL = \overline{\overline{X}} + A_2\overline{R}$ (7-18)

下管理界限 $LCL = \overline{\overline{X}} + A_2\overline{R}$ (7-19)

$\overline{R}$ 管理图：

中心线 $CL = \overline{R}$ (7-20)

上管理界限 $UCL = D_4\overline{R}$ (7-21)

下管理界限 $LCL = D_3\overline{R}$（$n \leqslant 6$ 时不考虑）   (7-22)

式中 A_2、D_3、D_4——随 n 变化的系数，其值见表 7-4。

表 7 - 4				系数 A_2、D_3 和 D_4 随 n 变化的数据表					
n	2	3	4	5	6	7	8	9	10
A_2	1.88	1.023	0.729	0.577	0.483	0.419	0.373	0.337	0.308
D_3	—	—	—	—	—	0.076	0.136	0.184	0.223
D_4	3.267	2.575	2.282	2.115	2.004	1.924	1.864	1.816	1.777

本例计算结果如下：

$\overline{X}$ 管理图：

中心线 $\qquad\qquad\qquad CL=\overline{\overline{X}}=0.499$

上管理界限 $\qquad UCL=\overline{\overline{X}}+A_2\overline{R}=0.499+0.729\times0.068=0.549$

下管理界限 $\qquad LCL=\overline{\overline{X}}+A_2\overline{R}=0.499-0.729\times0.068=0.450$

$\overline{R}$ 管理图：

中心线 $\qquad\qquad\qquad CL=\overline{R}=0.068$

上管理界限 $\qquad\qquad UCL=D_4\overline{R}=0.155$

下管理界限 $\qquad\qquad LCL=D_3\overline{R}=0$（$n\leqslant6$ 时不考虑）

（5）画管理界限并打点，见图 7 - 8、图 7 - 9。

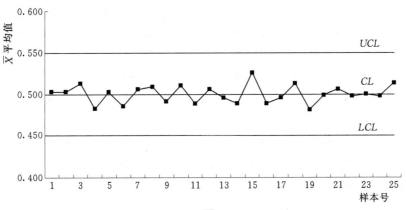

图 7 - 8 $\overline{X}$ 控制图

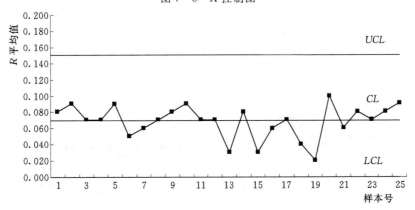

图 7 - 9 R 控制图

（三）控制图的分析与判断

绘制控制图的主要目的是分析判断生产过程是否处于稳定状态。控制图主要通过研究点子是否超出了控制界线以及点子在图中的分布状况，以判定产品（材料）质量及生产过程是否稳定，是否出现异常现象。如果出现异常，应采取措施，使生产处于控制状态。

控制图的判定原则是：对某一具体工程而言，小概率事件在正常情况下不应该发生。换言之，如果小概率时间在一个具体工程中发生了，则可以判定出现了某种异常现象，否则就是正常的。由此可见，控制图判断的基本思想可以概括为"概率性质的反证法"，即借用小概率事件在正常情况下不应发生的思想作出判断。这里所指的小概率事件是指概率小于1%的随机事件。主要从以下四个方面来判断生产过程是否稳定。

（1）连续的点全部或几乎全部落在控制界线内，见图7-10（a）。经计算得到：

1）连续25点无超出控制界线者。

2）连续35点中最多有一点在界外者。

3）连续100点中至多允许有2点在界外者。

以上这三种情况均为正常。

（2）点在中心线附近居多，即接近上、下控制界线的点不能过多。接近控制界线是指点子落在了 $\mu+2\sigma$ 以外和 $\mu+3\sigma$ 以内。如属下列情况判定为异常：连续3点少有2点接近控制界线；连续7点至少有3点接近控制界线；连续10点至少有4点接近控制界线。

（3）点在控制界线内的排列应无规律。以下情况为异常：

1）连续7点及其以上呈上升或下降趋势者，见图7-10（b）。

2）连续7点及其以上在中心线两侧呈交替性排列者。

3）点的排列呈周期性者，见图7-10（c）。

（4）点在中心线两侧的概率不能过分悬殊，见图7-10（d）。以下情况为异常：连续11点中有10点在同侧；连续14点中有12点在同侧；连续17点中有14点在同侧；连续20点中有16点在同侧。

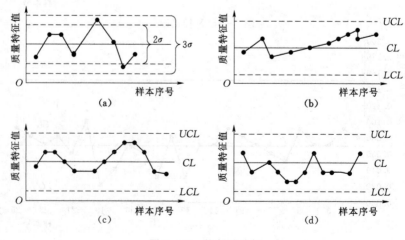

图7-10 控制图分析

三、排列图法

排列图法又称巴雷特图法，也叫主次因素分析图法，它是分析影响工程（产品）质量主要因素的一种有效方法。

（一）排列图的组成

排列图是由一个横坐标，两个纵坐标，若干个矩形和一条曲线组成，见图 7 - 11。图 7 - 11 中左边纵坐标表示频数，即影响调查对象质量的因素至复发生或次数（个数、点数）；横坐标表示影响质量的各种因素，按出现的次数从多至少、从左到右排列；右边的纵坐标表示频率，即各因素的频数占总频数的百分比；矩形表示影响质量因素的项目或特性，其高度表示该因素频数的高低；曲线表示各因素依次的累计频率，也称为巴雷特曲线。

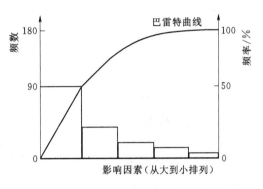

图 7 - 11　排列图组成

（二）排列图的绘制

1. 收集数据

对已经完成的分部、单元工程或成品、半成品所发生的质量问题，进行抽样检查，找出影响质量问题的各种因素，统计各种因素的频数，计算频率和累计频率，见表 7 - 5。

表 7 - 5
排 列 图 计 算 表

序号	不合格项目	不合格构件/件	不合格率/%	累计不合格率/%
1	构件强度不足	78	56.5	56.5
2	表面有麻面	30	21.7	78.2
3	局部有漏筋	15	10.9	89.1
4	振捣不密实	10	7.2	96.3
5	养护不良早期脱水	5	3.7	100
	合计	138	100	

2. 做排列图

排列图的制作步骤如下：

（1）建立坐标。右边的频率坐标从 0～100％划分刻度；左边的频数坐标从 0 到总频数划分刻度，总频数必须与频率坐标上的 100％成水平线；横坐标按因素的项目划分刻度，按照频数的大小依次排列。

（2）画直方图形。根据各因素的频数，依照频数坐标画出直方形（矩形）。

（3）画巴雷特曲线。根据各因素的累计频率，按照频率坐标上刻度描点，连接各点即为巴雷特曲线（或称巴氏曲线），见图 7 - 12。

（三）排列图分析

通常将巴氏曲线分成三个区：A 区、B 区和 C 区。累计频率在 80% 以下的叫 A 区，其所包含的因素为主要因素或关键项目，是应该解决的重点；累计频率在 80%～90% 的区域为 B 区，为次要因素；累计频率在 90%～100% 的区域为 C 区，为一般因素，一般不作为解决的重点。

（四）排列图的作用

排列图的主要作用如下：

（1）找出影响质量的主要

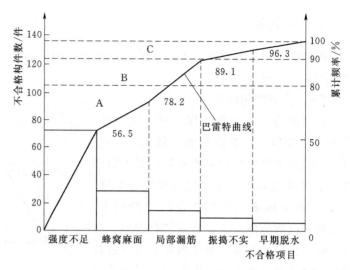

图 7-12　排列图

因素。影响工程质量的因素是多方面的，有的占主要地位，有的占次要地位。用排列图法，可方便地从众多影响质量的因素中找出影响质量的主要因素，以确定改进的重点。

（2）评价改善管理前后的实施效果。对其质量问题的解决前后，通过绘制排列图，可直观地看出管理前后某种因素的变化。评价改善管理的效果，进而指导管理。

（3）可使质量管理工作数据化、系统化、科学化。它所确定的影响质量主要因素不是凭空设想，而是有数据根据的。同时，用图形表达后，各级管理人员和生产工人都可以看懂，一目了然，简单明确。

四、分层法

分层法又叫分类法，是将调查收集的原始数据，根据不同的目的和要求，按某一性质进行分组、整理的分析方法。分层的结果使数据各层间的差异突出地显示出来，层内的数据差异减少了，在此基础上再进行层间、层内的比较分析。可以更深入地发现和认识质量问题的原因，由于产品质量是多方面因素共同作用的结果，因而对同一批数据，可以按不同性质分层，使我们能从不同角度来考虑、分析产品存在的质量影响因素。

常见的分层标志包括以下几点：

（1）按操作班组或操作者分层。

（2）按使用机械设备型号分层。

（3）按操作方法分层。

（4）按原材料供应单位、供应时间或等级分层。

（5）按施工时间分层。

（6）按检查手段、工作环境等分层。

现举例说明分层法的应用。

钢筋焊接质量的调查分析，共检查了 50 个焊接点，其中不合格 19 个，不合格率为

38%，存在严重的质量问题，试用分层法分析质量问题的原因。

现已查明这批钢筋的焊接是由 A、B、C 三个师傅操作的，而焊条是由甲、乙两个厂家提供的，因此，分别拿操作者和焊条生产厂家进行分层分析，即考虑一种因素单独的影响，见表 7 - 6 和表 7 - 7。

表 7 - 6		按操作者分层	
操作者	不合格	合格	不合格率/%
A	6	13	32
B	3	9	25
C	10	9	53
合计	19	31	38

表 7 - 7		按供应焊条厂家分层	
工厂	不合格	合格	不合格率/%
甲	9	14	39
乙	10	17	37
合计	19	31	38

由表 7 - 6 和表 7 - 7 分层分析可见，操作者 B 的质量较好，不合格率 25％；而不论是采用甲厂还是乙厂的焊条，不合格率都很高而且相差不大。

分层法是质量控制统计分析方法中最基本的一种方法，其他统计方法一般都要与分层法配合使用，如排列图法、直方图法、控制图法、相关图法等。常常是首先利用分层将原始数据分门别类，然后再进行统计分析。

五、因果分析图法

（一）因果分析图概念

因果分析图法是利用因果分析图来系统整理分析某个质量问题（结果）与其产生原因之间关系的有效工具，因果分析图也称特性要因图，又因其形状常被称为树枝图或鱼刺图。因果分析图基本形式见图 7 - 13。

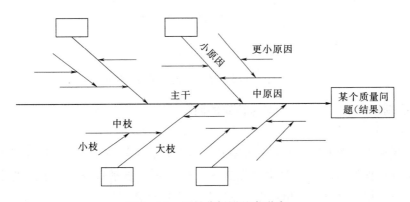

图 7 - 13　因果分析图基本形式

从图 7 - 13 可见，因果分析图由质量特性（即指某个质量问题）、要因（产生质量问题的主要原因）、枝干（指一系列箭线表示不同层次的原因）、主干（指较粗的直接指向质量问题的水平箭线）等所组成。

（二）因果分析图绘制

下面结合实例加以说明。

【例 7 - 3】 绘制混凝土强度不足的因果分析图。

因果分析图的绘制步骤与图中箭头方向恰恰相反，是从"结果"开始将原因逐层分解的，具体步骤如下：

（1）明确质量问题—结果。该例分析的质量问题是"混凝土强度不足"，作图时首先由左至右画出一条水平主干线，箭头指向一个矩形框，框内注明研究的问题，即结果。

（2）分析确定影响质量特性大的原因。一般来说，影响质量因素有五大方面，即人、机械、材料、方法、环境等。另外还可以按产品的生产过程进行分析。

（3）将每种大原因进一步分解为中原因、小原因，直至分解的原因可以采取具体措施加以解决为止。

（4）检查图中的所列原因是否齐全，可以对初步分析结果广泛征求意见补充及修改。

（5）选择出影响大的关键因素，以便重点采取措施。

图 7 - 14 是混凝土强度不足的因果分析图。

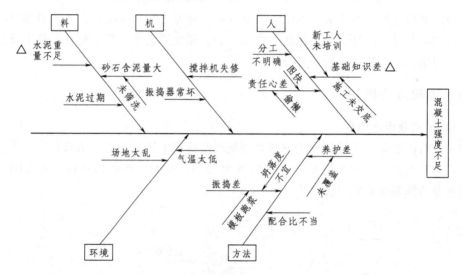

图 7 - 14 混凝土强度不足的因果分析图

（三）绘制和使用因果分析图时应注意的问题

1. 集思广益

绘制时要求绘制者熟悉专业施工方法技术，调查、了解施工现场实际条件和操作的具体情况。要以各种形式，广泛收集现场工人、班组长、质量检查员、工程技术人员的意见，集思广益，相互启发、互相补充，使因果分析更符合实际。

2. 定制对策

绘制因果分析图不是目的，而是要根据图中所反映的主要原因，制定改进的措施和对策，限期解决问题，保证产品质量。具体实施时，一般应编制一个混凝土强度不足的对策计划表，见表 7 - 8。

表 7 - 8   对 策 计 划 表

项目	序号	产生问题原因	采 取 的 对 策	执行人	完成时间
人	1	分工不明确	根据个人特长、确定每项作业的负责人及各操作人员职责、挂牌示出		
	2	基本知识差	①组织学习操作规程； ②搞好技术交底		
方法	3	配合比不当	①根据数理统计结果，按施工实际水平进行配合比计算； ②进行实验		
	4	水灰比偏类	①制作试块； ②捣制时每半天测砂石含水率一次； ③捣制时控制坍落度偏差在 5cm 以下		
	5	计量不准	校正磅秤		
材料	6	水泥重量不足	进行水泥重量统计		
	7	原材料不合格	对砂、石水泥进行各项指标试验		
	8	砂、石含泥量大	冲洗		
机械	9	振捣器常坏	①使用前检修一次； ②施工时配备电工； ③备用振捣器		
	10	搅拌机失修	①使用前检修一次； ②施工时配备检修工人		
环境	11	场地乱	认真清理，搞好平面布置，现场实行分片制		
	12	气温低	准备保温覆盖材料，养护落实到位		

六、相关图法

（一）相关图法的概念

相关图又称散布图。在质量控制中它是用来显示两种质量数据之间关系的一种图形。质量数据之间的关系多属相关关系。一般有三种类型：①质量特性和影响因素之间的关系；②质量特性和质量特性之间的关系；③影响因素和影响因素之间的关系。

可以用 y 和 x 分别表示质量特性值和影响因素，通过绘制散布图，计算相关系数等，分析研究两个变量之间是否存在相关关系，以及这种关系密切程度如何，进而对相关程度密切的两个变量，通过对其中一个变量的观察控制，去估计控制另一个变量的数值，以达到保证产品质量的目的。这种统计分析方法，称为相关图法。

（二）相关图的绘制方法

1. 收集数据

要成对地收集两种质量数据，数据不得过少。本例收集数据见表 7 - 9。

2. 绘制相关图

在直角坐标系中，一般 x 轴用来代表原因的量或较易控制的量，本例中 x 表示水灰比，y 轴用来代表结果的量或不易控制的量，本例中表示强度。然后将数据中相应的坐标位置上描点，便得到散布图，见图 7-15。

表 7-9　　　　　　　　　　　　　相　关　图　数　据　表

序　号		1	2	3	4	5	6	7	8
x	水灰比（W/C）	0.4	0.45	0.5	0.55	0.6	0.65	0.7	0.75
y	强度/MPa	36.3	35.3	28.2	24.0	23.0	20.6	18.4	15.0

（三）相关图的观察和分析

相关图中点的集合，反映了两种数据之间的散布状况，根据散布状况可以分析两个变量之间的关系。归纳起来有以下六种类型，见图 7-16。

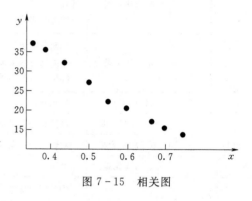

图 7-15　相关图

（1）正相关 ［图 7-16（a）］。散布点基本形成由左至右向上变化的一条直线带，即随 x 增加，y 值也相应增加，说明 x 与 y 有较强的制约关系。此时，可通过对 x 控制而有效控制 y 的变化。

（2）弱正相关 ［图 7-16（b）］。散布点形成向上较分散的直线带。随 x 值的增加，y 值也有增加趋势，但 x、y 的关系不像正相关那么明确。说明 y 除受 x 影响外，还受其他更重要的因素影响。需要进一步利用因果分析图法分析其他的影响因素。

（3）不相关 ［图 7-16（c）］。散布点形成一团或平行于 x 轴的直线带。说明 x 变化不会引起 y 的变化或其变化无规律，分析质量原因时可排除 x 因素。

（4）负相关 ［图 7-16（d）］。散布点形成由左向右向下的一条直线带，说明 x 对 y 的影响与正相关恰恰相反。

（5）弱负相关 ［图 7-16（e）］。散布点形成由左至右向下分布的较分散的直线带说明 x 与 y 的相关关系较弱，且变化趋势相反，应考虑寻找影响 y 的其他更重要的因素。

（6）非线性相关 ［图 7-16（f）］。散布点呈一曲线带，即在一定范围内 x 增加，y 也增加；超过这个范围 x 增加，y 则有下降趋势。或改变变动的斜率呈曲线形态。

从图 7-16 可以看出本例水灰比对强度影响是属于负相关。初步结果是，在其他条件不变情况下，混凝土强度随着水灰比增大有逐渐降低的趋势。

七、调查表法

调查表法也叫调查分析表法或检查表法，是利用图表或表格进行数据收集和统计的一种方法。也可以对数据稍加整理，达到粗略统计，进而发现质量问题的效果。所以，调查表除了收集数据外，很少单独使用。调查表没有固定的格式，可根据实际情况和需要自己拟订合适的格式。根据调查的目的不同，调查表有以下几种形式：

（1）分项工程质量调查表。

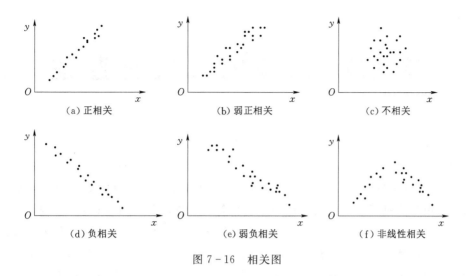

图 7 - 16 相关图

（2）不合格内容调查表。

（3）不良原因调查表。

（4）工序分布调查表。

（5）不良项目调查表。

表 7 - 10 是混凝土外观检查用"不良项目调查表"，可供其他统计方法使用，同时，从表 7 - 10 中也可粗略统计出，不良项目出现比较集中的是"胀模""漏浆""埋件偏差"，它们都与模板本身的刚度、严密性、支撑系统的牢固性有关，质量问题集中在支模的班组。这样就可针对模板班组采取措施。

表 7 - 10   混凝土外观不良项目调查表

施工工段	蜂窝麻面	胀模	露筋	漏浆	上表面不平	埋件偏差	其他
1	1	7	1	3	1	2	
2		6	1	3		2	
3		5		3		1	
合计	1	18	2	9	1	5	

思 考 题

7 - 1 简述工程质量控制统计分析方法的工作程序。

7 - 2 常用的质量分析工具有哪些？

7 - 3 直方图、控制图的绘制方法分别是什么？

7 - 4 直方图、控制图均可用来进行工序质量分析，各有什么特点？

7 - 5 如何利用排列图确定影响质量的主次因素？

第八章 工程施工安全监理

　　建设工程的安全生产，不仅关系到人民群众的生命和财产安全，而且关系到国家经济的发展和社会的全面进步。在工程建设活动中，保证安全是工程施工中的一项非常重要的工作，施工安全应包括在施工现场的施工单位、监理单位、设计单位、项目法人及监督检查等所有人员的人身安全，也包括现场施工设备、工程设备、材料、物资等财产的安全。水利水电工程施工人员众多，各工种往往交叉作业，机械施工与手工操作并进，高空或地下作业多，建设环境复杂，不安全因素多，安全事故也较多。因此，必须充分认识水利水电工程施工过程中的不安全因素，提高安全生产意识，坚持"安全第一，预防为主，综合治理"的方针，防患于未然，保证工程施工的顺利进行。

　　监理单位在施工安全监理中的主要任务包括：充分认识施工中的不安全因素，建立安全监控体系，审查施工单位的安全措施等。

第一节　施工不安全因素分析

　　施工中的不安全因素很多，且随着工程、工种的不同而变化，但概括起来，这些不安全因素主要来自人、物和环境三个方面。因此，一般来说，施工安全控制就是对人、物和环境等因素进行控制。

一、人的不安全行为

　　人既是管理者，又是管理的对象，人的行为是安全生产的关键。在施工作业中存在的违章指挥、违章作业以及其他行为都可能导致生产安全事故的发生。统计资料表明，88％不安全事故都是由于人的不安全行为造成的。通常的不安全行为主要有以下几个方面：

　　（1）违反上岗身体条件规定。如患有不适合从事高空和其他施工作业相应的疾病；未经严格身体检查，不具备从事高空、井下、水下等相应施工作业规定的身体条件；疲劳作业和带病作业。

　　（2）违反上岗规定。无证人员从事需证岗位作业；非定机、定岗人员擅自操作等。

　　（3）不按规定使用安全防护品。进入施工现场不戴安全帽；高空作业不佩挂安全带或挂置不可靠；在潮湿环境中有电作业不使用绝缘防护品等。

　　（4）违章指挥。在作业条件未达到规范、设计条件下，组织进行施工；在已经不再适应施工的条件下，继续进行施工；在已发事故安全隐患未排除时，冒险进行施工；在安全设施不合格的情况下，强行进行施工；违反施工方案和技术措施；在施工中出现异常情况的条件下，做了不当的处置等。

（5）违章作业。违反规定的程序及规定进行作业。

（6）缺乏安全意识。对危险因素认识不足等。

二、物的不安全因素

物的不安全因素，主要表现在以下三个方面：

（1）设备、装置的缺陷。主要是指设备、装置的技术性能降低、强度不够、结构不良、磨损、老化、失灵、腐蚀、物理和化学性能达不到要求等。

（2）作业场所的缺陷。主要是指施工作业场地狭小，交通道路不宽畅，机械设备拥挤，多工种交叉作业组织不善，多单位同时施工等。

（3）物资和环境的危险源。主要包括化学方面：氧化、易燃、毒性、腐蚀等；机械方面：振动、冲击、位移、倾覆、陷落、抛飞、断裂、剪切等；电气方面：漏电、短路、电弧、高压带电作业等。

三、环境不利因素

危险源所导致的安全事故会有一个影响范围，处在这个影响范围之内的人员和财产会遭受伤害和损失，我们可以把这个影响范围称之为危险区域。环境不利因素主要包括人机（物）交互环境因素及自然环境因素。

（1）人机（物）交互环境因素。人机（物）交互环境是指为了实现人们的生产意图，人员与机械设备、机具所必需的施工交互作业环境。它是一个事故发生率相对较高的"危险区域"。水利水电工程施工项目由于其规模、工期和类型的不同，所使用的机械设备品种也各式各样，如载重汽车、物料提升机、起重机械、砂石料加工机械、钻孔灌浆机械等，而这些机械设备使用越多就需要越多的人员进行实地指挥和具体操作，从而构成了人机（物）交互的作业环境。人机（物）交互环境主要涉及的工程范围包括土（石）作业、钢筋制作安装、混凝土工程、起重运输作业、金属结构安装、机电设备安装等。

（2）自然环境因素。自然环境因素主要包括辐射、强光、雷电、风暴、浓雾、高低温、洪水、高压气体、火源等。

上述不安全因素中，人的不安全因素是关键，物的不安全因素是通过人的生理和心理状态而起作用的。因此，监理单位在安全控制中，必须将两类不安全因素结合起来综合考虑，才能达到确保安全的目的。

四、施工中常见的引起安全事故的因素

（一）高处坠落引起

高空作业四面临空，条件差，危险因素多，因此，无论是水利水电工程还是其他建筑工程，高空坠落事故时有发生，其主要不安全因素有以下几点：

（1）安全网或护栏等设置不符合要求。高处作业的下方必须设置安全网、护栏、立网、盖好洞口等，从根本上避免或减轻人员坠落时引起的伤害。

（2）脚手架和梯子结构不牢固。

（3）施工人员安全意识差。例如：高空作业人员不系安全带、高空作业的操作要领没有掌握等。

（4）施工人员身体素质差。如患有心脏病、高血压等。

（二）使用起重设备

起重设备（如塔式、门式起重机等）工作特点是：塔身较高，行走、起吊、回转等作业可同时进行。这类起重机较突出的大事故发生在"倒塔""折臂"和拆装时。容易发生这类事故的主要原因有以下几点：

（1）司机操作不熟练，引起误操作。

（2）超负荷运行，造成吊塔倾倒。

（3）斜吊时，吊物一离开地面就绕其垂直方向摆动，极易伤人，同时也会引起倒塔。

（4）轨道铺设不符合规定，尤其是地锚埋设不符合要求。

（5）安全装置失灵。如起重量限制器、吊钩高度限制器、幅度指示器、夹轨等的失灵。

（三）施工用电

电气事故的预兆性不直观、不明显，而事故的危害很大。使用电气设备引起触电事故主要原因有以下几点：

（1）违章在高压线下施工，而未采取安全措施，以致钢管脚手架、钢筋等碰上高压线而触电。

（2）供电线路铺设不符合安装规程。如架设得太低，导线绝缘损坏，采用不合格的导线或绝缘子等。

（3）维护检修违章。移动或修理电气设备时不预先切断电源，用湿手接触开关、插头、使用不合格的电气安全用具等。

（4）用电设备损坏或不合格，使带电设备外露。

（四）爆破

无论是露天爆破、地下爆破，还是水下爆破，都发生过许多安全事故，其主要原因可归纳为以下几个方面：

（1）炮位选择不当，最小抵抗线掌握不准，装药量过多，放炮时飞石超过警戒线，造成人身伤亡或损坏建筑物和设备。

（2）违章处理瞎炮，拉动起爆体触响雷管，引起爆炸伤人。

（3）起爆材料质量不符合标准，发生早爆或迟爆。

（4）人员、设备在起爆前未按规定撤离或爆破后人员过早进入危险区造成事故。

（5）爆破时，点炮个数过多，或导火索太短，点炮人员来不及撤到安全地点而发生爆炸。

（6）电力起爆时，附近有杂散电流或雷电干扰发生早爆。

（7）用非爆破专业测试仪表测量电爆网络或起爆体，因其输出电流强度大于规定的安全值而发生爆炸事故。

（8）大量爆破对地震波、空气冲击和飞石的安全距离估计不足，附近建筑物和设备未采取相应的保护措施而造成损失。

(9) 爆炸材料不按规定存放或警戒，管理不严，造成爆炸事故。

(10) 炸药仓库位置选择不当，由意外因素引起爆炸事故。

(11) 变质的爆破材料未及时处理，或违章处理造成爆炸事故。

（五）坍塌

施工中引起塌方的原因主要有以下几点：

(1) 边坡修得太小或在堆放泥土施工中，大型机械离沟坑边太近。这些均会增大土体的滑动力。

(2) 排水系统设计不合理或失效。这使得土体抗滑力减小，滑动力增大，易引起塌方。

(3) 由流沙、涌水、沉陷和滑坡引起的塌方。

(4) 发生不均匀沉降和显著变形的地基。

(5) 因违规拆除构件、拉结件或其他原因造成破坏的局部杆件或结构。

(6) 受载后发生变形、失稳或破坏的局部杆件。

五、有关施工安全的规定

（一）高处施工安全规定

(1) 凡在坠落高度基准面 2m 和 2m 以上有可能坠落的高处进行作业，均称为高处作业。高处作业的级别：高度在 2～5m 时，称为一级高处作业；在 5～15m 时，称为二级高处作业；在 15～30m 时，称为三级高处作业；在 30m 以上时，称为特级高处作业。

(2) 特级高处作业，应与地面设联络信号或通信设置，并应有专人负责。

(3) 遇有 6 级以上的大风，没有特别可靠的安全措施，禁止从事高处作业。

进行三级、特级和悬空高处作业时，必须事先制定安全技术措施，施工前，应向所有施工人员进行技术交底，否则，不得施工。

(4) 高处作业使用的脚手架上，应铺设固定脚手板和 1m 高的护身栏杆。安全网必须随着建筑物升高而提高，安全网距离工作面的最大高度不超过 3m。

（二）使用起重设备安全规定

(1) 司机应听从作业指挥人员的指挥，得到信号后方可操作。操作前必须鸣号，发现停车信号（包括非指挥人员发出的停车信号）应立即停车。司机要密切注视作业人员的动作。

(2) 起吊物件的重量不得超过本机的额定起重量，禁止斜吊、拉吊和起吊埋在地下或与地面冻结以及被其他重物卡压的物件。

(3) 当气温低于 −20℃ 或遇雷雨大雾和 6 级以上大风时，禁止作业（高架门机另有规定）。夜间工作，机上及作业区域应有足够的照明，臂杆及竖塔顶部应有警戒信号灯。

（三）施工用电安全规定

(1) 现场（临时或永久）110V 以上的照明线路必须绝缘良好，布线整齐且应相对固定，并经常检查维修，照明灯悬挂高度应在 2.5m 以上，经常有车辆通过之处，悬挂高度不得小于 5m。

（2）使用行灯的规定：行灯电源电压不得超过 36V；灯体与手柄连接坚固，绝缘良好并耐热耐潮湿；灯头与灯体结合牢固，灯头无开关；灯泡外部有金属保护网；金属网、反光罩、悬吊挂钩固定在灯具的绝缘部位上。

（3）110V 以上的灯具只可做固定照明用，其悬挂高度一般不得低于 2.5m，低于2.5m 时，应设保护罩，以防人员意外接触。

（四）爆破施工安全规定

（1）爆破材料在使用前必须检验，凡不符合技术标准的爆破材料一律禁止使用。

（2）装药前，非爆破作业人员和机械设备均应撤离至指定安全地点或采取防护措施。撤离之前不得将爆破材料运至工作面。装药时，严禁将爆破器材放在危险地点或机械设备和电源火源附近。

（3）爆破工作开始前，必须明确规定安全警戒线，制定统一的爆破时间和信号，并在指定地点设安全哨，执勤人员应有红色袖章、红旗和口笛。

（4）爆破后炮工应检查所有装药孔是否全部起爆，如发现瞎炮，应及时按照瞎炮处理的规定妥善处理，未处理前，必须在其附近设警戒人员看守，并设明显标志。

（5）地下相向开挖的两端在相距 30m 以内时，放炮前必须通知另一端暂停工作，退到安全地点，当相向开挖的两端在相距 15m 时，一端应停止掘进，单头贯通。

（6）地下井挖洞室内空气含沼气或二氧化碳浓度超过 1% 时，禁止进行爆破作业。

（五）土方施工安全规定

（1）严禁使用掏根搜底法挖土或将坡面挖成反坡，以免塌方造成事故。如土坡上发现有浮石或其他松动突出的危石时，应通知下面工作人员离开，立即进行处理。弃料应存放到远离边线 5.0m 以外的指定地点。如发现边坡有不稳定现象时，应立即进行安全检查和处理。

（2）在靠近建筑物、设备基础、路基、高压铁塔、电杆等附近施工时，必须根据土质情况、填挖深度等，制定出具体防护措施。

（3）凡边坡高度大于 15m，或有软弱夹层存在、地下水比较发育以及岩层面或主要结构面的倾向与开挖面的倾向一致时，且两者走向的变角小于 45°时，岩石的允许边坡值要另外论证。

（4）在边坡高于 3m、陡于 1∶1 的坡上工作时，须挂安全绳，在湿润的斜坡上工作，应有防滑措施。

（5）施工场地的排水系统应有足够的排水能力和备用能力。一般应比计算排水量加大50%～100%进行准备。

（6）排水系统的设备应有独立的动力电源（尤其是洞内开挖），并保证绝缘良好，动力线应架起。

第二节　安全生产目标管理

为规范水利水电工程施工安全管理行为，指导施工安全管理活动，提高施工安全管理水平，2015年7月，水利部发布了《水利水电工程施工安全管理导则》（SL 721—2015），导则中明确要求项目法人组织各参建单位制定安全生产目标、安全生产目标管理计划及安全生产目标考核办法，对各参建单位安全生产目标实施管理情况，按照安全生产目标考核办法进行考核、奖惩。

一、安全生产管理目标制定

项目法人应根据安全生产的法律、法规、规程规范及工程项目安全生产的实际，组织制定项目安全生产总体目标和年度目标。各参建单位应根据项目安全生产总体目标和年度目标，制定所承担项目的安全生产总体目标和年度目标，并经单位主要负责人审批并以文件的形式发布。

（一）安全生产目标主要内容

（1）生产安全事故控制目标。

（2）安全生产投入目标。

（3）安全生产教育培训目标。

（4）生产安全事故隐患排查治理目标。

（5）重大危险源监控目标。

（6）应急管理目标。

（7）文明施工管理目标。

（8）人员机械设备交通火灾环境和职业健康等方面的安全管理控制指标等。

（二）安全生产目标考核考虑因素

（1）国家的有关法律法规规章制度和标准的规定及合同约定。

（2）水利行业安全生产监督管理部门的要求。

（3）水利行业的技术水平和项目特点。

（4）采用的工艺和设施设备状况等。

二、安全生产管理目标管理

（1）各参建单位应制订安全生产目标管理计划，其内容包括：安全生产目标值、保证措施、完成时间、责任人等，安全生产目标应逐级分解到各管理层、职能部门及相关人员。

（2）各参建单位应加强内部目标管理，逐级签订安全生产目标责任书，实行分级控制。

（3）各参建单位安全目标实行自主管理，工程建设情况发生重大变化，致使目标管理难以按计划实施的，应及时报告，并根据实际情况调整目标管理计划，并重新备案或报批。

（4）项目法人的安全生产目标管理计划，应报项目主管部门备案。

（5）施工单位的安全生产目标管理计划，应经监理单位审核，项目法人同意，并由项目法人与施工单位签订安全生产目标责任书。

（6）勘察、设计等其他参与工程建设的单位安全生产目标管理计划，应报项目法人同意，并与项目法人签订安全生产目标责任书。

三、安全生产管理目标考核

（1）项目法人应制订有关参建单位的安全生产目标考核办法，各参建单位应制订本单位各部门的安全生产目标考核办法，项目法人安全生产目标考核办法由项目主管部门制订。

（2）各参建单位每季度应对本单位安全生产目标的完成情况进行自查，施工单位的自查报告应报监理单位、项目法人备案，项目法人的自查报告应报项目主管部门备案，监理、勘察、设计等参建单位的自查报告应报项目法人备案。

（3）项目法人每半年应组织对有关参建单位的安全生产目标完成情况进行考核，各参建单位每季度应对内部各部门和管理人员安全生产目标完成情况进行考核，项目法人的安全生产目标完成情况由项目主管部门考核。

（4）各参建单位应根据考核结果，按照考核办法进行奖惩。

第三节 建设各方安全责任

为了加强水利工程建设安全生产监督管理，明确安全生产责任，防止和减少安全生产事故，保障人民群众生命和财产安全，根据《中华人民共和国安全生产法》《建设工程安全生产管理条例》等法律、法规，结合水利工程的特点，水利部于 2005 年 7 月 22 日颁发了《水利工程建设安全生产管理规定》，并于 2017 年进行了修正。

《水利工程建设安全生产管理规定》规定：项目法人（或者建设单位）、勘察（测）单位、设计单位、施工单位、监理单位及其他与水利工程建设安全生产有关的单位，必须遵守安全生产法律、法规和本规定，保证水利工程建设安全生产，依法承担水利工程建设安全生产责任。

一、项目法人的安全责任

（1）项目法人在对施工投标单位进行资格审查时，应当对投标单位的主要负责人、项目负责人以及专职安全生产管理人员是否经水行政主管部门安全生产考核合格进行审查。有关人员未经考核合格的，不得认定投标单位的投标资格。

（2）项目法人应当向施工单位提供施工现场及施工可能影响的毗邻区域内供水、排水、供电、供气、供热、通讯、广播电视等地下管线资料，气象和水文观测资料，拟建工程可能影响的相邻建筑物和构筑物、地下工程的有关资料，并保证有关资料的真实、准确、完整，满足有关技术规范的要求。对可能影响施工报价的资料，应当在招标时提供。

（3）项目法人不得调减或挪用批准概算中所确定的水利工程建设有关安全作业环境及安全施工措施等所需费用。工程承包合同中应当明确安全作业环境及安全施工措施所需费用。

（4）项目法人应当组织编制保证安全生产的措施方案，并自工程开工之日起 15 个工作日内报有管辖权的水行政主管部门、流域管理机构或者其委托的水利工程建设安全生产监督机构（以下简称安全生产监督机构）备案。建设过程中安全生产的情况发生变化时，应当及时对保证安全生产的措施方案进行调整，并报原备案机关。

保证安全生产的措施方案应当根据有关法律法规、强制性标准和技术规范的要求并结合工程的具体情况编制，应当包括以下内容：

1）项目概况。

2）编制依据。

3）安全生产管理机构及相关负责人。

4）安全生产的有关规章制度制定情况。

5）安全生产管理人员及特种作业人员持证上岗情况等。

6）生产安全事故的应急救援预案。

7）工程度汛方案、措施。

8）其他有关事项。

（5）项目法人在水利工程开工前，应当就落实保证安全生产的措施进行全面系统的布置，明确施工单位的安全生产责任。

（6）项目法人应当将水利工程中的拆除工程和爆破工程发包给具有相应水利水电工程施工资质等级的施工单位，并且应当在拆除工程或者爆破工程施工 15 日前，将下列资料报送水行政主管部门、流域管理机构或者其委托的安全生产监督机构备案：

1）施工单位资质等级证明。

2）拟拆除或拟爆破的工程及可能危及毗邻建筑物的说明。

3）施工组织方案。

4）堆放、清除废弃物的措施。

5）生产安全事故的应急救援预案。

二、施工单位的安全责任

（1）施工单位从事水利工程的新建、扩建、改建、加固和拆除等活动，应当具备国家规定的注册资本、专业技术人员、技术装备和安全生产等条件，依法取得相应等级的资质证书，并在其资质等级许可的范围内承揽工程。

（2）施工单位应当依法取得安全生产许可证后，方可从事水利工程施工活动。

（3）施工单位主要负责人依法对本单位的安全生产工作全面负责。施工单位应当建立健全安全生产责任制度和安全生产教育培训制度，制定安全生产规章制度和操作规程，保证本单位建立和完善安全生产条件所需资金的投入，对所承担的水利工程进行定期和专项安全检查，并做好安全检查记录。

施工单位的项目负责人应当由取得相应执业资格的人员担任，对水利工程建设项目的安全施工负责，落实安全生产责任制度、安全生产规章制度和操作规程，确保安全生产费用的有效使用，并根据工程的特点组织制定安全施工措施，消除安全事故隐患，及时、如实报告生产安全事故。

（4）施工单位在工程报价中应当包含工程施工的安全作业环境及安全施工措施所需费用。对列入建设工程概算的上述费用，应当用于施工安全防护用具及设施的采购和更新、安全施工措施的落实、安全生产条件的改善，不得挪作他用。

（5）施工单位应当设立安全生产管理机构，按照国家有关规定配备专职安全生产管理人员。施工现场必须有专职安全生产管理人员。

专职安全生产管理人员负责对安全生产进行现场监督检查。发现生产安全事故隐患，应当及时向项目负责人和安全生产管理机构报告；对违章指挥、违章操作的，应当立即制止。

（6）施工单位在建设有度汛要求的水利工程时，应当根据项目法人编制的工程度汛方案、措施制定相应的度汛方案，报项目法人批准；涉及防汛调度或者影响其他工程、设施度汛安全的，由项目法人报有管辖权的防汛指挥机构批准。

（7）垂直运输机械作业人员、安装拆卸工、爆破作业人员、起重信号工、登高架设作业人员等特种作业人员，必须按照国家有关规定经过专门的安全作业培训，并取得特种作业操作资格证书后，方可上岗作业。

（8）施工单位应当在施工组织设计中编制安全技术措施和施工现场临时用电方案，对下列达到一定规模的危险性较大的工程应当编制专项施工方案，并附具安全验算结果，经施工单位技术负责人签字以及总监理工程师核签后实施，由专职安全生产管理人员进行现场监督：

1）基坑支护与降水工程。

2）土方和石方开挖工程。

3）模板工程。

4）起重吊装工程。

5）脚手架工程。

6）拆除、爆破工程。

7）围堰工程。

8）其他危险性较大的工程。

对以上所列工程中涉及高边坡、深基坑、地下暗挖工程、高大模板工程等的专项施工方案，以及采用新技术、新工艺、新材料、新设备及尚无相关技术标准的危险性较大的单项工程，施工单位还应当组织专家进行论证、审查。

（9）施工单位在使用施工起重机械和整体提升脚手架、模板等自升式架设设施前，应当组织有关单位进行验收，也可以委托具有相应资质的检验检测机构进行验收；使用承租的机械设备和施工机具及配件的，由施工总承包单位、分包单位、出租单位和安装单位共同进行验收。验收合格的方可使用。

（10）施工单位的主要负责人、项目负责人、专职安全生产管理人员应当经水行政主管部门对其安全生产知识和管理能力考核合格，对管理人员和作业人员每年至少进行一次安全生产教育培训，其教育培训情况记入个人工作档案。安全生产教育培训考核不合格的人员，不得上岗。

（11）施工单位在采用新技术、新工艺、新设备、新材料时，应当对作业人员进行相应的安全生产教育培训。

三、监理单位的安全责任

（1）建设监理单位和监理人员应当按照法律、法规和工程建设强制性标准实施监理，并对水利工程建设安全生产承担监理责任。

（2）建设监理单位应当审查施工组织设计中的安全技术措施或者专项施工方案是否符合工程建设强制性标准。

（3）建设监理单位在实施监理过程中，发现存在生产安全事故隐患的，应当要求施工单位整改；对情况严重的，应当要求施工单位暂时停止施工，并及时向水行政主管部门、流域管理机构或者其委托的安全生产监督机构以及项目法人报告。

四、其他参建单位的安全责任

1. 勘察（测）单位的安全责任

（1）勘察（测）单位应当按照法律、法规和工程建设强制性标准进行勘察（测），提供的勘察（测）文件必须真实、准确，满足水利工程建设安全生产的需要。

（2）勘察（测）单位在勘察（测）作业时，应当严格执行操作规程，采取措施保证各类管线、设施和周边建筑物、构筑物的安全。

（3）勘察（测）单位和有关勘察（测）人员应当对其勘察（测）成果负责。

2. 设计单位的安全责任

（1）设计单位应当按照法律、法规和工程建设强制性标准进行设计，并考虑项目周边环境对施工安全的影响，防止因设计不合理导致生产安全事故的发生。

（2）设计单位应当考虑施工安全操作和防护的需要，对涉及施工安全的重点部位和环节在设计文件中注明，并对防范生产安全事故提出指导意见。

（3）采用新结构、新材料、新工艺以及特殊结构的水利工程，设计单位应当在设计中提出保障施工作业人员安全和预防生产安全事故的措施建议。

（4）设计单位和有关设计人员应当对其设计成果负责。

（5）设计单位应当参与与设计有关的生产安全事故分析，并承担相应的责任。

3. 机械设备和配件提供单位的安全责任

为水利工程提供机械设备和配件的单位，应当按照安全施工的要求提供机械设备和配件，配备齐全有效的保险、限位等安全设施和装置，提供有关安全操作的说明，保证其提供的机械设备和配件等产品的质量和安全性能达到国家有关技术标准。

第四节 安全生产管理机构和职责

《水利水电工程施工安全管理导则》（SL 721—2015）中要求项目法人应牵头组建安全

生产领导小组，设置专门的安全生产管理机构，配备专职的安全生产管理人员，施工单位应当成立安全生产领导小组，设置安全生产管理机构，配备专职安全生产管理人员，监理单位现场宜配备专职安全监理人员，各参建单位及人员应履行各自安全生产管理职责，落实安全生产责任制。

一、项目法人的安全生产管理机构和职责

（1）水利水电工程建设项目应设立由项目法人牵头组建的安全生产领导小组，项目法人主要负责人任组长，分管安全的负责人以及设计、监理、施工等单位现场机构的主要负责人为成员。领导小组应主要履行下列职责：

1）贯彻落实国家有关安全生产的法律、法规、规章、制度和标准，制定项目安全生产总体目标及年度目标安全生产目标管理计划。

2）组织制定项目安全生产管理制度，并落实。

3）组织编制保证安全生产措施方案和蓄水安全鉴定等工作。

4）协调解决项目安全生产工作中的重大问题等。

（2）安全生产领导小组每季度至少应召开一次全体会议，分析安全生产形势，研究解决安全生产工作的重大问题，会议应形成纪要，由项目法人印发各参建单位，并监督执行。

（3）项目法人应设置专门的安全生产管理机构，配备专职的安全生产管理人员，项目法人安全生产管理机构应主要履行下列职责：

1）组织制定安全生产管理制度、安全生产目标、保证安全生产的措施方案，建立健全安全生产责任制。

2）组织审查重大安全技术措施。

3）审查施工单位安全生产许可证及有关人员的执业资格。

4）监督检查施工单位安全生产费用使用情况。

5）组织开展安全检查，组织召开安全例会，组织年度安全考核、评比，提出安全奖惩的建议。

6）负责日常安全管理工作，做好施工重大危险源、重大生产安全事故隐患及事故统计、报告工作，建立安全生产档案。

7）负责办理安全监督手续。

8）协助生产安全事故调查处理工作。

9）监督检查监理单位的安全监理工作。

10）负责安全生产领导小组的日常工作等。

（4）项目法人应每月主持召开一次由各参建单位参加的安全生产例会，并形成会议纪要，印发相关单位。会议纪要应明确存在问题、整改要求、责任单位和完成时间等。

二、施工单位的安全生产管理机构和职责

（1）施工单位应当成立安全生产领导小组，设置安全生产管理机构，配备专职安全生

产管理人员，并报项目法人备案。

（2）施工单位安全生产领导小组应每季度召开一次会议，并形成会议纪要，印发相关单位，其应主要履行下列职责：

1）贯彻国家有关法律、法规、规章、制度和标准，建立、完善施工安全管理制度。

2）组织制定安全生产目标管理计划，建立健全项目安全生产责任制。

3）部署安全生产管理工作，决定安全生产重大事项，协调解决安全生产重大问题。

4）组织编制施工组织设计、专项施工方案、安全技术措施计划、事故应急救援预案和安全生产费用使用计划。

5）组织安全生产绩效考核等。

（3）施工单位安全生产管理机构应主要履行下列职责：

1）贯彻执行国家有关法律、法规、规章、制度、标准。

2）组织或参与拟定安全生产规章制度、操作规程和生产安全事故应急救援预案，制定安全生产费用使用计划，编制施工组织设计、专项施工方案、安全技术措施计划，检查安全技术交底工作。

3）组织重大危险源监控和生产安全事故隐患排查治理，提出改进安全生产管理的建议。

4）负责安全生产教育培训和管理工作，如实记录安全生产教育和培训情况。

5）组织事故应急救援预案的演练工作。

6）组织或参与安全防护设施、设施设备、危险性较大的单项工程验收。

7）制止和纠正违章指挥、违章作业和违反劳动纪律的行为。

8）负责项目安全生产管理资料的收集、整理、归档，按时上报各种安全生产报表和材料。

9）统计、分析和报告生产安全事故，配合事故的调查和处理等。

（4）施工单位应每周由项目部负责人主持召开一次安全生产例会，分析现场安全生产形势，研究解决安全生产问题。各部门负责人、各班组长、分包单位现场负责人等参加会议。会议应作详细记录，并形成会议纪要。

三、监理单位的安全生产管理职责

（1）监理单位应按照法律、法规、标准及监理合同实施监理，宜配备专职安全监理人员，对所监理工程的施工安全生产进行监督检查，并对工程安全生产承担监理责任。

（2）监理单位应在监理规划和细则中明确监理人员的安全生产监理职责，监理人员应满足水利水电工程施工安全监理的需要。其应履行下列安全生产监理职责：

1）按照法律、法规、规章、制度和标准，根据施工合同文件的有关约定，开展施工安全检查、监督。

2）编制安全监理实施细则。

3）协助项目法人编制安全生产措施方案。

4）审查安全技术措施、专项施工方案及安全生产费用使用计划，并监督实施。

5）组织或参与安全防护设施、设施设备、危险性较大的单项工程验收。

6）审查施工单位安全生产许可证、三类人员及特种设备作业人员资格证书的有效性。

7）协助生产安全事故调查等。

（3）监理单位发现存在生产安全事故隐患时，应要求施工单位采取有效措施予以整改；若施工单位延误或拒绝整改，情况严重的，可责令施工单位暂时停止施工；发现存在重大安全隐患时，应立即责令施工单位停止施工，并采取防患措施，及时向项目法人报告；必要时，应及时向项目主管部门或者安全生产监督机构报告。

（4）监理单位应定期召开监理例会，通报工程安全生产情况，分析存在的问题，提出解决方案和建议，并形成会议纪要。

四、其他参建单位的安全生产管理职责

（1）勘察单位应按照法律、法规和标准进行勘察，提供的资料应真实、准确，应能满足工程安全生产需要；勘察作业应严格执行操作规程，采取措施保证各类管线、设施和毗邻建筑物、构筑物的安全以及人员安全等。

（2）设计单位应在设计报告中设置安全专篇，并对其设计负责，其应履行下列安全生产管理职责。

1）按照法律、法规和标准进行设计，防止因设计不合理导致生产安全事故的发生。

2）对涉及施工安全的重点部位和环节应在设计文件中注明，并对防范生产安全事故提出指导意见。

3）对采用新结构、新材料、新工艺和特殊结构的工程，应在设计报告中提出保障施工作业人员安全和预防生产安全事故的措施建议。

4）在技术设计和施工图纸设计时，应落实初步设计中的安全专篇内容和初步设计审查通过的安全专篇的审查意见。

5）在工程开工前，应向施工单位和监理单位说明勘察、设计意图，解释勘察、设计文件等。

（3）为水利水电工程提供机械设备和构、配件的单位，应保证其提供的机械设备和构、配件等产品的质量和安全性能达到国家有关技术标准，配备齐全有效的保险、限位等安全设施和装置，提供有关的安全操作说明。

（4）出租机械设备和施工机具及配件的单位，应提供生产制造许可证、产品合格证；对出租的机械设备和施工机具及配件的安全性能应进行检测，并出具检测合格证明。

（5）质量安全检测单位应按照国家标准和行业标准开展工作，没有国家标准和行业标准的，应由检测单位提出方案经委托方确认后实施。

检测单位应当按照合同和有关标准及时、准确地向委托方提交检测报告并对检测质量负责。

检测单位发现工程存在重大安全问题、有关参建单位违反法律、法规和强制性标准情况的，应及时报告委托方和项目主管部门。

五、安全生产责任制

（1）各参建单位应建立健全以主要负责人为核心的安全生产责任制，明确各级负责

人、各职能部门和各岗位的责任人员、责任范围和考核标准。

（2）项目法人主要负责人应履行下列安全管理职责：

1）贯彻落实法律、法规、规章制度和标准，组织制定项目安全生产管理制度、安全生产目标管理计划、保证安全生产的措施方案和生产安全事故应急预案。

2）组织健全项目安全生产责任制，并组织检查、落实。

3）主持召开安全生产领导小组会议，协调解决安全生产重大问题。

4）负责落实安全生产费用，监督施工单位按规定使用。

5）组织开展项目安全检查，及时消除事故隐患。

6）组织年度安全考核评比奖惩。

7）组织开展职工安全教育培训。

8）组织或配合生产安全事故调查处理。

9）及时如实报告安全生产事故等。

（3）项目法人专职安全生产管理人员应履行下列安全生产管理职责：

1）贯彻执行安全生产法律、法规、规章制度和标准，参与编制项目安全生产管理制度、安全生产目标管理计划、保证安全生产的措施方案和生产安全事故应急预案。

2）协助项目法人主要负责人与各参建单位签订安全生产目标责任书。

3）组织本单位人员安全教育培训，监督检查其他参建单位安全教育培训情况。

4）参与审查重大安全技术措施。

5）审查施工单位安全生产许可证，监督检查特种作业人员的安全培训、考核、持证情况。

6）参与进场设施设备、危险性较大的单项工程的验收。

7）复核安全生产费用使用计划，监督落实安全生产措施。

8）参与工程重点部位、关键环节的安全技术交底。

9）组织或参与生产安全事故隐患排查治理和应急救援演练，监督落实安全生产措施。

10）报告生产安全事故，并协助调查处理。

11）整理项目安全生产管理资料等。

（4）施工单位主要负责人应履行下列安全管理职责：

1）贯彻执行国家法律、法规、规章制度和标准，建立健全安全生产责任制，组织制定安全生产管理制度、安全生产目标计划、生产安全事故应急救援预案。

2）保证安全生产费用的足额投入和有效使用。

3）组织安全教育和培训，依法为从业人员办理保险。

4）组织编制、落实安全技术措施和专项施工方案。

5）组织危险性较大的单项工程、重大事故隐患治理和特种设备验收。

6）组织事故应急救援演练。

7）组织安全生产检查，制定隐患整改措施并监督落实。

8）及时、如实报告生产安全事故，组织生产安全事故现场保护与抢救工作，组织、配合事故的调查等。

（5）施工单位技术负责人主要负责项目施工安全技术管理工作，其应履行下列安全管理职责：

1）组织施工组织设计、专项工程施工方案、重大事故隐患治理方案的编制和审查。

2）参与制定安全生产管理规章制度和安全生产目标管理计划。

3）组织工程安全技术交底。

4）组织事故隐患排查治理。

5）组织项目施工安全重大危险源的识别控制和管理。

6）参与或配合生产安全事故的调查等。

（6）施工单位专职安全生产管理人员应履行下列安全管理职责：

1）组织或参与制定安全生产各项管理规章制度、操作规程和生产安全事故应急救援预案。

2）协助施工单位主要负责人签订安全生产目标责任书，并进行考核。

3）参与编制施工组织设计和专项施工方案，制定并监督落实重大危险源安全管理和重大事故隐患治理措施。

4）协助项目负责人开展安全教育培训、考核。

5）负责安全生产日常检查，建立安全生产管理台账。

6）制止和纠正违章指挥，强令冒险作业，违反规程和劳动纪律的行为。

7）编制安全生产费用使用计划并监督落实。

8）参与或监督班前安全活动和安全技术交底。

9）参与事故应急救援演练。

10）参与安全设施设备、危险性较大的单项工程、重大事故隐患治理验收。

11）及时报告生产安全事故，配合调查处理。

12）负责安全生产管理资料收集、整理和归档等。

（7）班组长应履行下列安全管理职责：

1）执行国家法律、法规、规章制度标准和安全操作规程，掌握班组人员的健康状况。

2）组织学习安全操作规程，监督个人劳动保护用品的正确使用。

3）负责安全技术交底和班前教育。

4）检查作业现场安全生产状况，及时发现纠正存在的问题。

5）组织实施安全防护、危险源管理和事故隐患治理等。

（8）各参建单位应对其负有施工安全管理责任的其他人员、其他部门的职责予以明确。

（9）施工单位制定的安全生产责任制应经监理单位审核，报项目法人备案。监理、设计及其他有关参建单位制定的安全生产责任制应报项目法人备案。各参建单位的安全生产责任制应以文件形式印发。

（10）各参建单位每季度应对各部门、人员安全生产责任制落实情况进行检查、考核，并根据考核结果进行奖惩。

（11）项目法人应定期组织对各参建单位安全生产责任制的适宜性进行评审。

（12）各参建单位应根据评审情况，更新并保证安全生产责任制的适宜性，更新后的安全生产责任制应按规定进行备案，并以文件形式重新印发。

第五节　施工安全管理体系

施工安全管理体系中，包括施工单位安全保证体系和监理单位的施工安全监理，施工的现场不发生安全事故，可以避免不必要损失的发生，保证工程的质量和进度，有助于工程项目的顺利进行。作为监理单位，有责任和义务督促或协助施工单位做好安全控制工作，因此，监理单位应对施工单位的安全保证体系进行审查，并对体系运行进行监督、检查，发现问题及时督促整改，使用施工单位的安全保证体系正常运行。

一、施工单位的安全保证体系

项目经理作为施工项目安全生产第一责任人，对安全施工负全面责任，应根据工程项目施工的特点，建立健全施工安全保证体系。

1. 安全目标

根据项目安全生产总体目标，制定所承担项目的安全生产目标，保证安全目标符合国家法律、法规的要求，安全生产目标应尽可能量化，便于考核，并形成文件。

2. 安全管理组织

建立安全管理组织机构，制定相关规章制度，规定其职责、权限，并形成文件。

3. 安全生产措施计划

针对工程项目的规模、结构、环境、技术含量、资源配置等因素制定安全生产措施计划，主要包括以下内容：

（1）配置必要的设施、装备和专业人员，确定控制和检查的手段和措施。

（2）确定整个过程中应执行的安全规程。

（3）冬季、雨季、雪天和夜间施工时安全技术措施及夏季的防暑降温工作。

（4）确定危险部位和过程，对风险大和专业性强的施工安全问题进行论证。

（5）因工程的特殊要求需要补充的安全操作规程。

4. 安全技术交底

（1）工程开工前，施工单位技术负责人应就工程概况、施工方法、施工工艺、施工程序、安全技术措施和专项施工方案，向施工技术人员、施工作业队（区）负责人、工长、班组长和作业人员进行安全交底。

（2）单项工程或专项施工方案施工前，施工单位技术负责人应组织相关技术人员、施工作业队（区）负责人、工长、班组长和作业人员进行全面、详细的安全技术交底。各工种施工前，技术人员应进行安全作业技术交底。

（3）每天施工前，班组长应向工人进行施工要求、作业环境的安全交底。交叉作业时，项目技术负责人应根据工程进展情况定期向相关作业队和作业人员进行安全技术交底。

（4）安全技术交底应填写安全交底单，由交底人与被交底人签字确认，安全交底单应及时归档。

5. 采购安全控制

（1）施工单位对自行采购的安全设施所需的材料、设备及防护用品进行控制，确保符合安全规定的要求。

（2）对分包单位自行采购的安全设施所需的材料、设备及防护用品进行控制。

6. 施工过程安全控制

（1）应对施工过程中可能影响安全生产的因素进行控制，确保施工项目按照安全生产的规章制度、操作规程和程序进行施工。

1）编制安全生产措施计划。

2）根据项目法人提供的资料对施工现场及受影响的区域内地下障碍物进行清除，或采取相应措施对周围道路管线采取保护措施。

3）落实施工机械设备、安全设施及防护品进场计划。

4）制定现场安全专业管理、特种作业和施工人员。

5）检查各类持证上岗人员资格。

6）检查、验收临时用电设施。

7）施工作业人员操作前，对施工人员进行安全技术交底。

8）对施工过程中的洞口、高处作业所采取的安全防护措施，应规定专人进行检查。

9）对施工中使用明火采取审批措施，现场的消防器材及危险物的运输、储存、使用应得到有效地管理。

10）搭设或拆除的安全防护设施、脚手架、起重设备，如当天未完成，应设置临时安全措施。

（2）应根据安全生产措施计划中确定的特殊的关键过程，落实监控人员，确定监控方式、措施，并实施重点监控，必要时应实施旁站监控。

1）对监控人员进行技能培训，保证监控人员行使职责与权利不受干扰。

2）把危险性较大的悬空作业、起重机械安装和拆除等危险作业，编制作业指导书，实施重点监控。

3）对事故隐患的信息反馈，有关部门应及时处理。

7. 安全检查、检验和标识

（1）安全检查：

1）施工现场的安全检查，应执行国家、行业、地方的相关标准。

2）应组织有关专业人员，定期对现场的安全生产情况进行检查，并保存记录。

（2）安全设施所需的材料、设备及防护用品的进货检验：

1）应按安全生产措施计划和合同的规定，检验进场的安全设施所需的材料、设备及防护用品，是否符合安全使用的要求，确保合格品投入使用。

2）对检验出的不合格品进行标识，并按有关规定进行处理。

（3）过程检验和标识：

1）按安全生产措施计划的要求，对施工现场的安全设施、设备进行检验，只有通过检验的设备才能安装和使用。

2）对施工过程中的安全设施进行检查验收。

3）保存检查记录。

8. 事故隐患控制

对存在隐患的安全设施、过程和行为进行控制，确保不合格设施不使用，不合格过程不通过，不安全行为不放过。

9. 纠正和预防措施

（1）对已经发生或潜在的事故隐患进行分析并针对存在问题的原因，采取纠正和预防措施，纠正或预防措施应与存在问题的危害程度和风险相适应。

（2）纠正措施：

1）针对产生事故的原因，记录调查结果，并研究防止同类事故所需的纠正措施。

2）对存在事故隐患的设施、设备、安全防护用品，先实施处置并做好标识。

（3）预防措施：

1）针对影响施工安全的过程，审核结果、安全记录等，以发现、分析、消除事故隐患的潜在因素。

2）对要求采取的预防措施，制定所需的处理步骤。

3）对预防措施实施控制，并确保落到实处。

10. 安全教育和培训

（1）安全教育和培训应贯穿施工过程全过程，覆盖施工项目的所有人员，确保未经过安全生产教育培训的员工不得上岗作业。

（2）安全教育和培训的重点是管理人员的安全意识和安全管理水平，操作者遵章守纪、自我保护和提高防范事故的能力。

（3）每年至少应对管理人员和作业人员进行一次安全生产教育培训，并经考试确认其能力符合岗位要求。

（4）建立健全从业人员安全生产教育培训档案，详细、准确记录培训考核情况。

11. 安全生产费用的使用

（1）施工单位安全生产费用管理制度应明确安全费用使用、管理的程序、职责及权限等。施工单位应按规定及时、足额使用安全生产费用。

（2）施工单位应在开工前编制安全生产费用使用计划，经监理单位审核，报项目法人同意后执行。

（3）施工单位提取的安全费用应专门核算，建立安全费用使用台账。台账应按月度统计、年度汇总。

（4）总承包单位对安全生产费用的使用负总责，分包单位对所分包工程的安全生产费用的使用负直接责任。总承包单位应定期检查评价分包单位施工现场安全生产费用使用情况。

（5）施工单位应按照安全生产措施计划和安全生产费用使用。

（6）施工单位应按照安全生产措施计划开展安全生产工作、使用安全生产措施费用，并在施工月报中反映安全生产工作开展情况、危险源监测管理情况、事故隐患排查治理情况、现场安全生产状况和安全生产费用使用情况。

（7）施工单位应定期组织对本单位（包括分包单位）安全生产费用使用情况进行检查，并对存在的问题进行整改。

二、监理单位的施工安全监理

监理单位工程现场宜配备专职安全监理人员，对所监理工程的施工安全生产进行监督检查，其施工安全监理主要工作内容：

（1）根据施工现场监理工作需要，应为现场监理人员配备必要的安全防护用具。

（2）审查施工单位编制的施工组织设计中的安全技术措施、施工现场临时用电方案，以及灾害应急预案、危险性较大的分部工程或单元工程专项施工方案是否符合工程建设标准强制性条文（水利工程部分）及相关规定的要求。

（3）编制的监理规划应包括安全监理方案，明确安全监理的范围、内容、制度和措施，以及人员配备计划和职责。对中型及以上项目、危险性较大的分部工程或单元工程应编制安全监理实施细则，明确安全监理的方法、措施和控制要点，以及对施工单位安全技术措施的检查方法。

（4）按照相关规定核查施工单位的安全生产管理机构，以及安全生产管理人员的安全资格证书和特种作业人员的特种作业操作资格证书，并检查安全生产教育培训情况。

（5）施工过程中，施工安全监理包括下列内容：

1）督促施工单位对作业人员进行安全交底，监督施工单位按照批准的施工方案组织施工，检查施工单位安全技术措施的落实情况，及时制止违规施工作业。

2）定期和不定期巡视检查施工过程中危险性较大的施工作业情况。

3）定期和不定期巡视检查施工单位的用电安全、消防措施、危险品管理和场内交通管理等情况。

4）核查施工现场施工起重机械、整体提升脚手架和模板等自升式架设设施和安全设施的验收等手续。

5）检查施工单位的度汛方案中对洪水、暴雨、台风等自然灾害的防护措施和应急措施。

6）检查施工现场各种安全标志和安全防护措施是否符合工程建设标准强制性条文（水利工程部分）及相关规定的要求。

7）督促施工单位进行安全自查工作，并对施工单位自查情况进行检查。

8）参加项目法人和有关部门组织的安全生产专项检查。

9）检查灾害应急救助物资和器材的配备情况。

10）检查施工单位安全防护用品的配备情况。

11）填写安全检查记录。

（6）发现施工安全隐患时，应要求施工单位立即整改；必要时，指示施工单位暂停施工，并及时向项目法人报告。

（7）当发生安全事故时，指示施工单位采取有效措施防止损失扩大，并按有关规定立即上报，配合安全事故调查组的调查工作，监督施工单位按调查处理意见处理安全事故。

（8）监督施工单位将列入合同安全施工措施的费用按照合同约定专款专用。

第六节　安全生产管理制度

一、安全生产管理制度的建立

（1）工程开工前，各参建单位应组织识别适用的安全生产法律、法规、规章、制度和标准报项目法人。

（2）项目法人应及时组织有关参建单位识别适用的安全生产法律、法规、规章、制度和标准并于工程开工前将《适用的安全生产法律、法规、规章、制度和标准清单》书面通知各参建单位，各参建单位应将法律、法规、规章、制度和标准的相关要求转化为内部管理制度贯彻执行。

对国家、行业主管部门新发布的安全生产法律、法规、规章、制度和标准，项目法人应及时组织参建单位识别，并将适用的文件清单及时通知有关参建单位。

（3）工程开工前，项目法人应组织制订各项安全生产管理制度，并报项目主管部门备案；涉及各参建单位的安全生产管理制度，应书面通知相关单位；各参建单位的安全生产管理制度应报项目法人备案。

（4）项目法人应建立下列安全生产管理制度（不限于）：

1）安全目标管理制度。

2）安全生产责任制度。

3）安全生产费用管理制度。

4）安全技术措施审查制度。

5）安全设施"三同时"管理制度。

6）安全生产教育培训制度。

7）生产安全事故隐患排查治理制度。

8）重大危险源和危险物品管理制度。

9）安全防护设施、生产设施及设备、危险性较大的单项工程、重大事故隐患治理验收制度。

10）安全例会制度。

11）消防、社会治安管理制度。

12）安全生产档案管理制度。

13）应急管理制度。

14）事故管理制度等。

（5）监理单位应建立下列安全生产管理制度（不限于）：

1）安全生产责任制度。

2）安全生产教育培训制度。

3）安全生产费用、措施、方案审查制度。

4）生产安全事故隐患排查制度。

5）危险源监控管理制度。

6）安全防护设施、生产设施及设备、危险性较大的单项工程、重大事故隐患治理验收制度。

7）例会制度及安全生产档案管理制度等。

（6）施工单位应建立下列安全生产管理制度（不限于）：

1）安全生产目标管理制度。

2）安全生产责任制度。

3）安全生产考核奖惩制度。

4）安全生产费用管理制度。

5）意外伤害保险管理制度。

6）安全技术措施审查制度。

7）用工管理、安全生产教育培训制度。

8）安全防护用品、设施管理制度。

9）生产设备、设施安全管理制度。

10）分包（供）方管理制度。

11）安全作业管理制度。

12）生产安全事故隐患排查治理制度。

13）危险物品和重大危险源管理制度。

14）安全例会、技术交底制度。

15）危险性较大的单项工程验收制度。

16）文明施工、环境保护制度。

17）消防安全、社会治安管理制度。

18）职业卫生、健康管理制度。

19）应急管理制度。

20）事故管理制度。

21）安全生产档案管理制度等。

施工单位还应根据作业、岗位、工种特点和设备安全技术要求，引用或编制安全操作规程，发放到相关作业人员，并报监理单位备案。

（7）其他有关参建单位应根据《适用的安全生产法律、法规、规章、制度和标准清单》和相关要求，制订本单位的安全管理制度，应至少包括安全生产责任制度、安全生产教育培训制度、安全生产检查制度等。

（8）安全生产管理制度应至少包含下列内容：

1）工作内容。

2）责任人（部门）的职责与权限。

3）基本工作程序及标准。

二、安全生产管理制度的检查落实

（1）项目法人应在工程开工初期组织检查各参建单位的安全生产管理制度建立健全情况，形成检查意见并通知有关参建单位。有关参建单位应根据检查意见对相关管理制度进行修订和补充完善，并报项目法人备案。

（2）各参建单位应将适用的安全生产法律、法规、规章、制度和标准清单及安全管理制度印制成册或制订电子文档配发给单位各部门和岗位，组织全体从业人员学习，并做好学习记录，主持人和参加学习的人员应签字确认。

（3）各参建单位对本单位安全生产法律、法规、规章、制度、标准、操作规程和安全生产管理制度的执行情况，每年至少应组织一次检查评估，评估报告应报项目法人或项目主管部门备案。

（4）项目法人对各参建单位安全生产法律、法规、规章、制度、标准、操作规程和安全生产管理制度的执行情况，每年至少应组织一次监督检查，并提出书面检查意见，印发相关单位。

（5）各参建单位应根据检查评估情况，对本单位施工安全生产管理制度实行动态管理，及时进行修订、备案和印发。

第七节　施工安全技术措施审核和施工安全管理

一、施工安全技术措施

（一）施工安全技术措施

施工安全技术措施是指为防止工伤事故和职业病的危害，从技术上采取的措施。在工程项目施工中，针对工程特点、施工现场环境、施工方法、劳力组织、作业方法使用的机械、动力设备、变配电设施、架设工具以及各项安全防护设施等制定的确保安全施工的预防措施，施工安全技术措施是施工组织设计的重要组成部分。

（二）施工安全技术措施审核

水利水电工程施工的安全问题是一个重要问题，这就要求在每一单位工程和分部工程开工前，监理单位首先要提醒施工单位注意考虑施工中的安全措施，施工单位在施工组织设计或技术措施中，必须充分考虑工程施工的特点，编制具体的安全技术措施，尤其是对危险工种要特别强调安全措施，在审核施工单位的安全措施时，其要点包括以下内容。

1. 安全措施的超前性

安全技术措施应在开工前编制，这样才能保证用于该工程的各种安全设施有较充分的时间作准备，确保各种安全设施的落实。根据工程变更情况，安全技术措施也应及时相应补充完善。

2. 安全措施的针对性

施工安全技术措施是针对每项工程特点而制定的，编制安全技术措施的技术人员必须掌握工程概况、施工环境、施工条件、施工方法等第一手资料，并熟悉安全法规、标准等，才能编写有针对性的安全技术措施，主要考虑以下几个方面：

（1）针对不同工程的特点可能造成施工的危害，从技术上采取措施，消除危险，保证施工安全。

（2）针对不同的施工方法，如井巷作业、水上作业、提升吊装，大模板施工等，可能给施工带来不安全因素。

（3）针对使用的各种机械设备、变配电设施给施工人员可能带来危险因素，从安全保险装置等方面采取的技术措施。

（4）针对施工中有毒有害、易燃易爆等作业，可能给施工人员造成伤害，采取措施，防止伤害事故。

（5）针对施工现场及周围环境，可能给施工人员或周围居民带来伤害，以及材料、设备运输带来的不安全因素，从技术上采取措施，予以保护。

3. 安全控制措施的可靠性

可靠性主要从以下几个方面考虑：

（1）全面。

1）充分考虑了工程技术和管理的特点。

2）充分考虑了安全保证要求的重点和难点。

3）予以全过程、全方位的考虑。

4）对潜在影响因素较为深入地考虑。

（2）依据充分。

1）采用的标准和规定合适。

2）依据的试验成果和文献资料可靠。

（3）设计正确。

1）对设计方法及其安全保证度的选择正确。

2）设计条件和计算简图正确，计算公式正确。

3）按设计计算结果提出的结论和施工要求正确、适度。

（4）规定明确。

1）技术与安全控制指标的规定明确。

2）对检查和验收的结果规定明确。

3）对隐患和异常情况的处理措施明确。

4）管理要求和岗位责任制度明确。

5）作业程序和操作要求规定明确。

（5）便于落实。

1）无执行不了的和难以执行的规定和要求。

2）有全面落实和严格执行的保证措施。

3）有对执行中可能出现的情况和问题的处理措施。

（6）能够监督。

1）单位的监控要求不低于政府和上级的监控。

2）措施和规定全面纳入了监控要求。

4.安全技术措施中的安全限控要求

施工安全的限控要求是针对施工技术措施在执行中的安全控制点以及施工中可能出现的其他事故因素，做出相应的限制、控制的规定和要求。

（1）施工机具设备使用安全的限控要求。包括自身状况、装置和使用条件、运行程序和操作要求、运行工况参数（负载、电压等）。

（2）施工设施（含作业的环境条件）安全限控的要求。施工设施是指在建设工地现场和施工作业场所所设置的、为施工提供所需生产、生活、工作与作业条件的设施。包括：现场围挡和安全防护设施，场地、道路、排水设施，现场消防设施，现场生产设施，以及环境保护设施等。它们的共同特性是临时性。

安全作业环境则为实现施工作业安全所需的环境条件。包括：安全作业所需的作业环境条件，施工作业对周围环境安全的保证要求，确保安全作业所需要的施工设施和安全措施，安全生产环境（包括安全生产管理工作的状况及单位、职工对安全的重视程度）。

（3）施工工艺和技术安全的限控要求。包括材料、构件、工程结构、工艺技术、施工操作等。

5.施工总平面图的安全技术要求

施工平面图布置是一项技术性很强的工作，若布置不当，不仅会影响施工进度，造成浪费，还会留下安全隐患。施工布置安全审查着重审核易燃、易爆及有毒物质的仓库和加工车间的位置是否符合安全要求；电气线路和设备的布置与各种水平运输、垂直运输线路布置是否符合安全要求；高边坡开挖、洞井开挖布置是否有适合的安全措施。

6.采用的新技术、新工艺、新结构、新材料、新设备

对方案中采用的新技术、新工艺、新结构、新材料、新设备等，特别要审核有无相应的安全技术操作规程和安全技术措施，对施工单位的各工种的施工安全技术，审核其是否满足《水利水电工程施工通用安全技术规程》（SL 398—2007）规定的要求。在施工中，常见的施工安全措施的审核有以下几个方面：

（1）高空施工安全措施。

1）进入施工现场必须戴安全帽。

2）悬空作业必须系安全带。

3）高空作业点下方必须设置安全网。

4）楼梯口、预留洞口、坑井口等，必须设置围栏、盖板或架网。

5）临时周边应设置围栏或安全网。

6）脚手架和梯子结构牢固，搭设完毕要办理验收手续。

（2）施工用电安全措施。

1）对常带电设备，要根据其规格、型号、电压等级、周围环境和运行条件，加强保护，防止意外接触，如对裸导线或母线应采取封闭、高挂或设置罩盖等绝缘、屏护遮栏，保证安全距离等措施。

2）对偶然带电设备，如电机外壳、电动工具等，要采取保护接地或接零、安装漏电保护器等办法。

3）检查、修理作业时，应采用标志和信号来帮助作业者做出正确的判断，同时要求他们使用适当的保护用具，防止触电事故发生。

4）手持式照明器或危险场所照明设备，要求使用安全电压。

5）电气开关位置要适当，要有防雷措施，坚持一机一箱，并设门、锁保护。

（3）爆破施工安全控制措施。

1）充分掌握爆破施工现场周围环境，明确保护范围和重点保护对象。

2）正确设计爆破施工方案，明确安全技术措施。

3）严格炮工持证上岗制度，并努力提高他们的安全意识，要求按章作业。

4）装药前，严格检查炮眼深度、方位、距离是否符合设计方案。

5）装药后检查孔眼预留堵塞长度是否符合要求，检查覆盖网是否连接牢固。

6）坚持爆破效果分析制度，通过检查分析来总结经验和教训，制定改进措施和预防措施。

二、专项施工方案、度汛方案和应急救援预案的安全审查

（一）专项施工方案审查

工程开工前，施工单位应结合工程实际确认危险性较大的单项工程清单，对达到一定规模的危险性较大的单项工程编制专项施工方案，对于超过一定规模的危险性较大的单项工程，应组织专家对专项施工方案进行审查论证。

专项施工方案应包括以下内容：

（1）工程概况。危险性较大的专项工程概况、施工平面布置、施工要求和技术保证条件等。

（2）编制依据。相关法律、法规、规范性文件、标准、规范及图纸（国标图集）、施工组织设计等。

（3）施工计划。包括施工进度计划、材料与设备计划等。

（4）施工工艺技术。技术参数、工艺流程、施工方法、质量标准、检查验收等。

（5）施工安全保证措施。组织保障、技术措施、应急预案、监测监控等。

（6）劳动力计划。专职安全生产管理人员、特种作业人员等。

（7）设计计算书及相关图纸等。

监理单位应重点从以下三个方面审核施工单位报送的专项施工方案：

（1）程序性审查。专项施工方案必须由施工单位技术负责人审批，分包单位编制的，应经总承包单位审批；应组织专家组进行论证的必须有专家组最终确认的论证审查报告，专家组的成员组成和人数应符合有关规定；对监理单位审查后不符合要求的，施工单位应按原程序重新办理报审手续。

由专家审查论证确认的专项施工方案，应经施工单位技术负责人、总监理工程师审核签字后，方可实施。

（2）符合性审查。专项施工方案在满足法律、法规、规程及规范要求的同时，还必须符合工程建设强制性标准要求。

（3）针对性审查。专项施工方案应针对工程特点以及所处环境等实际情况，编制内容应详细具体，明确操作要求。

1）施工方案应具有较强的针对性，采取的施工方法、技术措施应符合实际，充分考虑本工程的特点、施工条件、环境条件的影响，当实际情况、环境条件不能满足安全要求时，应采取必要的安全措施。

2）施工进度计划中各工序的施工流向、顺序应合理，并充分考虑技术间隙的时间，当不能满足时，应采取相应的技术措施。

3）专项施工方案应有必需的施工图，包括：平面布置图和立面图、关键部位构造做法、节点大样，施工图应与计算参数一致，与实际情况一致。

（二）度汛方案的审查

《水利工程施工监理规范》（SL 288—2014）规定：监理单位应检查施工单位的度汛方案中对洪水、暴雨、台风等自然灾害的防护措施与抢险预案，审批施工单位按有关安全规定和合同要求提交的专项施工方案、度汛方案与应急救援预案。

《水利水电工程施工通用安全技术规程》（SL 398—2007）规定：项目法人应组织成立有施工、设计、监理等单位参加的工程防汛机构负责工程安全度汛工作，组织制订度汛方案及超标准洪水的度汛预案；施工单位应按设计要求和现场施工情况制定度汛措施报项目法人、监理单位审批后成立防汛抢险队伍，配置足够的防汛物资，随时做好防汛抢险的准备工作。

2019 年 3 月，中国水利工程协会发布了《水利水电工程施工期度汛方案编制导则》（T/CWEA6—2019），明确了水利水电工程施工期度汛方案编制的主要内容和技术要求。

监理单位在审核施工单位报送的度汛方案时，应重点审核以下几个方面：

（1）度汛组织机构组成及职责、成员及分工。

（2）汛期值班和检查制度，防汛人员值班计划、联系方式。

（3）水文、气象及预报获取途径。

（4）工程度汛标准。

（5）汛前工程应达到的形象面貌。

（6）度汛抢险防护措施，包括临时和永久工程建筑物的汛期抢险防护措施、施工区和生活区的度汛抢险防护措施等。

（7）度汛保障，包括度汛抢险队伍保障、度汛物资和机械设备保障、通信保障、供电和交通保障、医疗和资金保障、宣传和培训等。

（8）度汛涉及其他相关单位的联系人、联系方式等。

（9）工程巡查与监测方案。

（10）险情抢护措施及人员设备撤离方案。

（11）遭遇超标准洪水时的应急处置措施。

（12）后期处置，包括临时调用的物资机械设备等处置方式、度汛抢险物料消耗补充措施、受损工程设施修复方案及要求等。

（三）应急救援预案的审查

根据《生产经营单位生产安全事故应急预案编制导则》（GB/T 29639—2013），应急预案可分为综合应急预案、专项应急预案和现场处置方案三个层次。

（1）综合应急预案是应急预案体系的总纲，主要从总体上阐述事故的应急工作原则，包括应急组织机构及职责、应急预案体系、事故风险描述、预警及信息报告、应急响应、保障措施、应急预案管理等内容。

（2）专项应急预案是为应对某一类型或某几种类型事故，或者针对重要生产设施、重大危险源、重大活动等内容而制定的应急预案。专项应急预案主要包括事故风险分析、应急指挥机构及职责、处置程序和措施等内容。

（3）现场处置方案是根据不同事故类别，针对具体的场所、装置或设施所制定的应急处置措施，主要包括事故风险分析、应急工作职责、应急处置和注意事项等内容。

监理单位应重点从以下六个方面审核施工单位报送的应急救援预案：

（1）针对性。应急预案应结合危险分析的结果，针对重大危险源、各类可能发生的事故、关键的岗位和地点、薄弱环节重要工程进行编制，确保其针对性。

（2）科学性。编制应急预案必须以科学的态度，在全面调查研究的基础上，实行领导和专家相结合的方式，开展科学分析和论证，制定出决策程序、处置方案和应急手段先进的应急方案，使应急预案具有科学性。

（3）可操作性。应急预案应具有可操作性或实用性，即发生事故时，有关应急组织、人员可以按照应急预案的规定迅速、有序、有效地开展应急救援行动，降低事故损失。

（4）合法合规性。应急预案中的内容应符合国家相关法律、法规、标准和规范的要求，应急预案的编制工作必须遵守相关法律法规的规定。

（5）权威性。救援工作是一项紧急状态下的应急性工作，所制定的应急预案应明确救援工作的管理体系，救援行动的组织指挥权限以及各级救援组织的职责和任务等一系列的行政性管理规定，保证救援工作的统一指挥。应急预案还应经上级部门批准后才能实施，保证预案具有一定的权威性，同时，应急预案中包含应急所需的所有基本信息，需要确保这些信息的可靠性。

（6）衔接性。水利水电工程建设应急预案应与上级单位应急预案、当地政府应急预案、水行政主管部门应急预案、下级单位应急预案等相互衔接，确保出现紧急情况时能够及时启动各方应急预案，有效控制事故。

三、施工现场安全管理

施工单位安全工程师在施工现场进行安全管理的任务有：施工前安全措施落实情况检查，施工过程中安全检查和管理。

（一）施工前安全措施的落实检查

施工单位的施工组织设计或技术措施中，应对安全措施作出计划。由于工期、经费等原因，这些措施常得不到贯彻落实，因此，安全工程师必须在施工前到现场进行实地检查。检查的办法是将施工平面图与安全措施计划及施工现场情况进行比较，指出存在问题，并督促安全措施的落实。

（二）施工过程中的安全检查形式和内容

安全检查是发现施工过程中的不安全行为和不安全状态的重要途径，是消除事故隐患，落实整改措施，防止事故伤害，改善劳动条件的重要方法。

（1）施工过程中进行安全检查，其形式有以下几种：

1）施工单位定期组织的安全检查。

2）各级管理人员的日常巡回检查、专业安全检查。

3）季节性和节假日安全检查。

4）班组自我检查、交接检查。

（2）施工过程中进行安全检查，其主要内容包括以下几个方面：

1）查思想。即检查施工单位的各级管理人员、技术干部和工人是否树立了"安全第一，预防为主、综合治理"的思想，是否对安全生产给予足够的重视。

2）查制度。即检查安全生产的规章制度是否建立、健全和落实。如对一些要求持证上岗的特殊工种，上岗工人是否证照齐全。特别是施工单位的各职能部门是否切实落实了安全生产的责任制。

3）查措施。即检查所制定的安全措施是否有针对性，是否进行了安全技术措施交底，安全设施和劳动条件是否得到改善。

4）查隐患。事故隐患是事故发生的根源，大量事故隐患的存在，必然导致事故的发生。因此，安全工程师还必须在查隐患上下工夫，对查出的事故隐患，要提出整改措施，落实整改的时间和人员。

（三）安全检查方法

施工过程中进行安全检查，其常用的方法有一般检查方法和安全检查表法。

1. 一般检查方法

常采用看、听、嗅、问、查、测、验、析等方法。

（1）看。看现场环境和作业条件，看实物和实际操作，看记录和资料等。

（2）听。听汇报、听介绍、听反映、听意见、听机械设备运转响声等。

（3）嗅。对挥发物、腐蚀物等气体进行辨别。

（4）问。对影响安全问题，详细询问。

（5）查。查明数据，查明问题，查清原因，追查责任。

（6）测。测量、测试、监测。

（7）验。进行必要的试验或化验。

（8）析。分析安全事故的隐患、原因。

2. 安全检查表法

这是一种原始的、初步的定性分析方法，它通过事先拟定的安全检查明细表或清单，对安全生产进行初步的诊断和控制。

四、生产安全档案管理

（1）各参建单位应将安全生产档案管理纳入日常工作，明确管理部门、人员及岗位职责，健全制度，安排经费，确保安全生产档案管理正常开展。

（2）专业技术人员和管理人员是归档工作的直接责任人，按照《水利水电工程施工安全管理导则》（SL 721—2015）的规定做好安全生产文件材料的收集、整理、归档工作。

（3）项目法人对安全生产档案管理工作负总责，应做好自身安全生产档案的收集、整理、归档工作，并加强对各参建单位安全生产档案管理工作的监督、检查和指导。

（4）监理单位应对施工单位提交的安全生产档案材料履行审核签字手续。凡施工单位未按规定要求提交安全生产档案的，不得通过验收。

思 考 题

8-1　施工中不安全因素有哪些？

8-2　高处坠落主要不安全因素有哪些？电气设备引起触电事故主要原因有哪些？

8-3　使用起重设备安全规定有哪些？爆破施工安全规定有哪些？

8-4　安全生产目标应主要包括哪些内容？

8-5　监理单位有哪些安全生产职责？

8-6　施工安全监理应包括哪些内容？

8-7　监理单位应建立哪些安全生产管理制度？

8-8　监理单位审核施工单位的施工安全措施应重点审核哪些方面？

8-9　监理单位应重点从哪些方面审核专项施工方案？从哪些方面审核应急救援预案？

第九章　施工危险源、事故隐患与安全事故

第一节　施工危险源辨识

为科学辨识与评价水利水电工程施工危险源及其风险等级，有效防范施工生产安全事故，2018年12月，水利部制定了《水利水电工程施工危险源辨识与风险评价导则（试行）》（办监督函〔2018〕1693号），指导水利行业开展水利水电工程施工危险源辨识与风险评价。

一、水利水电工程施工危险源的概念

根据《水利水电工程施工危险源辨识与风险评价导则（试行）》（办监督函〔2018〕1693号），水利水电工程施工危险源定义为：指在水利水电工程施工过程中有潜在能量和物质释放危险的、可造成人员伤亡、健康损害、财产损失、环境破坏，在一定的触发因素作用下可转化为事故的部位、区域、场所、空间、岗位、设备及其位置。

水利水电工程施工重大危险源定义为：指在水利水电工程施工过程中有潜在能量和物质释放危险的、可能导致人员死亡、健康严重损害、财产严重损失、环境严重破坏，在一定的触发因素作用下可转化为事故的部位、区域、场所、空间、岗位、设备及其位置。

重大危险源包含《中华人民共和国安全生产法》定义的危险物品重大危险源。

危险源是客观存在的，管控不当，可能导致安全事故的发生，只有对水利水电施工现场存在的各种危险源进行深入透彻的分析研究，科学掌握其辨识与评价方法，管控风险，从源头上消除水利水电工程施工过程中的安全隐患，才能有效地遏制水利水电安全事故的发生。

二、危险源辨识的概念及要点

（一）危险源辨识的概念

危险源辨识是指对危险因素进行分析，识别危险源的存在并确定其特性的过程，包括辨识出危险源以及判定危险源类别与级别。危险源辨识是现代安全管理研究的核心内容，是防止安全事故发生的首要任务。施工现场存在着大量的危险源，且形式复杂多样，这给我们对危险源的辨识带来了巨大的挑战。然而，对这些危险源进行辨识和分析，是进行施工安全管理的前提和保障。只有首先辨识出施工过程中各种危险源，并分析其触发条件，才能对这些危险源进行控制和管理，避免危险源引发施工安全事故。

（二）危险源辨识的要点

在进行危险源辨识时，应针对工程的类型、特点、规模以及自身管理水平等情况，根

据现行的国家法律法规、技术标准、操作规程，辨识出工程各个施工阶段、主要部位潜在的危险源，列出项目危险源清单。然后，对工程的危险状态或危险源给予定性和定量评价，并采取相应的预防措施以达到降低危险性的目的。在施工危险源识别过程中，还应着重考虑以下几方面问题：

(1) 安全法律法规、强制性标准和施工操作规范等。

(2) 施工企业的基本情况，如资质等，安全事故记录、备案资料。

(3) 来自于员工的相关的信息，如教育背景、执业资格等。

(4) 重点分析安全事故潜在的危险因素、触发条件及其后果等内容。

(5) 系统了解各单元工程自身的安全状况信息，包括施工材料、施工工艺和机械设备等特点。

(6) 危险源会涉及系统内的多个作业活动，这些作业活动之间或者有工序搭接，或者是相互独立的作业活动，也可能产生立体交叉作业。

(7) 理解三种时态（过去、现在、将来）、三种状态（正常、异常和紧急状态）和八种水利生产安全事故类型（物体打击、车辆伤害、机械伤害、起重伤害、触电、坍塌、高处坠落和其他伤害）。

危险源辨识应由经验丰富、熟悉工程安全技术的专业人员，采用科学、有效及适用的方法，辨识出本工程的危险源，对其进行分类和分级，汇总制定危险源清单，确定危险源名称、类别、级别、可能导致事故类型及责任人等内容。必要时可进行集体讨论或专家技术论证。

三、施工危险源辨识对象及范围

根据水利水电工程的特点，将施工危险源辨识的对象及范围划分为以下五类：

(1) 施工作业活动类。明挖施工，洞挖施工，石方爆破，填筑工程，灌浆工程，斜井竖井开挖，地质缺陷处理，砂石料生产，混凝土生产，混凝土浇筑，脚手架工程，模板工程及支撑体系，钢筋制安，金属结构制作、安装及机电设备安装，建筑物拆除，配套电网工程，降排水，水上（下）作业，有限空间作业，高空作业，管道安装，其他单项工程等。

(2) 机械设备类。运输车辆，特种设备，起重吊装及安装拆卸等。

(3) 设施场所类。存弃渣场，基坑，爆破器材库，油库油罐区，材料设备仓库，供水系统，通风系统，供电系统，钢筋厂及模具加工厂等金属结构制作加工厂场所，预制构件场所，施工道路、桥梁，隧洞，围堰等。

(4) 作业环境类。不良地质地段，潜在滑坡区，超标准洪水，粉尘，有毒有害气体及有毒化学品泄漏环境等。

(5) 其他类。野外施工，消防安全，营地选址等。

四、施工危险源辨识区域

水利水电工程施工危险源辨识，按辨识区域划分为：生产、施工作业区，物资仓储区，生活、办公区。

(1) 生产、施工作业区包括：

1) 施工作业活动类。

2) 机械设备类。

3) 设施场所类。

4) 作业环境类。

5) 其他类。

(2) 物资仓储区包括：

1) 油库油罐区。

2) 材料设备仓库。

3) 有毒有害气体及有毒化学品泄漏环境。

(3) 生活、办公区包括：

1) 消防安全。

2) 营地选址。

五、施工危险源的辨识

(一) 施工危险源辨识的方法

施工危险源辨识的方法很多，按照辨识是否采用定量分析来分类，可以分为定性分析方法和定量分析方法两大类。

1. 定性分析方法

定性分析是指对危险源只进行可能性的分析或做出事故是否可能发生的感性判断。定性分析方法主要有安全检查表、预先危险性分析、作业危害分析、因果分析图等。

(1) 安全检查表。安全检查表是危险源辨识的一种最基本、最初步的方法，是危险源识别的有效工具。基本做法是采用预先设计好的安全检查表到现场进行检查，发现安全隐患问题及时记录和分析，并据此获取危险源资料。其主要特点如下：

1) 安全检查表能够事先编制，可以做到系统化、科学化，不漏掉任何可能存在的危险源。

2) 可以根据现有的规章制度、法律、法规、标准、规范等进行编制并进行检查。

3) 安全检查表建立在原有的安全检查基础上，容易掌握，符合我国建筑工程施工安全管理的实际情况，易于推广。

4) 安全检查表可以按照重要性或发生顺序排列，通俗易懂，能使人们清楚知道哪些危险源重要，哪些次要，促进职工采取正确的方法进行操作。

5) 安全检查表可以与安全生产责任制相结合，按不同的检查对象使用不同的安全检查表，易于分清责任，还可以提出改进措施，并进行检验。

6) 只能做出定性分析。

7) 只能对已经存在的对象进行分析。

8) 可以和事故树分析结合使用，做到定性分析与定量分析相结合。

（2）预先危险性分析。预先危险性分析，是一种定性分析系统内危险因素和危险程度的方法。基本做法是将工程项目按系统功能进行分解，分解成若干子系统，再根据危险源辨识的基本资料进行分析判断，确定潜在的危险源。其主要特点如下：

1）预先危险性分析可以对新材料、新结构、新工艺存在的危险性进行预先分析，识别其中的危险源。

2）可以对开发、设计、制造、安装、检修进行预先分析，分析的结果可以提供应遵循的注意事项和操作指导。

3）预先危险性分析可以将危险源识别和安全风险评价结合在一起进行，分析结果可以为制定技术文件提供必要的资料。

4）预先危险性分析建立在系统功能分析的基础上，没有安全检查表容易掌握。

5）与安全检查表相比，预先危险性分析比较抽象，不如安全检查表简单易懂，施工现场推广比较困难。

（3）作业危害分析。作业危害分析又称作业安全分析，是一种适用范围较广泛的危险源辨识定性分析方法。作业危害分析是将作业划分为若干步骤，对每一步进行分析，从而辨识出潜在的危害并制定安全措施。其主要特点如下：

1）作业危害分析可以辨识未知的危害。

2）作业危害分析由许多有经验的人参加共同讨论，可以确定更为理想的操作程序。

3）在讨论分析的过程中，可以促进操作人员和管理人员之间的信息交流，有助于对问题的理解和解决。

4）作业危害分析的结果可以对新的作业、不经常进行的作业提供指导，对新的作业人员进行培训。

5）作业危害分析的结果可以作为职业健康安全检查的标准，并协助进行事故调查分析。

（4）因果分析图。因果分析图又称树枝图、鱼刺图或特性图。因果分析图原是一种质量管理工具，后来移植到安全管理方面，成为一种重要的事故原因分析和危险源辨识的方法。

因果分析图一般从人（安全管理者、施工方案设计者、操作者等）的不安全行为和物质条件的不安全状态（设备缺陷、环境不良等）两大因素着手，从大到小，从粗到细，由表及里，一层一层深入分析，画出因果分析图，见图9-1。然后组织相关人员对因果分析图中列出的潜在危险源逐一进行讨论分析，找出因果分析图中的主要原因，作为安全控制的重点对象。其主要特点如下：

1）因果分析图从结果开始，先主要原因后次要原因，从粗到细，层层深入寻找原因，具有较强的逻辑性。

2）因果分析图采用图形表达，直观、清楚，容易为现场管理人员和操作人员接受。

3）用因果分析图分析危险源，可以使复杂的原因系统化，条理化。

4）一个类型的事故作为一个结果，一个结果绘制一个因果分析图，使得分析具有很强的针对性。

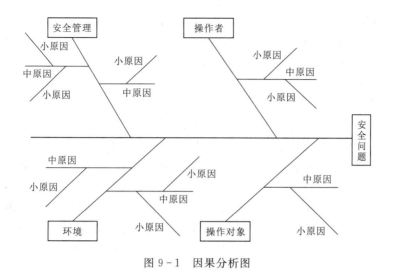

图 9-1 因果分析图

5）因果分析图的分析过程中可以进行讨论，在众多的危险因素中确定主要危险源，作为重点控制对象。

2. 定量分析方法

施工危险源辨识的定量分析方法是指在定性分析的基础上，运用数学方法分析事故与影响因素之间的数量关系，对危险源做出数量化的描述。定量分析方法主要有事件树分析、事故树分析等，事件树分析和事故树分析既可以用于定量分析，也可以用于定性分析。

（1）事件树分析。事件树分析的原理从一个初始原因事件开始，按照事件发展过程中事件的出现与不出现，交替分析各环节事件"成功（正常）"或"失败（失效）"的两种可能性，然后再把这两种可能性分别作为新的初因事件进行分析，直到分析出最后结果为止。事件树分析是从原因到结果的归纳分析法。其主要特点如下：

1）事件树分析可以用于对已发生事故的分析，也可以用于对未发生事故的预测。

2）在对事故分析和危险源辨识时，事件树分析法逻辑严密，结果明确。

3）在搞清楚初始事件到事故的过程中，可以系统地图示出事件与事故的逻辑关系。

4）对复杂的问题，可以运用事件树分析进行逻辑推理和归纳。

5）事件树分析可以为事故树分析提供顶上事件。

（2）事故树分析。在时序上，事故树分析与事件树分析相反，是一种逆时序的分析方法，从结果开始，逆时序寻求结果事件（通称顶上事件）。在逻辑上，事故树分析是一种演绎推理方法，将结果演绎成构成这一结果的多种原因，再寻求预防结果发生的措施。其主要特点如下：

1）事故树分析描述事故的因果关系直观、明了，思路清晰，逻辑性强。

2）事故树分析具有很大的灵活性，不仅可以分析事故的一般原因，还可以分析事故的特殊原因，如对人为因素、环境因素进行专门分析。

3）进行事故树分析的过程就是一个对系统更深入认识的过程，许多问题在分析的过程中就被发现和解决了。

4）事故树分析可以定量计算发生事故的概率，为安全风险评价提供了定量数据。

5）事故树分析难度较大，建模过程复杂，需要经验丰富的技术人员参加，需要花费大量的人力和时间。

（二）施工危险源辨识方法的选择

在水利水电工程施工危险源辨识中，应考虑工程区域内的生活、生产、施工作业场所等危险发生的可能性，暴露于危险环境频率和持续时间，储存物质的危险特性、数量以及仓储条件，环境、设备的危险特性以及可能发生事故的后果严重性等因素，综合分析判定。根据以上分析比较，可以得出以下结论：

（1）危险源辨识应先采用直接判定法，不能用直接判定法辨识的，可采用其他方法进行判定。当本工程区域内出现符合《水利水电工程施工危险源辨识与风险评价导则（试行）》（办监督函〔2018〕1693号）（附件2）中《水利水电工程施工重大危险源清单》的任何一条要素的，可直接判定为重大危险源。

（2）安全检查表和因果分析图的适用范围广、简便，易于掌握和建设工程的标准、规范相一致，容易为现场管理人员和操作人员接受。

（3）预先危险性分析适合用于对新材料、新结构、新工艺存在的危险性进行预先分析。

（4）作业危害分析适合对新的、具体的作业中存在的危险源进行分析和辨识。

（5）事件树分析和事故树分析可以进行定量分析，但比较复杂，难以掌握，对人员素质和基础资料的要求较高，适用于大型施工企业对复杂的施工项目进行危险源辨识，或者在安全检查表和因果分析图初步分析和辨识的基础上进一步进行定量分析。

（三）施工危险源的动态辨识

水利水电工程的施工现场是多变的，即项目的安全管理也是在变化中的，所以随着施工不断进展和施工条件的变化，危险源的类型和触发因素等条件也是动态变化的。危险源是随着施工的工期而不断变化的，即以时间为划分标准，以施工工序的先后顺序为划分单元，进行危险源的辨识。当有新规程规范发布（修订），或施工条件、环境、要素或危险源致险因素发生较大变化，或发生生产安全事故时，应及时组织重新辨识。通过定期或不定期的检查和评审，对施工危险源进行动态辨识，保证施工安全。

第二节　施工危险源风险评价及重大危险源控制

一、危险源风险评价的概念

危险源风险评价是对危险源的各种危险因素、发生事故的可能性及损失与伤害程度等进行调查、分析、论证等，以判断危险源风险等级的过程。

二、危险源级别和风险等级

危险源分两个级别，分别为重大危险源和一般危险源。

危险源的风险等级分为四级，由高到低依次为重大风险、较大风险、一般风险和低风险。

（1）重大风险。发生风险事件概率、危害程度均为大，或危害程度为大、发生风险事件概率为中；极其危险，由项目法人组织监理单位、施工单位共同管控，主管部门重点监督检查。

（2）较大风险。发生风险事件概率、危害程度均为中，或危害程度为中、发生风险事件概率为小；高度危险，由监理单位组织施工单位共同管控，项目法人监督。

（3）一般风险。发生风险事件概率为中、危害程度为小；中度危险，由施工单位管控，监理单位监督。

（4）低风险。发生风险事件概率、危害程度均为小；轻度危险，由施工单位自行管控。

三、危险源评价的方法

常用安全事故的易发性和后果严重度来表示危险性程度，危险性用以衡量危险源引发事故的可能性和后果的尺度。在危险源评价过程中，危险源评价方法的选择是极为重要的，他直接关系到评价结果的优劣，而熟练掌握各种评价方法的适用条件和应用范围是选择好危险源评价方法的基础。

常用的危险源评价方法有数十种，但每一种方法都有一定自身缺陷和局限性。由于水利水电工程施工运行系统的复杂性，危险源评价应充分利用专家的理论知识和工程经验，通过专家的判断将基础资料完备，运用相应评价方法进行危险源等级评价。

施工危险源评价常用的评价方法有：安全检查表法、作业条件危险性评价法（LEC法）、作业条件-管理因子危险性评价法、预先危险性分析法等。重大危险源的风险等级直接评定为重大风险等级；危险源风险等级评价主要对一般危险源进行风险评价，可结合工程施工实际选取适当的评价方法，推荐使用作业条件危险性评价法（LEC法）。

1. 安全检查表法

（1）安全检查表法适用于施工期评价。

（2）安全检查表法分定性化安全检查表和半定量化安全检查表。

1）定性化安全检查表法应列举需查明的所有导致事故的不安全因素，采用提问式检查表。

2）半定量化安全检查表法应根据评价对象及相关法律法规、标准及管理制度要求，编制检查表并进行评价。

（3）安全检查表法应列出危险因素，根据现场情况对安全检查表打分，评价危险程度，综合判定后确定危险源等级。

2. 作业条件危险性评价法（LEC法）

（1）作业条件危险性评价法适用于各阶段评价。

（2）作业条件危险性评价法中危险性大小值 D 按下式计算：

$$D = LEC$$

式中　D——危险性大小值；

　　　L——发生事故或危险事件的可能性大小；

　　　E——人体暴露于危险环境的频率；

　　　C——危险严重程度。

（3）事故或危险性事件发生的可能性 L 值与作业类型有关，参照《水利水电工程施工危险源辨识与风险评价导则（试行）》（办监督函〔2018〕1693号），L 值按表9-1确定。

表9-1　　　　　　　　　　　事故发生的可能性 L 值对照表

L 值	事故发生的可能性	L 值	事故发生的可能性
10	完全可以预料	1	可能性小，完全意外
6	相当可能	0.5	很不可能，可以设想
3	可能，但不经常	0.2	极不可能

（4）暴露于危险环境的频繁程度 E 值与工程类型无关，仅与施工作业时间长短有关，可从人体暴露于危险环境的频率，或危险环境人员的分布及人员出入的多少，或设备及装置的影响因素，分析、确定 E 值的大小，参照《水利水电工程施工危险源辨识与风险评价导则（试行）》（办监督函〔2018〕1693号），E 值按表9-2确定。

表9-2　　　　　　　　　　暴露于危险环境的频率因素 E 值对照表

E 值	暴露于危险环境的频繁程度	E 值	暴露于危险环境的频繁程度
10	连续暴露	2	每月1次暴露
6	每天工作时间内暴露	1	每年几次暴露
3	每周1次，或偶然暴露	0.5	非常罕见暴露

（5）发生事故可能造成的后果 C 值与危险源在触发因素作用下发生事故时产生后果的严重程度有关，可从人身安全、财产及经济损失、社会影响等因素，分析危险源发生事故可能产生的后果确定 C 值，参照《水利水电工程施工危险源辨识与风险评价导则（试行）》（办监督函〔2018〕1693号），C 值按表9-3确定。

表9-3　　　　　　　　　　　危险严重度因素 C 值对照表

C 值	危险严重度因素
100	造成30人以上（含30人）死亡，或者100人以上重伤（包括急性工业中毒，下同），或者1亿元以上直接经济损失
40	造成10~29人死亡，或者50~99人重伤，或者5000万元以上1亿元以下直接经济损失
15	造成3~9人死亡，或者10~49人重伤，或者1000万元以上5000万元以下直接经济损失
7	造成3人以下死亡，或者10人以下重伤，或者1000万元以下直接经济损失
3	无人员死亡，致残或重伤，或很小的财产损失
1	引人注目，不利于基本的安全卫生要求

（6）危险性等级划分以作业条件危险性大小 D 值作为标准，参照《水利水电工程施工危险源辨识与风险评价导则（试行）》（办监督函〔2018〕1693号），D 值见表9-4规定

确定。

表 9 - 4 作业条件危险性评价法危险性等级划分标准

D 值区间	危 险 程 度	风险等级
D＞320	极其危险，不能继续作业	重大风险
320≥D＞160	高度危险，需立即整改	较大风险
160≥D＞70	一般危险（或显著危险），需要整改	一般风险
D≤70	稍有危险，需要注意（或可以接受）	低风险

根据工程施工现场情况和管理特点，合理确定 L、E 和 C 值。各类一般危险源的 L、E 和 C 值赋分参考取值范围及判定风险等级范围见《水利水电工程施工危险源辨识与风险评价导则（试行）》（办监督函〔2018〕1693 号）附件 3《水利水电工程施工一般危险源 LEC 法风险评价赋分表》。

3. 作业条件-管理因子危险性评价法

（1）作业条件-管理因子危险性评价法适用于各阶段评价。

（2）作业条件-管理因子危险性评价法中危险性大小值 D_M 按下式计算：

$$D_M = L_M E_M C_M M$$

式中 D_M——危险性大小值；

L_M——发生事故或危险事件的可能性；

E_M——人体暴露于危险环境的频率；

C_M——危险严重度；

M——管理因子。

（3）事故或危险性事件发生的可能性因素 L_M 与作业类型和作业环境有关，最高分值为 10 分，最低分值为 3 分，取值标准宜参照相关标准确定。

（4）暴露于危险环境的频率因素 E_M 值与工程类型无关，仅与施工作业时间长短有关，参照《水电水利工程施工重大危险源辨识及评价导则》（DL/T 5274—2012），E_M 值按表 9 - 5 确定。

表 9 - 5 暴露于危险环境的频率因素 E_M 值对照表

E_M 值	暴露于危险环境的频繁因素	E_M 值	暴露于危险环境的频繁因素
10	每日连续长时间作业累计≥12 小时	4	每日连续长时间作业累计＜4 小时
6	12 小时＞每日连续长时间作业累计≥8 小时	3	每日作业累计时间约 8 小时
5	8 小时＞每日连续长时间作业累计≥4 小时		

（5）危险严重度因素 C_M 值与危险源在触发因素作用下发生事故时产生后果的严重程度有关。

（6）管理因子 M 值与工程的管理措施以及管理措施的实施情况有关，参照《水电水利工程施工重大危险源辨识及评价导则》（DL/T 5274—2012），M 值按表 9 - 6 确定。全面查评 10 分至 3 分值的条款，列出每个分值所存在的全部问题，若同时存在高分区域和低分区域的数条问题，M 值应取高分区域的分数。

表 9 - 6 管 理 因 子 M 取 值 表

M 值	管理因子（条件范围）
10	没有制定相关管理制度和规程，如没有安全生产责任制度、安全生产教育培训制度、安全生产检查制度、安全生产事故报告制度、安全生产事故调查处理制度、特种设备安全管理制度、特种作业管理制度、安全技术措施管理制度、劳动防护用品管理规定等。 没有成立相关安全管理机构。 人员培训不及时到位；所有作业人员没有经过三级安全教育培训；特种作业人员未经培训，未持证上岗。 没有制定安全技术措施，未取得安全生产许可证或危险化学品经营许可证。 已经存在显著危险的施工位置、设备没有制定防范措施
8	制定了管理制度、措施，但制度操作性差，可执行程度较差。 部分人员未经三级安全教育培训；部分特种作业人员未经培训，未持证上岗，即无培训记录和特种作业证书。 发生事故，未指定生产、技术、安全等有关人员参加事故调查，未提出事故处理意见及防止类似事故再次发生所应采取措施的建议。 未定期进行安全检查。 未根据实际需要编制相应应急预案
7	虽制定严格的制度、措施，但没有严格执行，或执行不到位，常有违章事件。 无专人对劳动防护用品的使用进行监督管理。 未对特殊防护用品定期检验并有记录表格。 发生事故后开展了事故调查，提出事故处理意见及措施，但实施不到位。 定期检查，但无安全检查记录，无隐患整改记录。 成立了安全管理机构，但没有配备相应数量的安全管理人员
5	未建立员工劳动防护用品发放登记卡。 根据实际需要编制了相应应急预案，但预案未定期演练
3	制定严格的制度、措施，并严格执行。 所有作业人员经三级安全教育培训；所有特种作业人员经专业部门培训，持证上岗，培训记录和特种作业证书齐全。 制定合理的安全技术措施，取得安全生产许可证。 有专人对劳动防护用品进行管理；建立员工劳动防护用品发放登记卡，对特殊防护用品定期检验并有记录表格。 发生事故后开展了事故调查，提出事故处理意见及防止类似事故再次发生所应采取措施的建议，并严格施行。 定期检查，有安全检查记录和隐患整改记录。 根据实际需要编制了相应应急预案，并定期演练

（7）危险性等级划分以作业条件危险性大小 D_M 作为标准，参照《水电水利工程施工重大危险源辨识及评价导则》（DL/T 5274—2012），D_M 按表 9 - 7 确定，D_M 值大于 1500 时为重大危险源。

4. 预先危险性分析法

（1）预先危险性分析法适用于预评价。

（2）预先危险性应根据以下内容进行评价：

1）了解施工方法、施工环境、施工设备。

表 9-7   作业条件-管理因子危险性评价法危险性等级划分标准

D_M 值区间	危险程度	危险等级
$D_M \geqslant 7000$	极其危险，不能继续作业	按危险源分级评定
$7000 > D_M \geqslant 3000$	高度危险，需立即整改	
$3000 > D_M \geqslant 1500$	显著危险，需要整改	
$1500 > D_M \geqslant 500$	一般危险，需要注意	
$D_M < 500$	稍有危险，可以接受	

2）参照过去同类及相关施工过程发生事故的教训，查明所使用的设备或进行的施工过程是否会出现同样的问题。

3）确定能够造成受伤、损失、功能失效或物质损失的初始危险。

4）确定初始危险的起因事件。

5）找出消除或控制的可能方法。

6）在危险不能控制的情况下，分析最后的预防损失方法，如隔离、个体防护、救护等。

7）提出采取并完成纠正措施的责任者。

四、重大危险源控制

《水利水电工程施工危险源辨识与风险评价导则（试行）》（办监督函〔2018〕1693号）水利水电工程施工重大危险源定义为：在水利水电工程施工过程中有潜在能量和物质释放危险的、可能导致人员死亡、健康严重损害、财产严重损失、环境严重破坏，在一定的触发因素作用下可转化为事故的部位、区域、场所、空间、岗位、设备及其位置。

重大危险源包含《中华人民共和国安全生产法》定义的危险物品重大危险源。工程区域内危险物品的生产、储存、使用及运输，其危险源辨识与风险评价参照国家和行业有关法律法规和技术标准。

水利水电施工单位应依据《中华人民共和国安全生产法》、《国家安全监管总局关于废止和修改危险化学品等领域七部规章的决定》（国家安监总局令第79号）、《危险化学品重大危险源辨识》（GB 18218—2014）、《水电水利工程施工重大危险源辨识及评价导则》（DL/T 5274—2012）、《水利水电工程施工安全管理导则》（SL 721—2015）、《水利水电工程施工危险源辨识与风险评价导则（试行）》（办监督函〔2018〕1693号）等相关文件，结合实际情况，建立健全重大危险源管理的规章制度，明确重大危险源辨识、评价、监控、事故应急的职责、方法、流程等要求，做好重大危险源管理和监控工作。

施工单位应按照国家有关规定建立、完善重大危险源安全管理制度，定期对重大危险源的安全设施和安全监测监控系统进行检测、检验，进行经常性维护、保养，保证安全设施和安全监测监控系统有效、可靠运行。维护、保养、检测应做好记录，组织对重大危险源的管理人员进行培训，使其了解重大危险源的危险特性，熟悉重大危险源安全管理规章制度，掌握安全操作技能和应急措施等。

施工单位应在重大危险源现场设置明显的安全警示标志和警示牌，警示牌内容应包括危险源名称、地点、责任人员、可能的事故类型、控制措施等。

施工单位应组织制定建设项目重大危险源事故应急预案，建立应急救援组织或配备应急救援人员、必要的防护装备及应急救援器材、设备、物资，并保障其完好和方便使用。

相关参建单位应明确重大危险源管理的责任部门和责任人，对危险源实施动态的辨识、评价和控制，对危险源的安全状况进行定期检查、评估和监控，并做好记录。

各单位应对危险源进行登记，其中重大危险源和风险等级为重大的一般危险源应建立专项档案，明确管理的责任部门和责任人。重大危险源应按有关规定报项目主管部门和有关部门备案。

项目法人、监理单位和施工单位等单位对可能导致一般或较大安全事故的险情，应按照项目管理权限立即报告项目主管部门、安全生产监督机构，对可能导致重大安全事故的险情，应按项目管理权限立即报告项目主管部门、安全生产监督机构和工程所在地人民政府，必要时可越级上报至水利部有关部门。对可能造成重大洪水灾害的险情，应立即报告工程所在地防汛指挥部，必要时可越级上报至国家防汛抗旱有关部门。

第三节　生产安全事故隐患排查治理

为了建立安全生产事故隐患排查治理长效机制，强化安全生产主体责任，加强事故隐患监督管理，防止和减少事故，保障人民群众生命财产安全，2007 年 12 月，国家安全生产监督管理总局发布了《安全生产事故隐患排查治理暂行规定》（国家安全生产监督管理总局令第 16 号），为规范水利工程生产安全事故隐患排查治理工作，有效防范水利生产安全事故，2017 年 11 月，水利部发布了《关于进一步加强水利生产安全事故隐患排查治理工作的意见》（水安监〔2017〕409 号）。

一、安全生产事故隐患的概念

根据《安全生产事故隐患排查治理暂行规定》（国家安全生产监督管理总局令第 16 号），安全生产事故隐患是指生产经营单位违反安全生产法律、法规、规章、标准、规程和安全生产管理制度的规定，或者因其他因素在生产经营活动中存在可能导致事故发生的物的危险状态、人的不安全行为和管理上的缺陷。

二、安全生产事故隐患分级

事故隐患分为一般事故隐患和重大事故隐患。
（1）一般事故隐患是指危害和整改难度较小，发现后能够立即整改排除的隐患。
（2）重大事故隐患是指危害和整改难度较大，应当全部或者局部停产停业，并经过一定时间整改治理方能排除的隐患，或者因外部因素影响致使生产经营单位自身难以排除的隐患。

三、安全生产事故隐患判定的方法

事故隐患排查治理是水利建设各参建单位安全生产工作的重点，科学判定隐患级别是排查治理的基础。

为科学判定水利工程生产安全事故隐患，防范水利工程生产安全事故，水利部制定了《水利工程生产安全重大事故隐患判定标准（试行）》（水安监〔2017〕344号）。

1. 事故隐患判定的方法

（1）一般事故隐患。水利工程生产安全隐患发现后能够立即整改排除，可根据经验判定。

（2）重大事故隐患。水利工程生产安全重大事故隐患判定分为直接判定法和综合判定法，应先采用直接判定法，不能用直接判定法的，采用综合判定法判定。

2. 事故隐患判定的要求

（1）隐患判定应认真查阅有关文字、影像资料和会议记录，并进行现场核实。

（2）对于涉及面较广、复杂程度较高的事故隐患，水利工程建设各参建单位和水利工程运行管理单位可进行集体讨论或专家技术论证。

（3）集体讨论或专家技术论证在判定重大事故隐患的同时，应当明确重大事故隐患的治理措施、治理时限以及治理前应采取的防范措施。

3. 水利工程建设项目重大隐患判定

（1）直接判定。符合《水利工程建设项目生产安全重大事故隐患直接判定清单（指南）》中的任何一条要素的，可判定为重大事故隐患。

（2）综合判定。符合《水利工程建设项目生产安全重大事故隐患综合判定清单（指南）》重大隐患判据的，可判定为重大事故隐患。

四、安全生产事故隐患排查治理

水利工程建设项目各参建单位要牢固树立安全发展理念，按照有关法律法规要求，建立健全事故隐患排查治理制度，严格落实主体责任，加大事故隐患排查治理力度，全面排查和及时治理事故隐患，确保水利行业生产安全。

1. 建立健全排查治理制度

项目法人应组织各参建单位制定项目事故隐患排查治理制度，明确各级负责人、各部门、各岗位事故隐患排查治理职责范围和工作要求；明确事故隐患排查治理内容、方法、工作程序、排查周期和治理方案编制要求等；明确隐患信息通报、报送和台账管理等相关要求，按有关规定建立资金使用专项制度。

2. 落实主体责任

各参建单位是事故隐患排查治理的责任主体，应实行全员责任制，落实从主要负责人到每位从业人员的事故隐患排查治理责任。主要负责人对本单位事故隐患排查治理工作全面负责，各分管负责人对分管业务范围内的事故隐患排查治理工作负责，部门、工区、班组等和岗位人员负责本部门和本岗位事故隐患排查治理工作。

3. 事故隐患排查

（1）各参建单位应根据事故隐患排查制度开展事故隐患排查，排查前应制定排查方案，明确排查的目的、范围和方法。

（2）各参建单位应结合实际，从物的不安全状态、人的不安全行为和管理上的缺陷等方面，明确事故隐患排查事项和具体内容，编制事故隐患排查清单，组织安全生产管理人员、工程技术人员和其他相关人员排查事故隐患。事故隐患排查应坚持日常排查与定期排查相结合，专业排查与综合检查相结合，突出重点部位、关键环节、重要时段，排查必须全面彻底，不留盲区和死角。

（3）各参建单位要按照《水利工程生产安全重大事故隐患判定标准（试行）》（水安监〔2017〕344号），对本工程存在的事故隐患级别作出判定，建立事故隐患信息档案，将排查出的事故隐患向从业人员通报。重大事故隐患须经项目主要负责人同意，报告项目法人和现场监理机构。

4. 事故隐患治理

（1）施工单位对排查出的事故隐患，必须及时消除。一般事故隐患的，由责任部门或责任人立即治理；重大事故隐患治理方案应由施工单位主要负责人组织制订，经监理单位审核，报项目法人同意后实施，项目法人应将重大事故隐患治理方案报项目主管部门和安全生产监督机构备案。

（2）重大事故隐患治理方案应当包括重大事故隐患描述、治理的目标和任务、采取的方法和措施、经费和物资的落实、负责治理的机构和人员、治理的时限和要求、治理过程中的安全防范措施以及应急预案等。

（3）事故隐患排除前或者排除过程中无法保证安全的，应当从危险区域内撤出作业人员，设置警戒标志，暂时全部或局部停建停用治理，涉及上下游、左右岸等地区群众的，应依法报告当地人民政府采取措施。

（4）事故隐患治理完成后，项目法人应组织对重大事故隐患治理情况进行验证和效果评估，并签署意见，报项目主管部门和安全生产监督机构备案；隐患排查组织单位应负责对一般安全隐患治理情况进行复查，并在隐患整改通知单上签署明确意见，及时销号。

（5）地方人民政府或有关部门挂牌督办并责令全部或者局部停止施工的重大事故隐患，治理工作结束后，责任单位应组织本单位的技术人员和专家对治理情况进行评估。

（6）经治理后符合安全生产条件的，项目法人应向有关部门提出恢复施工的书面申请，经审查同意后方可恢复施工，申请报告应包括治理方案的内容、效果和评估意见等。

第四节　生产安全事故调查与处理

为了规范生产安全事故的报告和调查处理，落实生产安全事故责任追究制度，防止和减少生产安全事故，国务院根据《中华人民共和国安全生产法》和有关法律，制定了《生产安全事故报告和调查处理条例》（国务院令第493号），为做好水利工程建设重大质量与安全事故应急处置工作，有效预防、及时控制和消除水利工程建设重大质量与安全事故的危害，最大限度减少人员伤亡和财产损失，保证水利工程建设顺利进行，2005年7月22日水利部颁布了《水利工程建设安全生产管理规定》（水利部令第26号），并于2014年8月19日、2017年12月22日及2019年5月10日《水利部关于废止和修改部分规章的决定》进行了三次修正，2006 年 5 月 25 日水利部颁布了《水利工程建设重大质量与安全事故应急预案》（水建管〔2006〕202 号），这都为安全事故应急处置做出了明确的规定。

一、事故报告

（一）事故报告的程序与时限

1. 生产安全事故报告

事故报告应当及时，准确、完整，任何单位和个人对事故不得迟报、漏报、谎报或者瞒报，不得故意破坏事故现场、毁灭有关证据。按《生产安全事故报告和调查处理条例》（国务院令第 493 号）规定，事故报告的程序和时限如下：

（1）事故发生后，事故现场有关人员应当立即向本单位负责人报告。

（2）单位负责人接到报告后，应当于 1 小时内向事故发生地县级以上人民政府安全生产监督管理部门和负有安全生产监督管理职责的有关部门报告；特种设备发生事故的，还应当同时向特种设备安全监督管理部门报告。

情况紧急时，事故现场有关人员可以直接向事故发生地县级以上人民政府安全生产监督管理部门和水行政主管部门或流域管理机构报告。

（3）安全生产监督管理部门和负有安全生产监督管理职责的有关部门接到事故报告后，应当依照下列规定上报事故情况，并通知公安机关、劳动保障行政部门，工会和人民检察院：

1）特别重大事故、重大事故逐级上报至国务院安全生产监督管理部门和负有安全生产监督管理职责的有关部门。

2）较大事故逐级上报至省、自治区、直辖市人民政府安全生产监督管理部门和负有安全生产监督管理职责的有关部门。

3）一般事故上报至设区的市级人民政府安全生产监督管理部门和负有安全生产监督管理职责的有关部门。

国务院安全生产监督管理部门和负有安全生产监督管理职责的有关部门以及省级人民政府接到发生特别重大事故、重大事故的报告后，应当立即报告国务院。

安全生产监督管理部门和负有安全生产监督管理职责的有关部门逐级上报事故情况，每级上报的时间不得超过 2 小时，必要时，可以越级上报事故情况。

2. 水利行业事故报告

（1）事故发生单位事故报告。事故发生后，事故现场有关人员应当立即向本单位负责人电话报告：单位负责人接到报告后，在 1 小时内向主管单位和事故发生地县级以上水行政主管部门电话报告。其中，水利工程建设项目事故发生单位应立即向项目法人（项目部）负责人报告，项目法人（项目部）负责人应于 1 小时内向主管单位和事故发生地县级以上水行政主管部门报告。

部直属单位或者其下属单位（以下统称部直属单位）发生的生产安全事故信息，在报告主管单位同时，应于 1 小时内向事故发生地县级以上水行政主管部门报告。

（2）水行政主管部门事故报告。水行政主管部门接到事故发生单位的事故信息报告后，对特别重大、重大、较大和造成人员死亡的一般事故以及较大涉险事故信息，应当逐级上报至水利部。逐级上报事故情况，每级上报的时间不得超过 2 小时。

部直属单位发生的生产安全事故信息，应当逐级报告水利部。每级上报的时间不得超过 2 小时。

情况紧急时，事故现场有关人员可以直接向事故发生地县级以上水行政主管部门报告，水行政主管部门也可以越级上报。

（3）水行政主管部门事故电话快报。发生人员死亡的一般事故的，县级以上水行政主管部门接到报告后，在逐级上报的同时，应当在 1 小时内电话快报省级水行政主管部门，随后补报事故文字报告。省级水行政主管部门接到报告后，应当在 1 小时内电话快报水利部，随后补报事故文字报告。

发生特别重大、重大、较大事故的，县级以上水行政主管部门接到报告后，在逐级上报的同时，应当在 1 小时内电话快报省级水行政主管部门和水利部，随后补报事故文字报告。

部直属单位发生特别重大、重大、较大事故、人员死亡的一般事故的，在逐级上报的同时，应当在 1 小时内电话快报水利部，随后补报事故文字报告。

（二）事故报告的方式与范围

1. 事故报告方式

事故报告要做到"快"和"准"，可采用电话、电报、电传、因特网或其他快速办法。

水利行业生产安全事故月报采用《水利生产安全事故月报表》方式上报。水利生产经营单位、部直属单位应当通过"水利安全生产信息上报系统"将上月本单位发生的造成人员死亡、重伤（包括急性工业中毒）或者直接经济损失在 100 万元以上的水利生产安全事故和较大涉险事故情况逐级上报至水利部。省级水行政主管部门、部直属单位须于每月 6 日前，将事故月报通过"水利安全生产信息上报系统"报水利部监督司。事故月报实行"零报告"制度，当月无生产安全事故也要按时报告。

2. 事故报告范围

水利生产安全事故信息包括生产安全事故和较大涉险事故信息。

（1）生产安全事故。水利生产安全事故等级划分按《生产安全事故报告和调查处理条例》（国务院令第 493 号）第三条执行。

第三条规定根据生产安全事故造成的人员伤亡或者直接经济损失，事故一般分为以下等级：

1）特别重大事故，是指造成 30 人以上死亡，或者 100 人以上重伤（包括急性工业中毒，下同），或者 1 亿元以上直接经济损失的事故；

2）重大事故，是指造成 10 人以上 30 人以下死亡，或者 50 人以上 100 人以下重伤，或者 5000 万元以上 1 亿元以下直接经济损失的事故；

3）较大事故，是指造成 3 人以上 10 人以下死亡，或者 10 人以上 50 人以下重伤，或者 1000 万元以上 5000 万元以下直接经济损失的事故；

4）一般事故，是指造成 3 人以下死亡，或者 10 人以下重伤，或者 1000 万元以下直接经济损失的事故。

本条所称的"以上"包括本数，所称的"以下"不包括本数。

（2）较大涉险事故包括：涉险 10 人及以上的事故；造成 3 人及以上被困或者下落不明的事故；紧急疏散人员 500 人及以上的事故；危及重要场所和设施安全（电站、重要水利设施、危化品库、油气田和车站、码头、港口、机场及其他人员密集场所等）的事故；其他较大涉险事故。

（三）事故报告内容

1. 事故发生后及时报告内容

（1）发生事故的工程名称、地点、建设规模和工期，事故发生的时间、地点、简要经过、事故类别和等级、人员伤亡及直接经济损失初步估算。

（2）有关项目法人、施工单位、主管部门名称及负责人联系电话，施工等单位的名称、资质等级。

（3）事故报告的单位、报告签发人及报告时间和联系电话等。

2. 根据事故处置情况及时续报内容

（1）有关项目法人、勘察、设计、施工、监理等工程参建单位名称、资质等级情况，单位以及项目负责人的姓名以及相关执业资格。

（2）事故原因分析。

（3）事故发生后采取的应急处置措施及事故控制情况。

（4）抢险交通道路可使用情况。

（5）其他需要报告的有关事项等。

3. 电话快报内容

事故发生单位的名称、地址、性质；事故发生的时间、地点；事故已经造成或者可能造成的伤亡人数（包括下落不明、涉险的人数）。

4. 事故月报内容

事故发生时间、事故单位名称、事故类型、事故工程、事故类别、事故等级、死亡人数、重伤人数、直接经济损失、事故原因、事故简要情况等。

（四）事故补报

事故报告后出现新情况的，应当及时补报。自事故发生之日起 30 日内，事故造成的伤亡人数发生变化的，应当及时补报。道路交通事故、火灾事故自发生之日起 7 日内，事故造成的伤亡人数发生变化的，应当及时补报。

二、事故调查

水利工程安全事故调查，是事故调查组为了查明水利工程建设事故原因、核定事故损失、认定事故责任和依法对水利工程安全事故肇事人的违法事实进行侦查、勘验的行为。各级水行政主管部门要按照有关规定，及时组织有关部门和单位进行事故调查，认真吸取教训、总结经验，及时进行整改。

（一）事故调查的一般程序

（1）保护好事故现场，抓紧时间向上级和有关部门报告，同时要积极抢救在事故中的受伤者。

（2）发生事故的单位和有关上级主管单位要及时派出事故调查组赴事故现场调查。

（3）在事故现场收集事故各方面的情况与人证、物证，召开有关人员座谈会、分析会。

（4）明确事故原因、分清事故责任、提出事故处理意见。

（5）填写事故调查报告并提交。

（二）事故调查的准备

1. 成立事故调查组

事故调查是一项专业性极强的工作，不同类型、不同级别的事故，主持和参与调查的人员、人数、编制都会有很大差异。事故调查组成员单位和参加单位的组成按照《生产安全事故报告和调查处理条例》（国务院令第 493 号）的要求来设立。

2. 事故调查所需设备准备

事故调查准备工作中一个重要的工作就是物资、器材上的准备，如：指导事故调查用的有关规则、标准，现场急救用的急救包，取证用的摄像设备、笔、纸、标签、棉品容器，防护用的服装、器具，检测用的仪器设备等。

（三）事故调查取证

在进行事故调查取证的时候，要注意保护事故现场，不得破坏与事故有关的物体、痕迹和状态等，当进入现场或做模拟试验需要移动现场某些物体时，必须做好现场标志。事故调查取证工作包括物证与人证的收集、事故事实材料的收集。

（四）事故调查分析

事故调查分析包括事故原因分析、事故性质认定和事故责任分析三个方面。

1. 事故原因分析

（1）事故直接原因。事故直接原因，即直接导致事故发生的原因，又称一次原因。事故直接原因只有两个，即人的不安全行为和物的不安全状态。

（2）事故间接原因。事故间接原因，则是指事故直接原因得以产生和存在的原因，也称管理原因，事故间接原因有下列六种：

1）技术和设计上有缺陷，设施、设备、工艺过程，操作方法、施工措施和材料使用等存在问题。

2）教育培训不够、未经培训，员工缺乏或不懂安全操作技术知识和技能。

3）劳动组织、生产布置不合理。

4）对现场工作缺乏检查或指导错误。

5）没有安全操作规程或规章制度不健全，无章可循。

6）没有或不认真实施事故防范措施，对事故隐患整改不力。

2. 事故性质认定

通过对事故的调查分析，明确事故性质，将事故分为责任事故与非责任事故。

（1）责任事故指由于管理不善、设备不良、工作场所不良或有关人员的过失引起的伤亡事故。生产中发生的各类事故大多数属责任事故，其特点是可以预见和避免，如：水利水电工程建设中临边作业不挂安全带，导致高处坠落死亡事故；违反操作规程导致设备损坏或人员伤亡事故等。

（2）非责任事故指由于事先所不能预见或不能控制的自然灾害而引起的伤亡事故。如：地震、滑坡、泥石流、台风、暴雨、冰雪、低温、洪水等地质、气象、自然灾害引起的事故；由于一些没有探明科学方法和尖端技术的未知领域所引起的事故，如：新产品、新工艺、新技术使用时无法预见的事故；由于科学技术、管理条件不能预见的事故，如：规程、规范、标准执行实施以外未规定的意外因素造成的事故，其特点为不可预见或不可避免。

3. 事故责任分析

事故责任分析是在查明事故原因后，分清事故责任，吸取教训，改进工作。事故责任分析中，应通过对事故的直接原因和间接原因分析，确定事故的直接责任者和领导责任者及其主要责任者，从而根据事故后果和事故责任提出处理意见。

（1）直接责任者指其行为与事故的发生有直接关系的人员，主要责任者指对事故的发生起主要作用的人员，有下列情况之一的应由肇事者或有关人员负直接责任或主要责任：

1）违章指挥、违章作业或冒险作业造成事故的。

2）违反安全生产责任制和操作规程，造成事故的。

3）违反劳动纪律，擅自开动机械设备或擅自更改、拆除、毁坏、挪用安全装置和设备，造成事故的。

（2）领导责任者指对事故的发生负有领导责任的人员，有下列情况之一时，应负有领导责任：

1）由于安全生产规章、责任制度和操作规程不健全，职工无章可循，造成事故的。

2）未按照规定对职工进行安全教育和技术培训，或职工未经考试合格上岗操作，造成事故的。

3）机械设备超过检修期限或超负荷运行，设备有缺陷又不采取措施，造成事故的。

4）作业环境不安全，又未采取措施，造成事故的。

5）新建、改建、扩建工程项目，安全设施不与主体工程同时设计、同时施工、同时投入生产和使用，造成事故的。

（五）事故调查报告

事故调查报告是事故调查工作的结果，是事故调查水平的综合反应。事故调查报告的核心内容应反映对事故的调查分析结果，应包括下列内容：

（1）事故单位基本情况。

（2）调查中查明的事实。

（3）事故原因分析及主要依据。

（4）事故发展过程及造成的后果（包括人员伤亡，经济损失）分析、评估。

（5）采取的主要应急响应措施及其有效性。

（6）事故结论。

（7）事故性质，若为责任事故，需报告责任单位、事故责任人及其处理建议。

（8）调查中尚未解决的问题。

（9）经验教训和有关水利水电工程建设安全的建议。

（10）事故调查组成员名单和签名。

（11）各种必要的附件等。

（六）材料归档及事故登记

事故处理结案后，应将事故调查处理的有关材料按伤亡事故登记表的要求进行归档和登记，包括：事故调查报告书及批复，现场调查的记录、图纸、照片，技术鉴定、试验报告，直接和间接经济损失的统计材料，物证、人证材料，医疗部门对伤亡人员的诊断书，处分决定，事故通报，调查组人员姓名、职务、单位等。

三、事故处理

《中华人民共和国安全生产法》明确规定了生产安全事故调查处理的原则：科学严谨、依法依规、实事求是、注重实效。事故处理包括事故的善后处理、事故责任处理以及整改措施制定。

发生生产安全事故后，项目法人、监理单位和事故单位必须迅速、有效地实施先期处置；项目法人及事故单位主要负责人应立即到现场组织抢救，启动应急预案，采取有效措施，防止事故扩大。

（一）事故善后处理

善后处理主要包括：伤亡者的妥善处理，群众的教育，恢复生产，整改措施的落实。

（二）事故责任处理

根据事故处理"四不放过"原则（事故原因未查明不放过、责任人未处理不放过、整改措施未落实不放过、有关人员未受到教育不放过），对事故责任者要严肃处理，追究其相应的法律责任。

《国务院关于进一步加强企业安全生产工作的通知》（国发〔2010〕23号）中提出"实行更加严格的考核和责任追究"，一方面加大了对事故单位负责人的责任追究力度，另一方面也加大了对事故单位的处罚力度。

《国务院关于坚持科学发展安全发展促进安全生产形势持续稳定好转的意见》（国发〔2011〕40号）中提出"进一步加强安全生产法制建设"，要求依法严肃查处各类事故，依法严肃追究事故单位和有关责任人的责任，并及时向社会公布调查进展和处理结果。

（三）整改措施制定

为预防类似事故再次发生，应从技术、管理、教育三方面提出整改措施，并使其得到落实。制定和落实整改措施要求论证下列几个方面内容：

（1）整改措施是否可行、是否有效、是否还会带来危险因素，有必要的话可进行风险评估。

（2）落实责任：谁来落实，什么时候落实，谁保证人、财、物资源的安全。

（3）跟踪监督完成情况等工作。

四、生产安全事故典型案例

2013年2月15日，某水库发生一起水库坝体塌陷较大事故。

（一）工程概况

该水库是一座以灌溉、防洪为主，兼顾养殖等综合利用的中型水库，于 1959 年 11 月动工兴建，1960 年 6 月拦洪蓄水，后经多次改建、加固。事故发生前，水库控制流域面积 127.5km²，设计总库容 3449 万 m³，灌溉面积 10.56 万亩。水库枢纽工程由大坝、溢洪道、左岸灌溉洞、右岸灌溉洞等四部分组成。大坝为均质土坝，最大坝高 49m，坝顶宽 8m，坝顶长 952m，坝顶高程 561.73m，溢洪道和左岸灌溉洞位于大坝南端，右岸灌溉洞位于大坝北端。

该水库及灌区的运行管理单位为某水利管理处。

（二）事故经过及应急救援处置情况

1. 事故经过

2013 年 2 月 15 日 7：00，某水库左岸灌溉洞出现大流量漏水，2 月 16 日 10：00，水库坝体塌陷贯通过水，是一起水库坝体塌陷较大事故。造成直接经济损失 4763.45 万元。

2. 事故信息接报及应急处置情况

2013 年 2 月 15 日 7：00，某水利管理处发现险情，电话向县政府办、县水利局分别报告情况，并关闭了入库引水渠闸门，开启溢洪道闸门及右岸灌溉洞闸门下泄库水。

7：26，县水利局向县政府报告某水库险情。8：51，县政府向市政府报告险情。9：00，县委、县政府领导、市防汛办、市水利局专家先后到达现场，成立抢险 100 余人的抢险服务队、26 辆运输车陆续到达现场投入抢险。12：00，县政府成立了"县某水库抢险指挥部"，现场抢险人员达到 300 余人、装载机械 7 台、自卸汽车 30 余辆、农用车和三轮车 70 余辆。

12：23，市防汛办将险情上报省防办。13：00 省水利厅将险情报告省政府值班室。14：30，市委、市政府及省水利厅领导先后到达现场，随即成立了"市某水库抢险指挥部"，公安消防、武警官兵投入抢险。

18：00，某副省长到达现场，与市委、市政府领导会商抢险工作及下游群众安全撤离方案。20：55，指挥部启动一级应急响应，紧急撤离下游群众，县下游橡胶坝全部塌坝运行。

2 月 16 日凌晨，省政府常务副省长、水利部有关领导及专家到达现场，组织指导抢险工作。10：00，左岸灌溉洞上方坝体坍塌过水，塌陷缺口迅速扩大，下泄流量迅猛增加，进水塔随即倒塌，抢险人员、设备撤离。实测水库水位降幅与时间关系，推算在 11：20—11：40 时段内，水库平均下泄流量达最大值，为 1460m³/s 左右。12：00 开始，随着水库水位降低，下泄流量逐渐减小，14：00 水库基本泄空，大流量泄水结束，形成坝体塌陷缺口约 130m。

抢险救援工作结束后，市委、市政府，县委、县政府立即成立灾后恢复指挥部，积极做好群众回迁安置、过水清淤、恢复交通、治安稳定和群众生活、生产等工作。至 2 月 17 日 15：00，关闭的一级路正式恢复通车，16：00 铁路正式恢复通车。

（三）事故原因分析

1. 直接原因

某水库左岸灌溉洞进口下游约 35m 处浆砌石洞身破坏，在库水渗透压力作用下，库水击穿洞身上部覆土，涌入洞内形成压力出流，超出灌溉洞许可的无压运行条件，使下游洞段从出口处开始塌陷，进而向上游逐渐发展，坝体随洞段塌陷而塌陷，最终导致坝体在灌溉洞位置全部塌陷。

2. 间接原因

（1）左岸灌溉洞第一、第二洞段未按批复设计进行除险加固，实施的工程对浆砌石洞身产生不利影响；坝基高喷防渗墙施工钻孔穿过左岸灌溉洞，对浆砌石洞身结构有扰动；水库蓄水位偏高。

（2）水库运行管理单位自 2009 年以来未对左岸灌溉洞进行系统有效检查，在水库水位出现异常下降后，未及时发现，及早采取针对性措施，失去了抢险保坝的有利时机。

（3）该库始建于 20 世纪五六十年代，限于当时的经济、技术等原因，采用水中倒土法筑坝，坝体密度不够，抗冲能力较差，左岸灌溉洞坐落在 Q_3 湿陷性黄土台地上，为坝下浆砌石埋涵结构，先天不足，水库运行超过设计期限，老化严重。

（4）除险加固工程管理混乱。项目法人、参建单位（监理、设计、施工）工程质量管理责任制不落实。存在施工计划批复滞后；设计单位未经公开招投标；项目法人及参建单位擅自变更设计；工程验收不严格、不规范；资金管理使用混乱，市县配套资金未按期足额到位等问题。

（5）对水库安全运行管理、监管不力，管理人员素质低，对该库长期存在的安全隐患特别是对上级部门稽察、挂牌督办提出的问题未引起高度重视，未进行认真整改。

（四）事故性质

调查认定，某水库"2·15"坝体塌陷较大事故是一起责任事故。

（五）责任认定及处理情况

此次事故共涉及有关责任人员 33 人。

（1）某水库除险加固项目法人代表秦某、县水利局原总工宋某（现任县水利局副局长）、市水利局原水利管理科科长张某（现任市水利局移民办主任，副县级）等 6 名责任人移送司法机关依法处理。

（2）依据《中国共产党纪律处分条例》《事业单位工作人员处分暂行规定》等有关规定，对某水利管理处、市水利勘测设计院、某省水利水电工程建设监理公司、市水利机械工程局等 13 名相关责任人员给予党纪政纪处分。其中，给予某水利管理处副主任王某和张某留党察看一年、撤职处分；给予某水利管理处主任薛某党内严重警告、撤职处分；给予市水利勘测设计院副院长亢某和院长亢某某党内严重警告、降级处分；给予某省水利水电工程建设监理公司经理助理（项目总监理）张某留党察看一年、撤职处分；给予某省水利水电工程建设监理公司经理马某（现任某水利建设管理局局长）记大过处分；给予市水利机械工程局副局长（项目经理）许某留党察看一年、撤职处分；给予某市水利机械工程局局长常某记党内严重警告、降级处分。

（3）依据《中国共产党纪律处分条例》《行政机关公务员处分条例》有关规定，对县水利局、县政府、市水利局、省水利厅等 14 名相关责任人员给予党纪政纪处分。其中，给予县水利局局长黄某记大过处分，给予县水利局原局长陈某党内严重警告、降级处分，给予县政府副县长周某记大过处分；给予县政府原副县长乔某（现任县政法委书记）党内严重警告处分；给予市水利局防汛办主任郭某党内严重警告、降级处分；给予市水利局副局长张某党内严重警告、降级处分；给予市水利局局长贾某记大过处分；给予省水利厅原基本建设处副处长任某（现任稽察处处长）记大过处分；给予省水利厅水利管理处副处长侯某记大过处分；给予省水利厅水利管理处处长丁某记大过处分；给予省水利厅原基本建设处处长张某（现任省水利厅总工）党内警告、记过处分。

责令县政府向市政府作出深刻书面检查。责令市政府向省政府作出深刻书面检查，责令省水利厅向省政府作出深刻书面检查。

（4）依据《生产安全事故报告和调查处理条例》之规定，由安监部门对事故单位某水利管理处及其主要负责人实施行政处罚；依据《水利工程质量事故处理暂行规定》《建设工程安全生产管理条例》《建设工程质量管理条例》等规定，由水利部门对事故负有责任的设计单位某市水利勘测设计院、监理单位省水利水电工程建设监理公司、施工单位市水利机械工程局及其主要责任人实施行政处罚。

（六）事故防范措施建议

（1）全面推行安全风险分级管控制度，强化工程隐患排查治理。运行管理单位应加强管理人员安全培训，对危险源辨识和评价，进行分级管控，及时做好重大隐患排查治理工作，及时将重大隐患排查治理的有关情况向有关单位报告，对该库长期存在的安全隐患特别是对上级部门稽察、挂牌督办提出的问题要引起高度重视，进行认真整改，进一步强化运行安全管理。

（2）严格工程项目招标管理。按法律法规规定必须公开招标的工程项目，项目法人要按相关规定依法进行公开招标，有关部门加强过程监督。

（3）严格施工过程检查，强化工程验收管理。各参建单位在施工过程中必须加强过程管理和监督检查，按照图纸和施工方案施工，不得擅自变更设计，严格按照规程规范及设计进行工程验收。

（4）完善工程建设质量监管机制，落实质量责任，确保工程质量。有关部门要进一步加强对工程质量监督管理，协调解决工作中存在的突出问题，防范质监机构职能弱化及履职不到位的现象。

（5）规范施工现场监理，切实发挥监理管控作用。对监理过程中发现的质量及安全隐患和问题，监理单位要及时责令施工单位整改并复查整改情况，拒不整改的按规定向建设单位和行业主管部门报告。

（6）增强质量意识，进一步强化质量管理。高度重视项目经理及施工技术、质量、安全管理等方面的人才队伍建设，加强项目管理人员的业务培训。

思 考 题

9-1 施工危险源辨识与风险评价有哪些方法？

9-2 施工危险源的有几类、分为几级？

9-3 施工危险源风险分几个等级？

9-4 水利水电工程施工重大危险源定义是什么？

9-5 安全生产事故隐患分为几级？

9-6 事故报告、事故调查的程序有哪些？

9-7 从典型生产安全事故案例中应汲取哪些教训？

参　考　文　献

［1］　管振祥，腾文彦. 工程项目质量管理与安全［M］. 北京：中国建材出版社，2001.

［2］　中国建设监理协会. 建设工程进度控制［M］. 北京：中国建筑工业出版社，2018.

［3］　丰景春. 建设项目质量控制［M］. 北京：中国水利水电出版社，1998.

［4］　中华人民共和国国家质量监督检验检疫总局，中国国家标准化管理委员会. 质量管理体系　基础和术语：GB/T 19000—2016［S］. 北京：中国标准出版社，2016.

［5］　中华人民共和国水利部. 水利水电工程施工质量检验与评定规程：SL 176—2007［S］. 北京：中国水利水电出版社，2007.

［6］　中华人民共和国水利部. 水利水电工程标准施工招标文件［M］. 北京：中国水利水电出版社，2009.

［7］　中华人民共和国水利部. 水利水电工程单元工程施工质量验收评定表及填表说明（上、下册）［M］. 北京：中国水利水电出版社，2016.

［8］　中华人民共和国水利部. 水利工程施工监理规范：SL 288—2014［S］. 北京：中国水利水电出版社，2014.

［9］　中华人民共和国水利部. 水利水电工程施工安全管理导则：SL 721—2015［S］. 北京：中国水利水电出版社，2015.

［10］　中华人民共和国水利部. 水利水电建设工程验收规程：SL 223—2008［S］. 北京：中国水利水电出版社，2008.

［11］　中华人民共和国水利部. 水利工程建设重大质量与安全事故应急预案：水建管〔2006〕202号文［A］，2006.

［12］　中华人民共和国水利部. 水利水电工程施工危险源辨识与风险评价导则（试行）：办监督函〔2018〕1693号文［A］，2018.

［13］　国家能源局. 水电水利工程施工重大危险源辨识及评价导则：DL/T 5274—2012［S］. 北京：中国电力出版社，2012.

［14］　中华人民共和国水利部，中国水利工程协会. 水利水电工程建设安全生产管理［M］. 北京：中国水利水电出版社，2014.

［15］　中华人民共和国水利部，中国水利工程协会. 水利工程施工监理实务［M］. 郑州：黄河水利出版社，2014.